智能机器人技术应用与开发系列

智能机器人技术

连国云　魏　彦　◎　主　编

管明雷　王　帆　谢锋然　冯嘉鹏　◎　副主编

電子工業出版社
Publishing House of Electronics Industry
北京•BEIJING

内容简介

本书以智能机器人开发的基本技术为主要脉络，以 ROS 系统为核心开发平台，以企业真实产品为载体，以岗位能力要求为导向，由校企合作团队共同编写而成。本书分为 4 篇，20 个项目，主要内容包括认识智能机器人、智能机器人复杂的大脑、智能机器人蹒跚学步、智能机器人发电报、智能机器人收电报、智能机器人计算好帮手、智能机器人有求必应、智能机器人的指南针、智能机器人的 GPS、智能机器人的化实为虚、智能机器人的仿真、智能机器人行走、智能机器人装上慧眼、智能机器人认脸识主人、智能机器人的探路先锋 1、智能机器人的探路先锋 2、智能机器人自主导航、服务机器人技术案例 1——护理机器人、服务机器人技术案例 2——扫地机器人、特种机器人技术案例——巡检机器人。

本书可以作为本科院校及职业院校的教材，也可以作为智能机器人技术人员的有益读本。

图书在版编目（CIP）数据

智能机器人技术 / 连国云，魏彦主编. —北京：电子工业出版社，2024.2

ISBN 978-7-121-47392-0

Ⅰ. ①智… Ⅱ. ①连… ②魏… Ⅲ. ①智能机器人－高等学校－教材 Ⅳ. ①TP242.6

中国国家版本馆 CIP 数据核字（2024）第 048728 号

责任编辑：朱怀永　　　　特约编辑：田学清
印　　刷：河北鑫兆源印刷有限公司
装　　订：河北鑫兆源印刷有限公司
出版发行：电子工业出版社
　　　　　北京市海淀区万寿路 173 信箱　　　　邮编：100036
开　　本：787×1092　1/16　印张：15.25　字数：317.2 千字
版　　次：2024 年 2 月第 1 版
印　　次：2024 年 2 月第 1 次印刷
定　　价：48.00 元

凡所购买电子工业出版社图书有缺损问题，请向购买书店调换。若书店售缺，请与本社发行部联系，联系及邮购电话：（010）88254888，88258888。

质量投诉请发邮件至 zlts@phei.com.cn，盗版侵权举报请发邮件至 dbqq@phei.com.cn。

本书咨询联系方式：（010）88254608 或 zhy@phei.com.cn。

前　言

机器人是一个跨专业、高度综合的新兴产业，它融合了控制理论、电学、机械学、计算机技术、检测技术、网络与通信技术等相关技术领域。智能机器人拥有与人类类似的“大脑”，从本质上来讲，机器人技术与人工智能技术相结合产生了智能机器人，也催生了一些新的职业岗位。如何学习并掌握智能机器人相关的专业知识和实践技能，培养掌握新技术的技能型人才，将是我国面对未来科技浪潮的一个重要课题，也是摆在职业教育工作者面前的一个挑战。

目前，职业院校关于机器人的专业有两个，一个是工业机器人，另一个是智能机器人。工业机器人专业相关课程的教材已较为成熟，也有许多优秀的教学成果。与工业机器人专业相比，智能机器人专业的相关教材还十分匮乏。本书以智能机器人开发的基本技术实现为主要内容，以 ROS 系统为核心开发平台，沿着智能机器人开发中的主要技术环节，由浅入深，最终构建完成一个完整的智能机器人。全书采用项目式编写模式，以真实的工作任务为载体，力求做到贴近实际工程应用，理论知识讲解准确、到位，着重培养学生的实践技能。全书分为 4 篇：第 1 篇为智能机器人的认知，以一台典型的智能机器人为对象，介绍智能机器人的基本概念和系统组成；第 2 篇为智能机器人的操作系统，重点介绍智能机器人的核心开发平台——ROS 系统，在这一篇中，共有 10 个项目，介绍了 ROS 系统的基本概念、通信机制、话题的发送与接收、服务的发送与接收、机器人的位姿表示与 TF 工具、ROS 系统中的智能机器人仿真工具等内容；第 3 篇为智能机器人的开发，在这一篇中，共有 6 个项目，介绍了智能机器人的执行系统构建、视觉系统构建与识别、自主导航系统构建与应用；第 4 篇为典型智能机器人案例，通过典型的智能机器人产品，介绍智能机器人的开发和技术应用案例。

本书采用了校企协同开发的模式，由深圳职业技术大学连国云、魏彦担任主编，其中第 1 篇由魏彦编写，第 2 篇由连国云编写，第 3 篇由连国云和魏彦联合编写，第 4 篇由魏彦编写。深圳职业技术大学的管明雷、谢锋然，广州市威控机器人有限公司的王帆、冯嘉鹏工程师参与了本书开发的全过程，他们在实训项目案例设计、实训设备开发及技术提供中给予了卓有成效的支持，在此对他们的贡献表示衷心的感谢！

本书在编写过程中参考并引用了大量智能机器人方面的论著、资料，限于篇幅，不能在参考文献中一一列举，在此一并对其作者致以衷心的感谢！

由于编者水平有限，书中难免存在不足和疏漏之处，恳请广大读者批评指正。

目　录

第 1 篇　智能机器人的认知

项目 1　认识智能机器人 2
项目要求 2
知识导入 2
项目实施 14
项目评价 14

第 2 篇　智能机器人的操作系统

项目 2　智能机器人复杂的大脑 18
项目要求 18
知识导入 18
项目设计 32
项目实施 33
项目评价 33

项目 3　智能机器人蹒跚学步 34
项目要求 34
知识导入 34
项目设计 42
项目实施 42
项目评价 47

项目 4　智能机器人发电报 48
项目要求 48
知识导入 48
项目设计 58

项目实施 59
项目评价 60

项目 5　智能机器人收电报 61

项目要求 61
知识导入 61
项目设计 65
项目实施 65
项目评价 67

项目 6　智能机器人计算好帮手 69

项目要求 69
知识导入 69
项目设计 72
项目实施 73
项目评价 75

项目 7　智能机器人有求必应 76

项目要求 76
知识导入 76
项目设计 78
项目实施 79
项目评价 79

项目 8　智能机器人的指南针 81

项目要求 81
知识导入 81
项目设计 88
项目实施 89
项目评价 92

项目 9　智能机器人的 GPS 93

项目要求 93
知识导入 93
项目设计 101
项目实施 101
项目评价 102

项目 10　智能机器人的化实为虚 104
项目要求 104
知识导入 104
项目设计 115
项目实施 115
项目评价 117

项目 11　智能机器人的仿真 118
项目要求 118
知识导入 118
项目设计 121
项目实施 121
项目评价 126

第 3 篇　智能机器人的开发

项目 12　智能机器人行走 128
项目要求 128
知识导入 128
项目设计 135
项目实施 136
项目评价 138

项目 13　智能机器人装上慧眼 140
项目要求 140
知识导入 140
项目设计 146
项目实施 146
任务评价 146

项目 14　智能机器人认脸识主人 148
项目要求 148
知识导入 148
项目设计 159
项目实施 159
项目评价 161

项目 15　智能机器人的探路先锋 1 162
项目要求 162
知识导入 162
项目设计 167
项目实施 167
项目评价 168

项目 16　智能机器人的探路先锋 2 170
项目要求 170
知识导入 170
项目设计 179
项目实施 179
项目评价 182

项目 17　智能机器人自主导航 183
项目要求 183
知识导入 183
项目设计 198
项目实施 199
项目评价 200

第 4 篇　典型智能机器人案例

项目 18　服务机器人技术案例 1——护理机器人 202

项目 19　服务机器人技术案例 2——扫地机器人 215

项目 20　特种机器人技术案例——巡检机器人 224

参考文献 236

第 1 篇

智能机器人的认知

项目 1　认识智能机器人

项目要求

认识智能机器人，亲身感受智能机器人的操作。

知识导入

1. 什么是机器人

1）机器人的基本概念

机器人的概念自古代就有，真正现代意义的机器人问世已有几十年，但对于机器人的定义还没有形成统一的意见。其中的根本原因是机器人涉及人的概念，于是机器人的定义成为一个难以回答的哲学问题。从技术角度，目前影响较大的关于机器人的定义有以下几种。

美国机器人协会（RIA）的定义：机器人是一种用于移动各种材料、零件、工具或专用装置的，通过可编程序动作来执行各种任务，并具有编程能力的多功能机械手（Manipulator）。

日本工业机器人协会（JIRA）的定义：工业机器人是一种装备了记忆装置和末端执行器（End Effector）的，能够转动并通过自动完成各种移动来代替人类劳动的通用机器。

我国对机器人的定义：机器人是一种自动化的机器，所不同的是这种机器具备一些与人或其他生物相似的智能能力，如感知能力、规划能力、动作能力和协同能力，是一种具有高度灵活性的自动化机器。

进入 21 世纪以来，人工智能技术得到前所未有的发展和应用，人工智能技术与机器人技术相结合就产生了智能机器人。智能机器人通常由 4 个部分组成：执行系统、驱动系统、感知系统和控制系统。智能机器人的运动功能主要由执行系统和驱动系统来实现。智能机器人获取自身及外部信息主要通过感知系统实现，感知系统包括能获取智能机器人自身系统内部状态信息的传感器和能获取外部环境信息的传感器。智能机器人的控制系统主要根据感知系统提供的信息和人类输入的任务，协调和控制整个智能机器人的运动和动作。

2）机器人的分类

我国将机器人分为工业机器人、服务机器人和特种机器人 3 类，如图 1-1 所示。

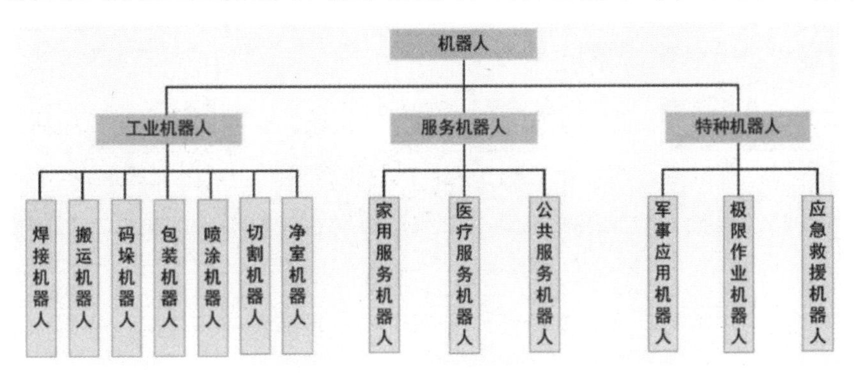

图 1-1　机器人分类

工业机器人指应用于生产过程与环境的机器人，在工业生产加工过程中通过自动控制来代替人类执行某些单调、频繁和重复的长时间作业。工业机器人主要包括焊接机器人、搬运机器人、码垛机器人、包装机器人、喷涂机器人、切割机器人和净室机器人等。

随着人类的活动领域不断扩大，机器人的应用从制造领域向非制造领域发展。海洋开发、宇宙探测、采掘、建筑、医疗、农林业、服务和娱乐等行业都提出了自动化和机器人化的要求，服务机器人应运而生。服务机器人主要包括家用服务机器人、医疗服务机器人、公共服务机器人等。服务机器人如图 1-2 所示。

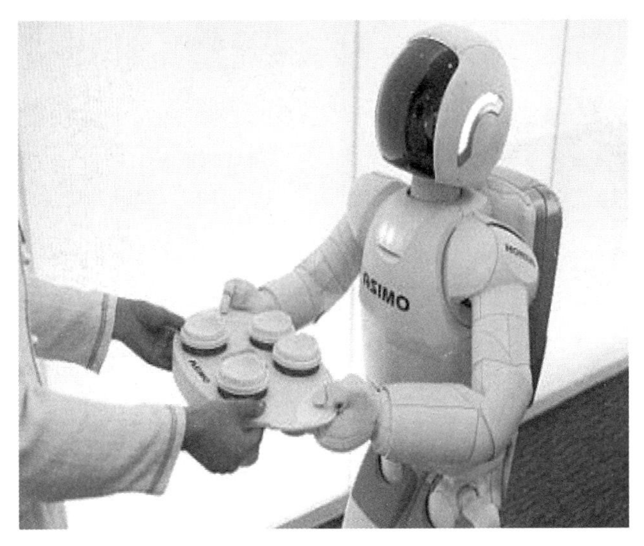

图 1-2　服务机器人

特种机器人从本质上来讲，也属于服务机器人，但是特种机器人主要是代替人类从事高危环境工作和特殊工况工作的机器人，其本体的结构形式、控制系统的性能及机器人系统的可靠性要求，都与典型的服务机器人有比较明显的区别，因此将特种机器人单列为一类，主要包括军事应用机器人、极限作业机器人和应急救援机器人等。

2．智能机器人的执行系统

智能机器人必须有一个便于安装的基础件——机座，也叫作底盘。机座往往与机身做成一体，机身与智能机器人的操作机构相连，机身支撑臂部，臂部支撑腕部和末端执行器。智能机器人的移动机构一般安装在机座上，通过移动智能机器人的机座，智能机器人本体产生位移。

智能机器人为了进行作业，必须配置操作机构，目前操作机构的主要结构形式为机械臂，机械臂上安装有末端执行器，实现具体的动作输出。机械臂连接末端执行器和臂部的部分，称为腕部，其主要作用是改变末端执行器的空间方向和将作业载荷传递到臂部。

1）移动机构

一般而言，智能机器人的移动机构主要有车轮式移动机构、履带式移动机构和多足式移动机构。此外，还有步进式移动机构、蠕动式移动机构、混合式移动机构和蛇行式移动机构等，以适应各种特殊的场合。

（1）车轮式移动机构。

车轮式移动机构是智能机器人中应用最多的一种，在相对平坦的地面上，用移动车轮的方式行走是相当方便的。目前智能机器人中采用的车轮式移动机构主要有橡胶轮、麦克纳姆（Mecanum）轮、Rotacaster 轮、正交轮和越障轮，如图 1-3 所示。

（a）橡胶轮

（b）麦克纳姆轮

（c）Rotacaster 轮

（d）正交轮

图 1-3　车轮式移动机构

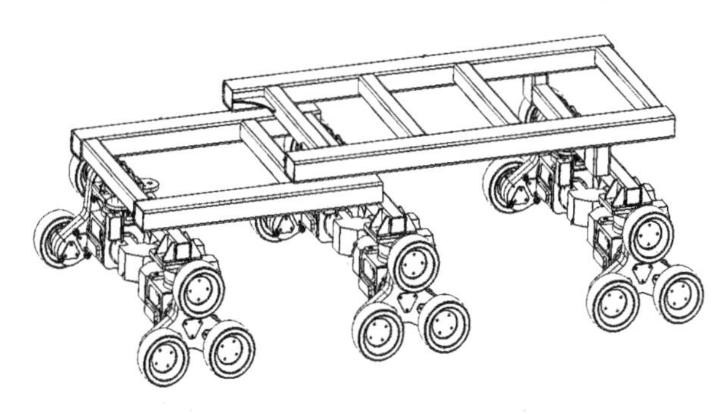

（e）越障轮

图 1-3　车轮式移动机构（续）

车轮式移动机构根据车轮的数量可以分为单轮式、两轮式、三轮式、四轮式和多轮式移动机构。单轮式、两轮式移动机构在实际应用过程中，需要解决机座的稳定性问题，这会增加智能机器人控制系统的开发难度，因此在实际应用中以三轮式和四轮式移动机构居多。

（2）履带式移动机构。

履带式移动机构适合在各种地面及未经铺设道路的野外环境下行动，它是车轮式移动机构的拓展，履带起着给车轮连续铺路的作用。

履带式移动机构由履带、驱动链轮、支撑轮、托带轮和张紧轮组成，如图 1-4 所示。

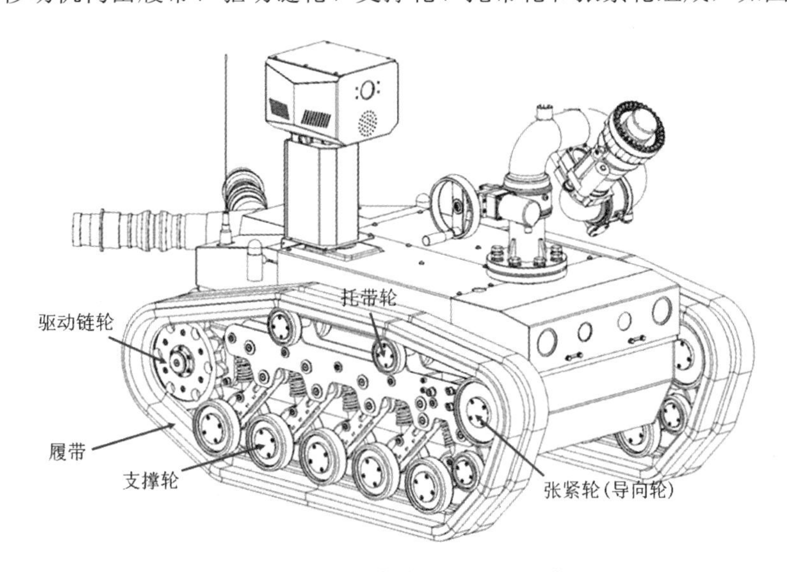

图 1-4　履带式移动机构的组成

履带式移动机构的形状有很多种，主要包括“一”字形、倒梯形等，如图 1-5 所示。图 1-5（a）所示为“一”字形移动机构，驱动链轮及张紧轮兼作支撑轮，增大支撑地面面积，改善了稳定性，此时驱动链轮和张紧轮只略微高于地面。图 1-5（b）所示为倒梯形移动机构，不作为支撑轮的驱动链轮和张紧轮装得离地面较高，链条引入/引出时的角度达

50°，其优点是适合跨越障碍；另外，因为减少了泥土夹入引起的磨损和失效，所以可以延长驱动链轮和张紧轮的寿命。

（a）“一”字形移动机构　　（b）倒梯形移动机构

图 1-5　履带式移动机构的形状

（3）多足式移动机构。

车轮式移动机构只有在平坦坚硬的地面上行驶，才有理想的运动特性。如果地面凹凸程度与车轮直径相当或地面很软，则车轮式移动机构的运动阻力将大大增加。履带式移动机构虽然可在凹凸不平的地面上行驶，但它的适应性不够，行驶时晃动程度太大，在软地面上行驶的效率低。根据调查，地球上近一半的地面不适合传统的车轮式或履带式移动机构行驶。但是多足动物能在这些地方行动自如，显然与车轮式和履带式移动机构相比，多足式移动机构具有独特的优势。

多足式移动机构对崎岖地面具有很好的适应能力，其立足点是离散的点，可以在可能到达的地面上选择最优的支撑点，而车轮式和履带式移动机构必须面临不良地形上的几乎所有的点；多足式移动机构有很强的适应性，在有障碍物的通道（如管道、台阶或楼梯）或很难接近的工作场地更有优越性；多足式移动机构具有主动隔震能力，尽管地面凹凸不平，机身的运动仍然可以相当平稳；多足式移动机构在不平地面和松软地面上的运动速度较高，能耗较少。多足式移动机构如图 1-6 所示。

（a）四足式

（b）六足式

图 1-6　多足式移动机构

2）操作机构

机械臂是智能机器人的主要操作机构，它的作用是输出智能机器人对外部操作的必要机械运动。机械臂通常固定在智能机器人的机座上，根据不同的功能要求安装有不同结构形式的末端执行器，实现抓取、搬运等形式的功能需求。机械臂的结构、工作范围、灵活性、抓重大小（臂力）和定位精度都直接影响智能机器人的工作性能，因此机械臂的结构形式必须根据智能机器人的运动形式、抓重大小、动作自由度和运动精度等因素来确定。

常见的机械臂结构形式大致可以分为 4 种：直角坐标型、圆柱坐标型、球坐标型、关节型，如图 1-7 所示。

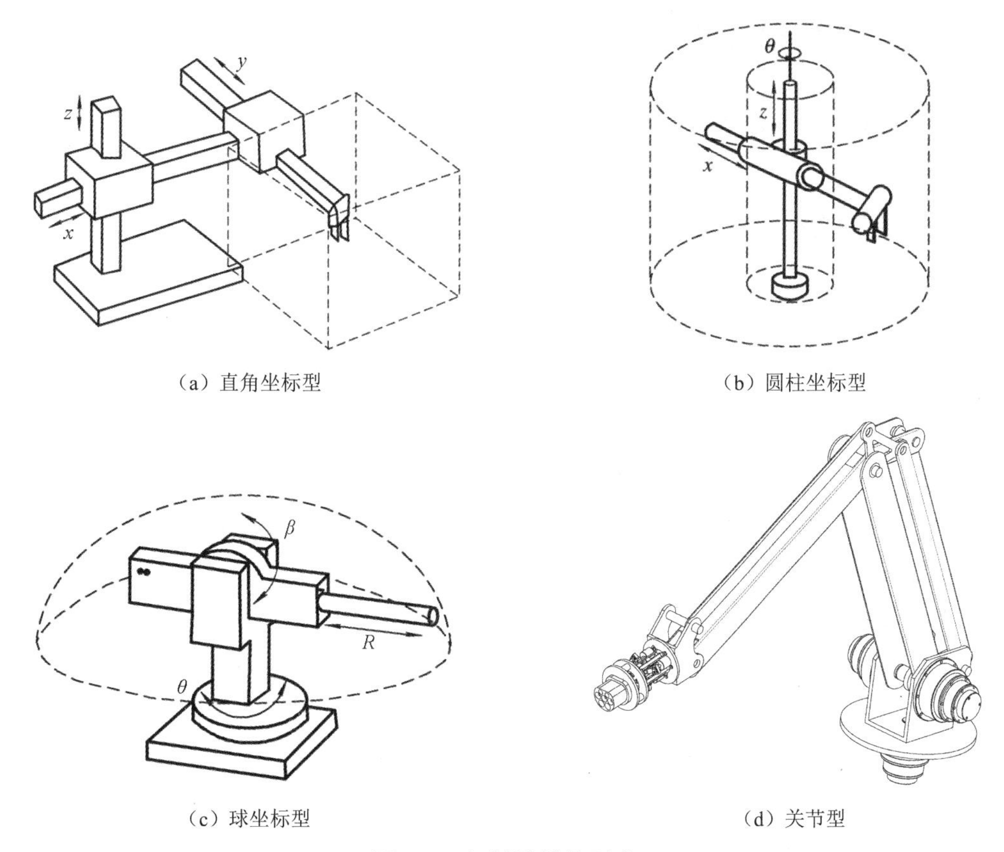

（a）直角坐标型　（b）圆柱坐标型

（c）球坐标型　（d）关节型

图 1-7　机械臂结构形式

3．智能机器人的驱动系统

驱动系统是智能机器人结构中的重要部分。智能机器人的驱动系统用来产生智能机器人机械运动所需的动力，可将电能、液压能和气压能转换为智能机器人的动力。驱动系统在智能机器人中的作用相当于人体的肌肉。驱动系统必须有足够的功率带动智能机器人自身和负载运动。驱动系统必须轻便、经济、精确、灵敏、可靠且便于维护。

根据能量转换方式，智能机器人驱动系统可分为电气驱动系统、液压驱动系统、气压驱动系统和新型驱动系统。在选择驱动系统时，除要充分考虑智能机器人的工作要求（如工作速度、最大搬运物重、驱动功率、驱动平稳性和定位精度）外，还应考虑是否能够在较大的惯性负载条件下提供足够的加速度，以满足作业要求。

1）电气驱动系统

电气驱动系统一般利用各种电动机产生力和力矩，直接或通过机械传动来驱动操作机构，以获得智能机器人的各种运动。因为省去了中间能量转换的过程，所以电气驱动系统比液压驱动系统和气压驱动系统效率高，使用方便且成本低，应用广泛。

电气驱动系统大致可分为普通电动机驱动系统、步进电动机驱动系统和直线电动机驱动系统3类。

普通电动机包括交流电动机、直流电动机及伺服电动机，如图1-8所示。交流电动机主要由一个用以产生磁场的电磁铁绕组或定子绕组和一个旋转电枢或转子组成。交流电动机一般不能进行调速或难以进行无级调速，即使是多速电动机，也只能进行有限的有级调速。直流电动机主要包括定子和转子两大部分，直流电动机能够实现无级调速，但直流电源价格较高，这限制了直流电动机在大功率智能机器人上的应用。伺服电动机可以控制速度，定位精度非常高，可以将电压信号转化为转矩和转速以驱动控制对象。

（a）交流电动机

（b）直流电动机

（c）伺服电动机

图1-8 普通电动机

步进电动机的速度和位移大小可由电气控制系统发出的脉冲数加以控制。由于步进电动机的位移量与脉冲数严格成正比，故步进电动机驱动系统可以达到较高的重复定位精度，但是，步进电动机速度不能太高，控制系统比较复杂。

直线电动机能将电能直接转换成直线运动，而不需要任何中间转换机构。直线电动机可以看作旋转电动机被展平，其工作原理与旋转电动机相同。直线电动机结构简单、成本低，其运动速度与位移主要取决于其定子与转子的长度，当反接制动时，定位精度较低，必须增设缓冲及定位机构。

电动机使用简单，且随着材料性能的提高，电动机性能逐渐提高，因此电气驱动是智能机器人中主要的驱动方式。

2）液压驱动系统

液压驱动是指以液体为工作介质进行能量传递和控制的一种驱动方式。一个完整的液压驱动系统由 5 个部分组成，即动力元件、执行元件、控制元件、辅助元件（附件）和液压油。液压驱动系统所用的压力为 50～3200N/cm^2，能够以较小的驱动器输出较大的驱动力或力矩，即获得较大的功率-质量比。液压驱动系统的调速比较简单和平稳，能在很大调整范围内实现无级调速。可以把驱动液压缸直接做成关节的一部分，这样结构简单、紧凑，刚性好。

在智能机器人液压驱动系统中，近年来以电液伺服驱动系统最具有代表性。液压驱动方式的输出力和功率更大，能构成伺服机构，常用于大型智能机器人关节的驱动。

3）气压驱动系统

气压驱动与液压驱动类似，气压驱动以压缩空气为动力源，带动机械完成伸缩与旋转动作。气压驱动系统利用空气具有可压缩性的特点，吸入空气并压缩存储，空气便像弹簧一样具有了弹力，用控制元件控制其方向，带动执行元件进行伸缩与旋转。

气压驱动系统使用的压力通常为 0.4MPa～0.6MPa，最高可达 1MPa。压缩空气的黏度小，流速快，一般压缩空气在管路中的流速可达 180m/s，因此气压驱动系统的快速性较好。压缩空气一般通过空气压缩机获得，气源获得较为方便。气压驱动系统通过调节气量可实现无级变速。由于空气具有可压缩性，因此气压驱动系统具有较好的缓冲作用，且其废气可直接排入大气环境，不会造成污染。

气压驱动系统多用于开关控制和顺序控制的智能机器人中。

4）新型驱动系统

随着技术的发展，出现了利用新工作原理制造的新型驱动系统，如磁致伸缩驱动系统、压电驱动系统、静电驱动系统、形状记忆合金驱动系统、超声波驱动系统、人工肌肉和光驱动系统等，这里不再详细介绍。

4．智能机器人的感知系统

真正现代意义的机器人，在技术发展上大约经历了 3 代。感知系统，也就是传感器，在机器人的发展过程中起到了举足轻重的作用。第一代机器人是一种进行重复操作的机械，其典型代表就是通常所说的机械手，它虽然配有电子存储装置，能存储事先编制好的工作程序，进行重复动作，但是未采用或只配置了十分单一的传感器，所以这种机器人基本没有适应外界环境变化的能力，机器人的每一个功能细节，都需要由人类发出命令完成。第二代机器人已初步具有感知和反馈控制的能力，能进行简单的识别、选取和判断，而这些功能的获得十分依赖传感器性能的提升，这时采用的传感器可以对多种物理量进行感知，机器人具有了一定的对“开关”问题的自主判断能力，其应用场景主要集中在工业环境，仍属于自动化设备的范畴。第三代机器人为智能机器人，“智能化”是这代机器人的重要标志。在第二代机器人的基础上，第三代机器人开始获得了接近于人类的外部环境感知能力，这代机器人需要有更多的、性能更好的、功能更强大的、集成度更高的传感器。其中视觉和听觉是最为典型的感知能力，在此基础上，第三代机器人具备了一定的参与人类日常生活的能力。

参照人类的感知能力，智能机器人的感知系统可以分为视觉系统、听觉系统、触觉系统、压觉系统、接近觉系统、力觉系统和滑觉系统共 7 类。下面介绍智能机器人的视觉感知和距离感知。

1）智能机器人的视觉感知

与人类视觉系统的作用一样，智能机器人的视觉系统赋予智能机器人一种高级感觉能力，使智能机器人能以“智能”和灵活的方式对其周围环境做出反应。智能机器人的视觉系统包括视觉传感器、数据传递系统及计算机处理系统。智能机器人的视觉系统主要利用颜色、形状等信息来识别环境目标。

视觉传感器是将景物的光信号转换成电信号的器件，其原理是将整幅图像转换为光线的数据形式，即像素。图像的清晰和细腻程度通常用分辨率来衡量，用像素数量表示。

常用的视觉传感器主要有 CCD 传感器和 CMOS 传感器两种。随着视觉传感器技术及嵌入式处理技术的发展，智能视觉传感器在图像质量、分辨率、测量精度及处理速度、通信速度方面得到很大的提升和优化，其发展将逐步接近甚至超越基于 PC 平台的视觉系统。

CCD（Charged Coupled Device，电子耦合组件）传感器是类似传统相机底片的感光系统，是感应光线的电路装置，可以将它想象成一颗颗微小的感应粒子铺满在光学镜头后方，当光线与图像从镜头透过、投射到 CCD 表面时，CCD 就会产生电流，将感应到的内容转换成数据存储在相机内部的闪速存储器或内置硬盘内。CCD 像素数量越多，单一像素尺寸越大，收集到的图像越清晰。

CMOS（Complementary Metal Oxide Semiconductor）即互补金属氧化物场效应晶体管，CMOS 传感器芯片采用了 CMOS 工艺，可将图像采集单元和信号处理单元集成到同一块芯片上。由于具有上述特点，因此 CMOS 传感器适合大批量生产，适合小尺寸、低价格、摄像质量无过高要求的应用领域，如保安用小型或微型相机、手机、计算机网络视频会议系统、无线手持式视频会议系统、条形码扫描器、传真机、玩具、生物显微镜计数及某些车用摄像系统等。

2）智能机器人的距离感知

自主导航与定位是智能机器人最显著的特点之一，要实现自主导航与定位，智能机器人必须对周围环境中的物体进行探测。智能机器人对距离的感知就成为自主导航与定位技术的先决条件。智能机器人对距离的感知是通过测距传感器实现的，测距传感器可分为超声波测距传感器、红外线测距传感器和激光测距传感器等。

（1）超声波测距传感器。

超声波对液体、固体的穿透能力很强，尤其是在不透明的固体中，它可穿透几十米的深度。超声波碰到杂质或分界面会产生显著反射形成反射回波，碰到活动物体能产生多普勒效应。因此，超声波检测广泛应用在工业、国防、生物医学等领域。用超声波作为检测手段，必须产生超声波和接收超声波，完成这种功能的装置就是超声波测距传感器，习惯上称为超声换能器或超声探头。

超声波测距传感器的检测距离取决于其使用的波长和频率。波长越长，频率越小，检测距离越大，如具有毫米级波长的紧凑型超声波测距传感器的检测距离为 300～500mm，波长大于 5mm 的超声波测距传感器的检测距离可达 8m。一些超声波测距传感器具有较窄的声波发射角（6°），因而更适合精确检测相对较小的物体；另一些声波发射角为 12°～15°的超声波测距传感器能够检测具有较大倾角的物体。

（2）红外线测距传感器。

红外线测距传感器是利用红外线的物理性质来进行检测的传感器。红外线又称为红外光，它具有反射、折射、散射、干涉及吸收等性质。任何物体，只要它本身具有一定的温度（高于绝对零度），都能辐射红外线。红外线测距传感器检测时不与被测物体直接接触，不存在摩擦，因此具有灵敏度高、反应快等优点。

红外线测距传感器利用红外线信号遇到障碍物时因距离的不同所反射的信号强度不同的原理，进行障碍物远近的检测。红外线测距传感器具有一对红外线信号发射与接收二极管，发射二极管发射特定频率的红外线信号，接收二极管接收这种频率的红外线信号，当红外线信号在检测方向上遇到障碍物时，红外线信号反射回来被接收二极管接收，经过处理之后，通过数字传感器接口返回到智能机器人主机，智能机器人即可利用红外线返回信号来识别周围环境的变化。

（3）激光测距传感器。

激光测距传感器是利用激光技术进行测量的传感器。它由激光器、激光检测器和测量电路组成。激光测距传感器是新型测量仪表，它的优点是能实现无接触远距离测量，速度快、精度高、量程大、抗光电干扰能力强等。

激光测距传感器在工作时，先由激光二极管对准目标发射激光脉冲，经目标反射后，激光向各方向散射。部分散射光返回到传感器接收器，被光学系统接收后成像到雪崩光电二极管上。雪崩光电二极管是一种内部具有放大功能的光学传感器，因此它能检测极其微弱的光信号，记录并处理从激光脉冲发出到返回被接收所经历的时间，从而测定目标距离。

激光测距传感器的原理与无线电雷达相同，将激光对准目标发射出去后，测量它的往返时间，再乘以光速即得到往返距离。激光具有高方向性、高单色性和高功率等优点，这些对于测量远距离、判定目标方位、提高接收系统的信噪比、保证测量精度等都是很关键的，因此激光测距传感器日益受到重视。在激光测距传感器基础上发展起来的激光雷达不仅能测距，还能测量目标方位、运动速度和加速度等。

5. 智能机器人的控制系统

控制系统是智能机器人的指挥中枢，相当于人的大脑，负责对作业命令信息、内外环境信息进行处理，并依据预定的本体模型、环境模型和控制程序做出决策，产生相应的控制信号，通过驱动系统驱动操作机构的各个关节按所需的顺序、沿确定的位置或轨迹运动，完成特定的作业。从构成来看，控制系统有开环控制系统和闭环控制系统之分；从控制方式来看，控制系统有程序控制系统、适应性控制系统和智能控制系统之分。

智能机器人的控制系统主要由控制器、执行器、被控对象和检测变送单元 4 个部分组成，各部分的功能如下。

① 控制器。控制器用于将检测变送单元的输出信号与设定信号进行比较，按一定的控制规律对其偏差信号进行运算，并将运算结果输出到执行器。智能机器人的控制器可以模拟仪表的控制器或由微处理器组成的数字控制器。例如，智能车机器人的控制器就是选用数字控制器式的单片机进行控制的。

② 执行器。执行器是控制系统环路中的最终元件，它直接用于操纵变量变化。执行器接收控制器的输出信号，改变变量。执行器可以是气动薄膜控制阀、带电气阀门定位器的电动控制阀，也可以是变频调速电动机等。例如，智能车机器人机身上选用了较为高级的芯片，其输出的 PWM 信号可以直接控制电动机转动，其控制系统的执行器内嵌在控制器中。

③ 被控对象。被控对象是需要进行控制的设备。例如，在仿生机器人中，被控对象就是机器人各关节的舵机。

④ 检测变送单元。检测变送单元用于检测被控变量，并将检测到的信号转换为标准信号输出。例如，在仿生机器人的控制系统中，检测变送单元用来检测舵机转动的角度，以便做出调整。控制系统组成示意图如图 1-9 所示。

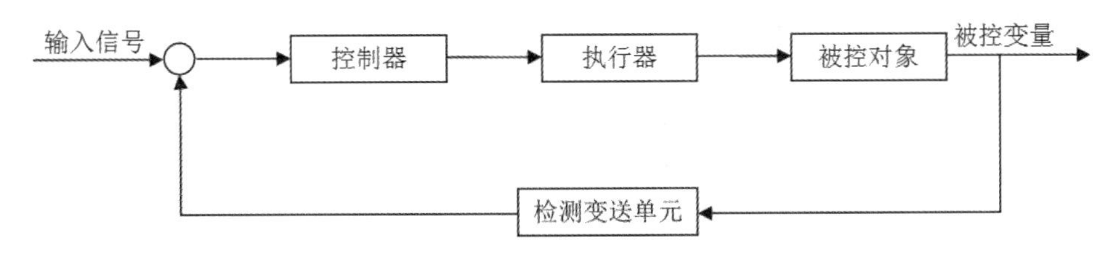

图 1-9　控制系统组成示意图

机器人的运动方式决定了机器人的控制方式，而不同的控制方式需要不同的控制原理来实现。机器人常见的控制方式有以下 5 种。

（1）点位控制方式。

点位控制方式适用于要求机器人能够准确控制末端执行器位姿的应用场合，而与路径无关。这种控制方式比较典型的应用是焊接机器人，对于焊接机器人来说，只要求其控制系统能够识别末端焊缝即可，而不需要关心其他位姿。

（2）轨迹控制方式。

轨迹控制方式要求机器人按示教的轨迹和速度运动，主要应用在示教机器人上。

（3）程序控制方式。

程序控制系统给机器人的每一个自由度施加一定规律的控制作用，机器人可实现要求的空间轨迹。这种控制系统较为常用，仿生机器人的控制系统就是通过预先编程，然后将编好的程序下载到单片机上，再通过控制器调取程序进行控制的。

（4）自适应控制方式。

当外界条件变化时，为了保证机器人所要求的控制品质，或者为了随着经验的积累而自行改善机器人的控制品质，可采用自适应控制系统。这种系统的控制过程是，基于操作机的状态和对伺服误差的观察，调整非线性模型的参数，直到误差消失为止。自适应控制系统的结构和参数能随时间和条件自动改变，且具有一定的智能性。

（5）人工智能控制方式。

对于那些无法事先编制应用场景代码，但要求在机器人运动过程中能够根据所获得的周围环境信息，实时确定机器人控制作用的应用场合，可采用人工智能控制系统。这种控制系统比较复杂，主要应用在大型复杂系统的智能决策中。人工智能控制系统的工作原理是：检测被控变量的实际值，将输出量的实际值与给定输入值进行比较并得出偏差，然后根据偏差产生控制调节作用以消除偏差，使输出量能够维持期望的输出。在仿生机器人控制系统中，遥控器发出移动至目标位置的命令，经控制系统后输出 PWM 信号，驱动机器人关节转动，再由检测系统检测关节转角并进行调整。如果命令是连续的，那么机器人的关节就可持续转动了。

项目实施

（1）认识智能机器人及其组成。智能机器人的组成如图 1-10 所示。

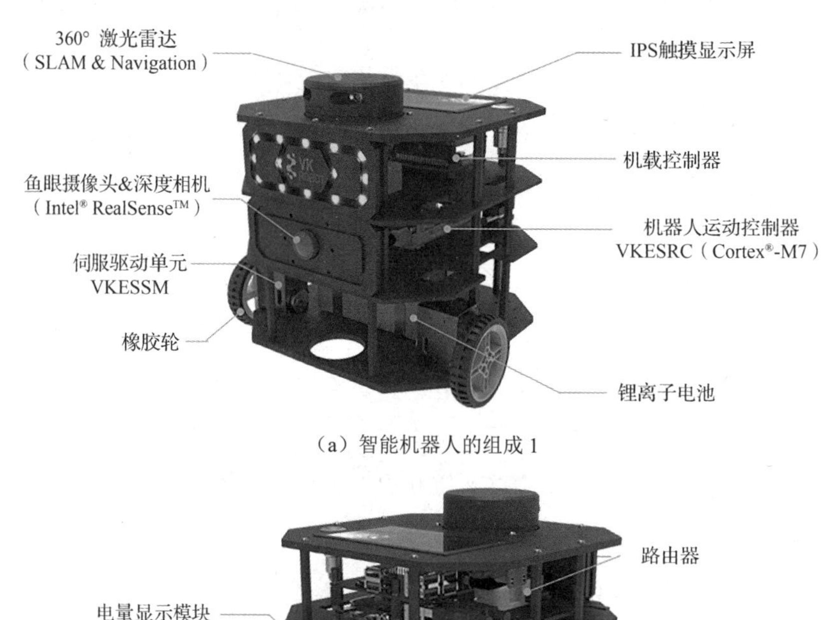

（a）智能机器人的组成 1

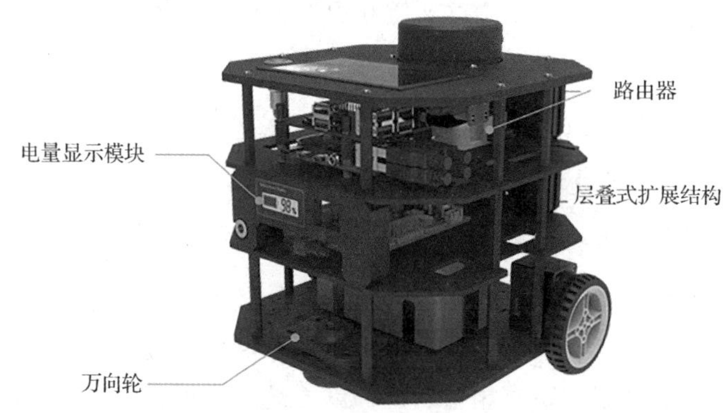

（b）智能机器人的组成 2

图 1-10　智能机器人的组成

（2）用键盘和手柄分别控制智能机器人移动。

项目评价

填写表 1-1 所示任务过程评价表。

表 1-1　任务过程评价表

任务实施人姓名________________ 学号__________________ 时间___________

<table>
<tr><th colspan="3">评价项目及标准</th><th>分值/分</th><th>小组评议</th><th colspan="2">教师评议</th></tr>
<tr><td rowspan="6">技术能力</td><td colspan="2">1．机器人基本概念熟悉程度</td><td>10</td><td></td><td colspan="2"></td></tr>
<tr><td colspan="2">2．智能机器人的执行和驱动系统</td><td>10</td><td></td><td colspan="2"></td></tr>
<tr><td colspan="2">3．智能机器人的感知系统</td><td>10</td><td></td><td colspan="2"></td></tr>
<tr><td colspan="2">4．智能机器人的控制系统</td><td>10</td><td></td><td colspan="2"></td></tr>
<tr><td colspan="2">5．智能机器人的组成说明</td><td>10</td><td></td><td colspan="2"></td></tr>
<tr><td colspan="2">6．智能机器人的移动操作</td><td>10</td><td></td><td colspan="2"></td></tr>
<tr><td rowspan="4">执行能力</td><td colspan="2">1．出勤情况</td><td>5</td><td></td><td colspan="2"></td></tr>
<tr><td colspan="2">2．遵守纪律情况</td><td>5</td><td></td><td colspan="2"></td></tr>
<tr><td colspan="2">3．是否主动参与，有无提问记录</td><td>5</td><td></td><td colspan="2"></td></tr>
<tr><td colspan="2">4．有无职业意识</td><td>5</td><td></td><td colspan="2"></td></tr>
<tr><td rowspan="4">社会能力</td><td colspan="2">1．能否有效沟通</td><td>5</td><td></td><td colspan="2"></td></tr>
<tr><td colspan="2">2．能否使用基本的文明礼貌用语</td><td>5</td><td></td><td colspan="2"></td></tr>
<tr><td colspan="2">3．能否与组员主动交流、积极合作</td><td>5</td><td></td><td colspan="2"></td></tr>
<tr><td colspan="2">4．能否自我学习及自我管理</td><td>5</td><td></td><td colspan="2"></td></tr>
<tr><td colspan="3"></td><td>100</td><td></td><td colspan="2"></td></tr>
<tr><td colspan="7">评定等级：</td></tr>
<tr><td colspan="2">评价
意见</td><td></td><td>学习
意见</td><td colspan="3"></td></tr>
<tr><td colspan="7">评定等级：A 为优，90 分<得分≤100 分；B 为好，80 分<得分≤90 分；C 为一般，60 分<得分≤80 分；D 为有待提高，0 分≤得分≤60 分</td></tr>
</table>

第2篇

智能机器人的操作系统

项目 2　智能机器人复杂的大脑

项目要求

在计算机上安装 Ubuntu 系统和 ROS 系统，并启动 ROS 系统中的小海龟仿真程序，使用键盘控制小海龟的移动。

知识导入

1. Linux 系统与 Ubuntu 系统

计算机的运行离不开操作系统，计算机中所有的硬件资源和软件资源都在操作系统的控制下有条不紊地运行。应用程序使计算机可以完成多种复杂的功能，但无法直接控制计算机的运行。操作系统中最核心的部分叫作内核，只有内核的话，只能让计算机运行，但无法实现相应的功能，因此操作系统还需要提供相关消息和接口与应用程序进行信息交换，这样计算机能够根据应用程序的需要进行相关操作。计算机操作系统与应用程序的关系如图 2-1 所示。

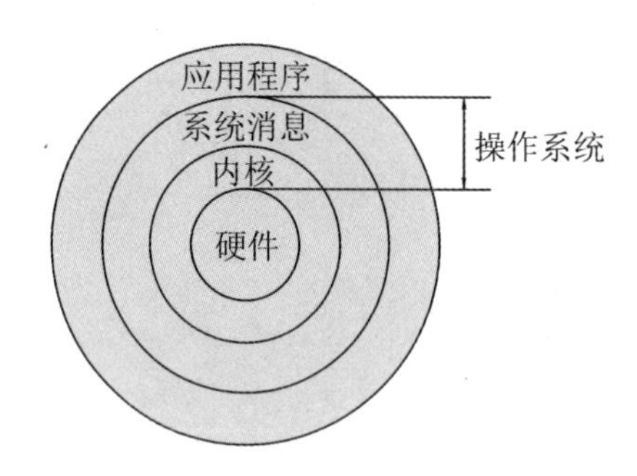

图 2-1　计算机操作系统与应用程序的关系

1）Linux 系统

Linux 是一种类似于 UNIX 的计算机操作系统，诞生于 1991 年 10 月 5 日（这是第一次正式向外公布的时间）。后面借助于 Internet，并经过全世界各地计算机爱好者的共同努力，现 Linux 已成为世界上使用最多的操作系统之一，并且使用人数仍在迅猛增长。

Linux 是一种模块化的系统，在系统的底层，由内核（Kernel）与硬件（Hardware）进行交互，内核代表应用程序（Application）控制和调度访问的资源（这些资源包括 CPU、内存、网络等）。应用程序运行在用户空间（User Space）中且只能通过调用一组稳定的系统程序库（Libraries）来请求内核的服务。在 Linux 中，glibc 程序库是 GNU 发布的开源标准 C 程序库，该程序库定义了一些系统调用和其他的基本函数（如 open、malloc 和 printf）。几乎所有的应用程序，都会使用这个程序库。

Linux 是一个开源的操作系统，大量的开发人员在 Linux 内核的基础上进行了卓有成效的开发工作，并演变出多个不同的发行版本。

2）Redhat

Redhat，应该称为 Redhat 系列，包括 RHEL（Redhat Enterprise Linux，也就是 Redhat Advance Server，收费版本）、Fedora Core（由原来的 Redhat 桌面版本发展而来，免费版本）、CentOS（RHEL 的社区克隆版本，免费版本）。Redhat 应该说是在国内使用人数最多的 Linux 版本，甚至有人将 Redhat 等同于 Linux，Redhat 的特点之一就是使用人数多，一般网络上的 Linux 教程都是以 Redhat 为例来讲解的。Redhat 的包管理方式采用的是基于 RPM 包的 YUM 包管理方式，包分发方式采用编译好的二进制文件。在稳定性方面，RHEL 和 CentOS 的稳定性非常好，适合服务器使用，但是 Fedora Core 的稳定性较差，最好只用于桌面应用。

3）Debian 系列

Debian 系列包括 Debian 和 Ubuntu 等。Debian 系列是社区类 Linux 的典范，是迄今为止最遵循 GNU 规范的 Linux 系统。Debian 最早由 Ian Murdock 于 1993 年创建，分为 3 个版本分支（Branch）：Stable、Testing 和 Unstable。Unstable 为最新的测试版本，其中包括最新的软件包，但是相对有较多的 Bug，适合桌面用户。Testing 通过 Unstable 中的测试，相对较为稳定，支持不少新技术（如 SMP 等）。而 Stable 一般只用于服务器，其中的软件包大部分都比较过时，但是稳定性和安全性都非常高。Debian 系列最具特色的是 apt-get / dpkg 包管理方式，有很多支持的社区，有问题求教时可获得相应支持。

4）Ubuntu

Ubuntu 是一个以桌面应用为主的 Linux 操作系统。Ubuntu 默认桌面环境采用 GNOME（The GNU Network Object Model Environment，GNU 网络对象模型环境），这是一个 UNIX 和 Linux 的主流桌面套件和开发平台，Ubuntu 从 Ubuntu 11.04 开始使用 Unity 作为默认桌面环境。

Ubuntu很注重系统的可用性，它是在标准安装完成后即可让用户投入使用的操作系统。举例来说，完成标准安装后，用户不用另外安装网页浏览器、办公室软件、多媒体软件与绘图软件等日常应用软件，因为这些软件已被安装好，并可随时使用。

5）Linux 命令的基本格式

Linux 命令的语法较为简单，与英语的表达方式较为接近，并不像许多初学者想象中的那样复杂。在 Linux 命令行的初始位置有命令行提示符：

```
[root@localhost ~catkin_ws]#
```

[]：这是命令行提示符的分隔符号，没有特殊含义。

root：显示的是当前的登录用户，现在使用的是 root 用户。

@：分隔符号，没有特殊含义。

localhost：当前系统的简写主机名（完整主机名是 localhost.localdomain）。

~ catkin_ws：代表用户当前所在的目录，此例中用户当前所在的目录是 catkin_ws 文件夹。

#：命令提示符，Linux 用这个符号标识登录用户的权限等级。如果是超级用户，提示符就是 #；如果是普通用户，提示符就是 $。

Linux 命令的语法格式如下。

```
命令 [选项] [参数]（command[ options][ arguments]）
```

命令行中的每一项之间使用一个或多个空格分隔开，用方括号括起来的部分是可选的，即可有可无的。在命令行中每一部分的具体含义如下。

命令：告诉 Linux 操作系统做（执行）什么。

选项：定义命令的执行特性，有长、短两种选项。

长选项：用 -- 引导，后跟完整的单词，如 --help。

短选项：用 - 引导，后跟单个的字符，如 -a。

① 多个短选项可以组合使用，例如，-h -l -a == -hla。但是长选项不能组合使用，例如，--help 后面不能再跟另一个单词了。

② 选项可以有自己的参数。注意：选项与选项之间、选项与参数之间、参数与参数之间必须有空格。

参数：是命令处理的对象，通常情况下可以是文件名、目录或用户名。

在命令行中，命令相当于动词，选项相当于形容词，参数相当于名词，而整个命令行就相当于语句。

此外，在这里还需要强调的是 Linux 中的命令是严格区分大小写的，也就是大小写不同，系统认为是两个不同的命令。

下面通过几个典型 Linux 命令举例说明。

ls 是 Linux 中显示文件列表的命令，这个命令没有指定任何参数和选项，因此默认显示当前文件夹下的文件列表。ls 命令格式举例 1 如图 2-2 所示。

[root@localhost ~catkin_ws]# ls

命令行提示符　　命令

图 2-2　ls 命令格式举例 1

在 ls 命令中，-l 选项按照短选项格式显示文件信息。ls 命令格式举例 2 如图 2-3 所示。

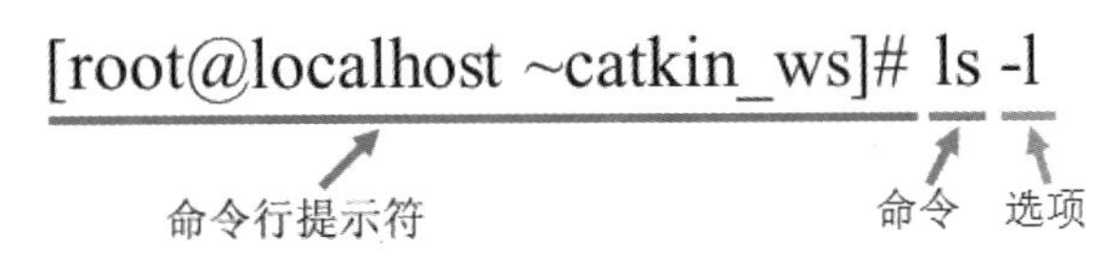

图 2-3　ls 命令格式举例 2

mkdir 命令用来创建指定名字的目录，在这里-v 是显示创建文件信息的选项，test 是所要创建文件夹名字的参数。mkdir 命令格式举例如图 2-4 所示。

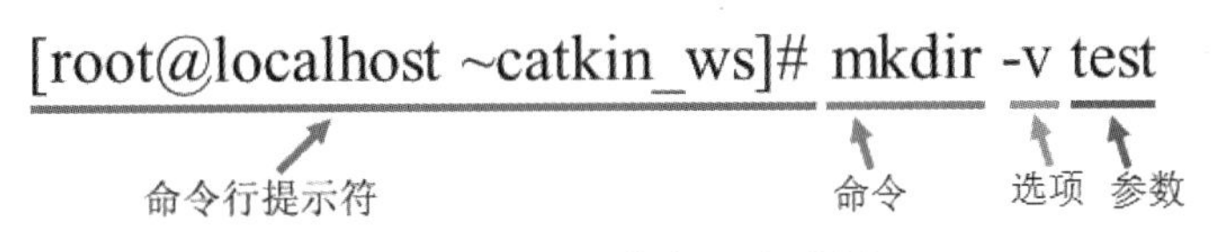

图 2-4　mkdir 命令格式举例

2．Ubuntu 系统的安装过程

对于 Ubuntu 系统的安装，主要有两种方式，一种是在计算机中直接进行安装，另一种是在 Windows 系统中的虚拟机上进行安装。对于第二种安装方式来讲，需要首先对虚拟机软件，如 VMware Workstation，进行相关的配置才能进行 Ubuntu 系统的安装，具体配置过程可以参考相关技术资料，在此不再详细介绍。在计算机中直接进行 Ubuntu 系统的安装主要有以下步骤。

（1）设置存储有 Ubuntu 系统安装文件的存储设备作为启动盘，并启动计算机进入存储有 Ubuntu 系统安装文件的存储设备，计算机完成启动后，可以进入 Ubuntu 系统安装界面。

（2）选择系统语言，在这里一般选择的语言为中文（简体），如图 2-5 所示。

图 2-5 Ubuntu 系统安装中选择系统语言界面

（3）选择系统对应的键盘布局，在这里可以选择汉语，如图 2-6 所示。

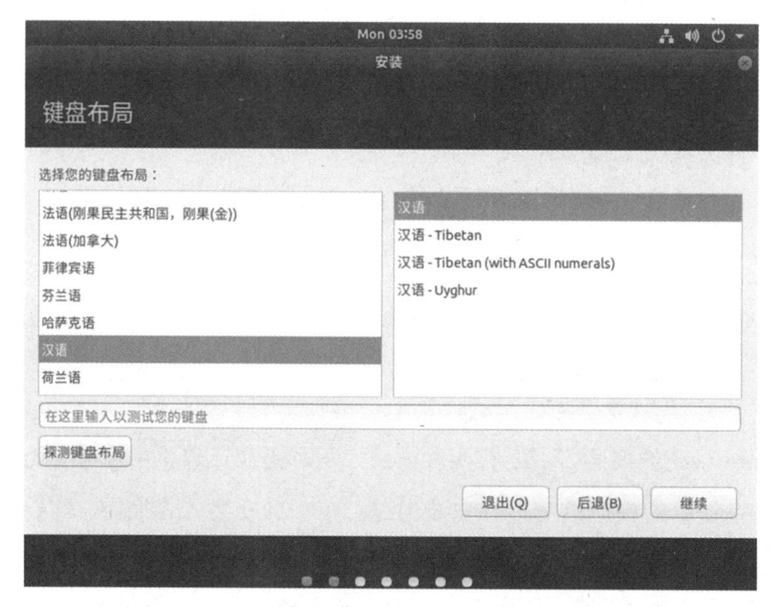

图 2-6 Ubuntu 系统安装中选择键盘布局界面

（4）更新和安装软件设置，勾选“正常安装”与“安装 Ubuntu 时下载更新”复选框，如图 2-7 所示。

（5）如图 2-8 所示，进行 Ubuntu 文件系统设置，选择使用整个磁盘，当然也可以根据需要自行设置。

（6）弹出文件安装提示消息，如图 2-9 所示，单击“继续”按钮。

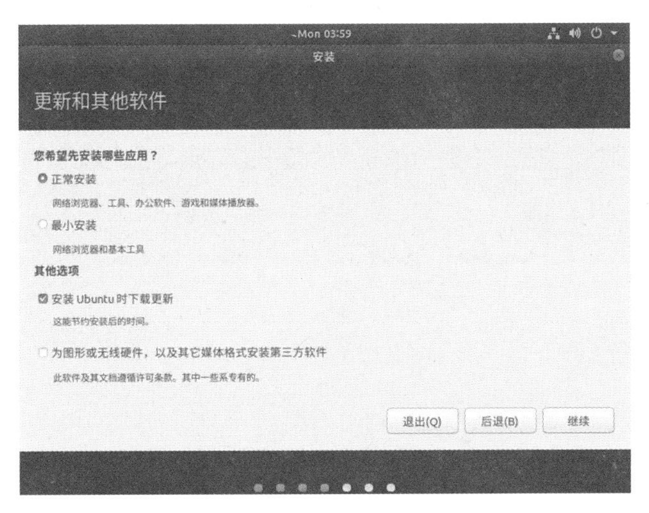

图 2-7　Ubuntu 系统安装中更新和安装软件设置界面

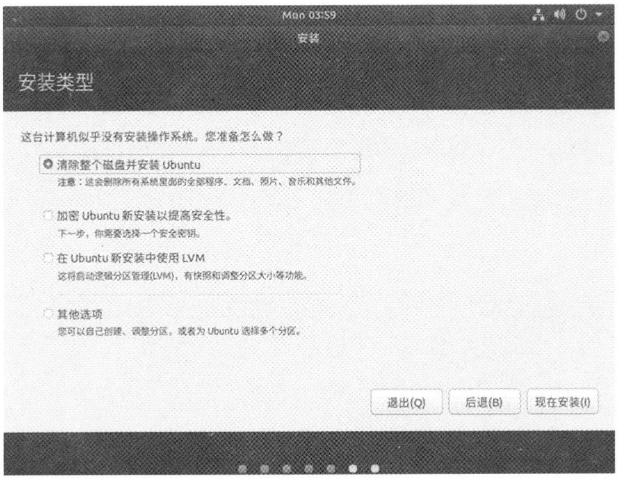

图 2-8　Ubuntu 系统安装中文件系统设置界面

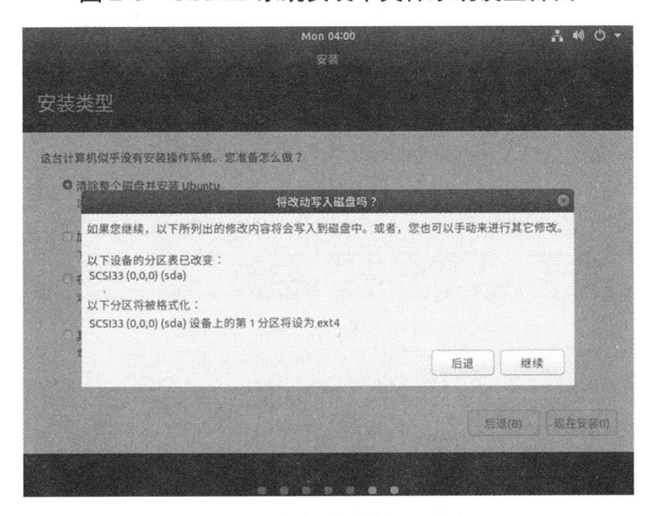

图 2-9　文件安装提示消息

（7）选择时区，默认为“shanghai”。

（8）进行用户名和密码设置，如图 2-10 所示。

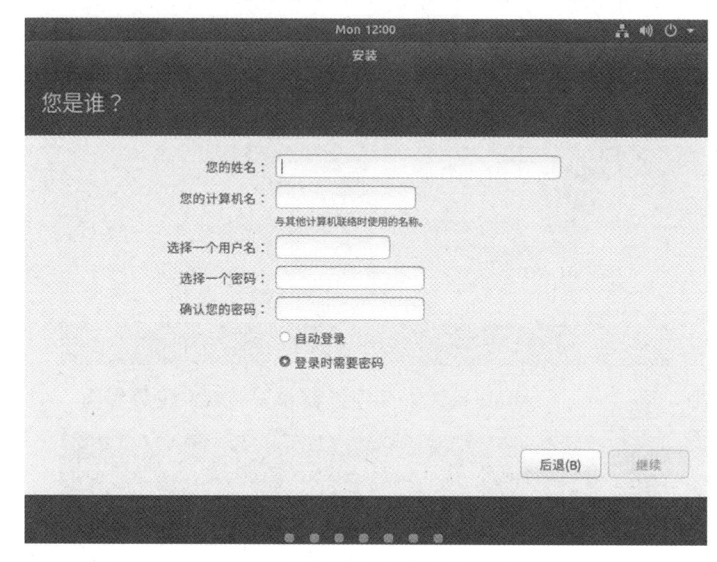

图 2-10　Ubuntu 系统安装中用户名和密码设置界面

（9）进行 Ubuntu 系统的安装，耐心等待安装完成即可。Ubuntu 系统安装进度界面如图 2-11 所示。

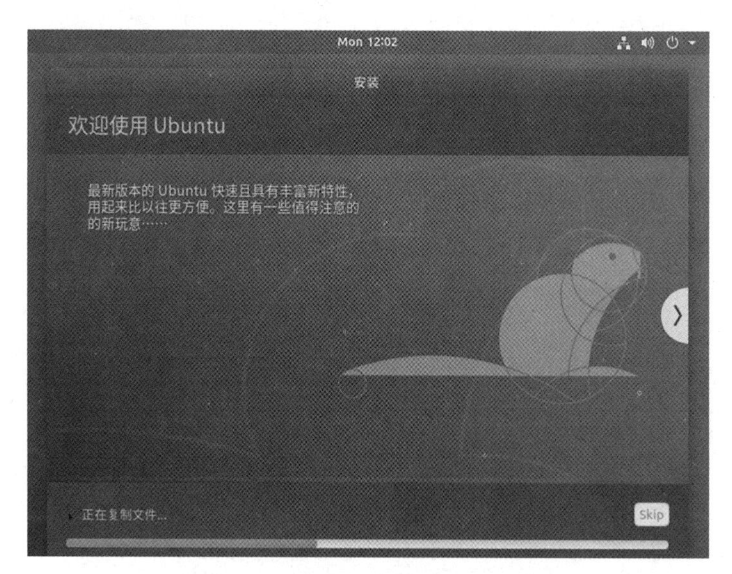

图 2-11　Ubuntu 系统安装进度界面

（10）安装过程完成，单击“现在重启”按钮进行计算机重启，如图 2-12 所示。

（11）完成计算机重启，显示登录界面（见图 2-13），Ubuntu 系统安装成功。进入 Ubuntu 系统后的桌面如图 2-14 所示。

图 2-12　重启计算机

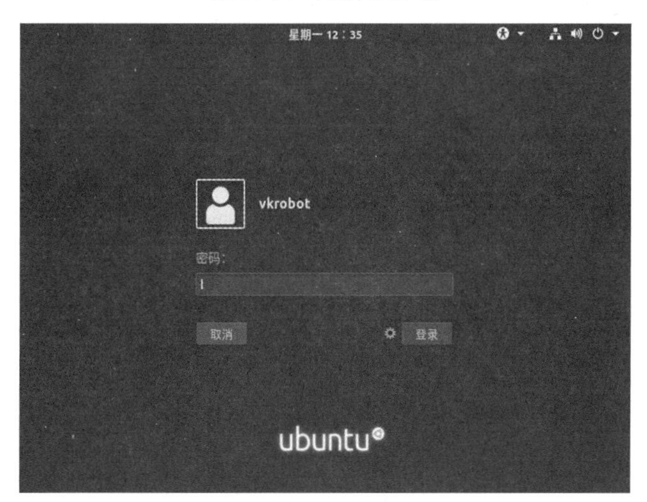

图 2-13　登录界面

图 2-14　进入 Ubuntu 系统后的桌面

3．Ubuntu 系统的基本操作

1）Ubuntu 系统的文件操作

Ubuntu 的文件系统是一个有层次的树形结构，文件系统的最上层是/，表示根目录，其他文件和目录都位于根目录下。在 Ubuntu 中，一切皆为文件，包括硬盘、分区和插拔介质。Ubuntu 主要的文件系统如图 2-15 所示。

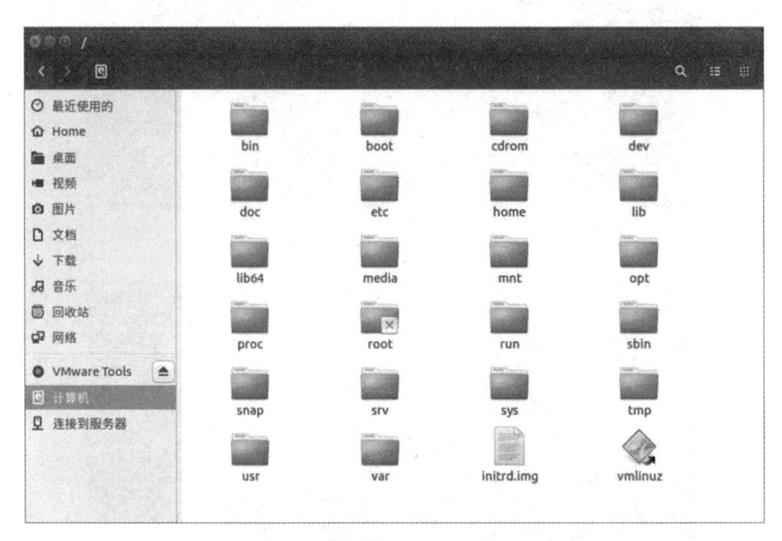

图 2-15　Ubuntu 主要的文件系统

下面对 Ubuntu 根目录下的常见目录及主要功能进行简要介绍。

/bin：重要的二进制（binary）应用程序，如 cp、ls 等。

/boot：启动（boot）时用到的核心配置文件。

/dev：设备（device）文件。

/etc：存放系统管理所需的配置文件、启动脚本等。

/home：本地用户主（home）目录。

/lib：系统库（libraries）文件，存放最基本的动态链接共享库，几乎所有应用程序都要用到该目录下的文件。

/root：根（root）用户主文件夹。

/sbin：重要的系统二进制（system binaries）文件。

/sys：存放系统（system）文件。

/tmp：存放临时（temporary）文件。

/usr：包含所有用户（users）都能访问的绝大部分应用程序和文件。

/var：存放经常变化的（variable）文件，如日志或数据库等。

Ubuntu 系统中对文件操作的命令，主要包括如下几个。

ls：list，查看当前路径下的文件目录，系统会以不同颜色、经过排列的文本列出目录下的所有文件。

mkdir：make directory，在当前目录下创建文件。

cd：change directory，切换目录，从当前目录切换成 cd 后跟的目录。

cp：copy，复制源文件到指定目标文件目录。

rm：remove，删除指定的文件。

mv：move，移动指定的文件或目录到指定的目录下，相当于执行剪切操作。

locate：查找文件或目录；可以使用通配符来匹配一个或多个文件，用“*”匹配所有文件，用“？”匹配单个字符。

pwd：print working directory，显示当前所在目录。

man：manual，显示某个命令的说明信息。

ifconfig：显示系统的网络。

Ubuntu 中所有的配置和设定都保存在文本文件中，默认的文本编辑器是 gedit，在文件前加上 gedit，表示使用 gedit 文本编辑器启动其后的文本。例如，命令 sudo gedit ~/.bashrc 表示使用 gedit 文本编辑器编辑 home 目录下的.bashrc 文件。

2）Ubuntu 系统的管理命令

Ubuntu 中提供了大量的对系统自身进行管理的命令，通过这些命令可以对系统的各项性能进行管理。

whois：who is，该命令会查找并显示指定账号的用户相关信息。

whoami：who am I，显示自身的用户名。

w：who，执行该命令可得知目前登入系统的用户有哪些人，以及他们正在执行的程序。

usermod：user modify，该命令可以用来修改用户账号的各项设定。

3）Ubuntu 系统中的 apt 命令

Ubuntu 本身提供了很多应用程序软件包可供下载安装，这些软件包可以通过 apt（advanced packaging tool）命令实现在 Internet 上搜索、安装和更新等操作。

apt 是 Ubuntu 中用来管理应用程序软件包的命令行程序，可以方便地完成对软件的安装、卸载和更新，也可以对 Ubuntu 本身进行升级。apt 的源文件是 /etc/atp/source.list 文件。

Ubuntu 中常用的 apt 命令主要有以下几个。

安装软件包：sudo apt-get install packagename。

重新安装软件包：sudo apt-get install packagename -- reinstall。

删除软件包：sudo apt-get remove packagename。

删除软件包和配置文件：sudo apt-get remove packagename -- purge。

获取新的软件包列表：sudo apt-get update。

更新已安装的软件包：sudo apt-get upgrade。

升级系统：sudo apt-get dist-upgrade。

搜索软件包：sudo apt-cache search packagename。

查看软件包的详细信息：sudo apt-cache show packagename。

4．ROS 简介

ROS 是机器人操作系统（Robot Operating System）的英文缩写。ROS 是用于编写机器人软件程序的一种具有高度灵活性的软件架构。ROS 源自斯坦福大学的 STanford Artificial Intelligence Robot（STAIR）和 Personal Robotics（PR）项目。

ROS 是一种适用于机器人的开源的元操作系统。它提供了操作系统应有的服务，包括硬件抽象、底层设备控制、常用函数的实现、进程间消息传递和包管理。它还提供用于获取、编译、编写和跨计算机运行代码所需的工具和库函数。

ROS 正式发展的时间已经超过 10 年，在这期间，ROS 经历了多个版本更新，目前稳定的版本如下。

ROS Box Turtle，2010 年 3 月 2 号发布。

ROS C Turtle，2010 年 8 月 2 号发布。

ROS Diamondback，2011 年 3 月 2 号发布。

ROS Electric Emys，2011 年 8 月 30 号发布。

ROS Fuerte Turtle，2012 年 4 月 23 号发布。

ROS Groovy Galapagos，2012 年 12 月 31 号发布。

ROS Hydro Medusa，2013 年 9 月 4 号发布。

ROS Indigo IgIoo，2014 年 7 月 22 号发布。

ROS Jade Turtle，2015 年 5 月 23 号发布；2015 年 8 月，第一个 ROS 2.0 的 Alpha 版本落地。

ROS Kinetic Kame，2016 年 5 月 23 号发布；2016 年 12 月 19 日，ROS 2.0 的 Beta 版本正式发布。

ROS Lunar Loggerhead，2017 年 5 月 23 号发布；2017 年 12 月 8 号，ROS 2.0 Ardent Apalone 正式版本发布。

ROS Melodic Morenia，2018 年 5 月 23 号发布。

ROS Noetic Ninjemys，2020 年 5 月 23 号发布。

5. ROS 的安装过程

ROS 目前只支持在 Linux 系统上安装部署，它的首选开发平台是 Ubuntu。时至今日，ROS 已经相继更新和推出了多种版本，供不同版本的 Ubuntu 开发人员使用。为了提供稳定的开发环境，ROS 的每个版本都有一个推荐运行的 Ubuntu 版本。ROS 主要版本与 Ubuntu 版本的对应关系如表 2-1 所示。

表 2-1　ROS 主要版本与 Ubuntu 版本的对应关系

ROS 版本名称	发布时间	支持的操作系统
ROS Noetic Ninjemys	2020 年 5 月	Ubuntu 20.04
ROS Melodic Morenia	2018 年 5 月	Ubuntu 17.10
ROS Lunar Loggerhead	2017 年 5 月	Ubuntu 16.04
ROS Kinetic Kame	2016 年 5 月	Ubuntu 15.10
ROS Jade Turtle	2015 年 5 月	Ubuntu 14.04
…	…	…

本书使用的平台是 Ubuntu 18.04，ROS 版本是 Melodic Morenia。

如果你已经安装 Ubuntu，那么请确定系统版本，在终端中输入 cat /etc/issue 命令确定 Ubuntu 版本号，然后选择对应的 ROS 版本。

如果你还未安装 Ubuntu，那么在正式安装前，先检查下 Ubuntu 初始环境是否配置正确。

打开 Ubuntu 的设置→软件和更新→Ubuntu 软件选项卡，勾选关键字为 universe、restricted、multiverse 的三项，如图 2-16 所示。

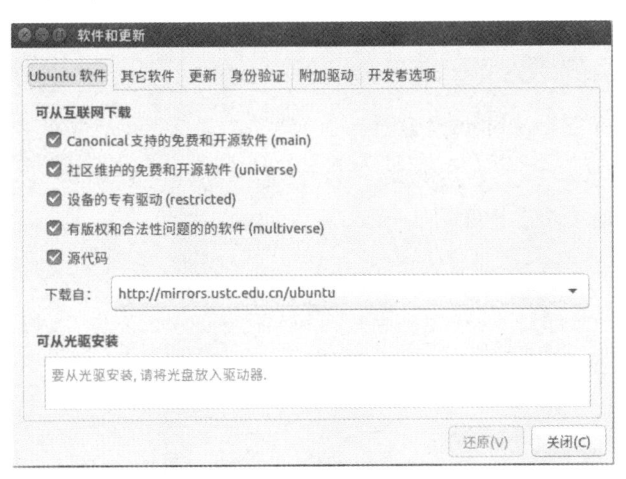

图 2-16　Ubuntu 的配置选项

配置完成后，就可以开始安装 ROS 了。打开终端，主要步骤如下。

（1）添加软件镜像源。

```
sudo sh -c '. /etc/lsb-release && echo "deb http://mirrors.ustc.edu.cn/ros/
ubuntu/ $DISTRIB_CODENAME main" > /etc/apt/sources.list.d/ros-latest.list'
```

这一步配置将镜像添加到 Ubuntu 源列表中，建议使用国内镜像源，这样能够保证下载速度。本例使用的是中国科技大学的镜像源。

（2）添加密钥。

```
sudo apt-key adv --keyserver keyserver.ubuntu.com --recv-keys F42ED6FBAB17C654
```

密钥是 Ubuntu 中的一种安全机制，也是 ROS 安装中不可或缺的一部分。

（3）更新系统。

```
sudo apt-get update
```

更新系统，确保自己的 debian 软件包和索引是最新的。

（4）安装 ROS。

ROS 中有很多函数库和工具，官网提供了 4 种默认的安装方式。这 4 种方式包括桌面完整版安装、桌面版安装、基础版安装、单独软件包安装。

桌面完整版安装（推荐）：ROS、rqt、rviz、机器人通用库、2D/3D 模拟器、导航软件包和 2D/3D 感知软件包。

```
sudo apt-get install ros-melodic-desktop-full
```

桌面版安装：ROS、rqt、rviz 和机器人通用库。

```
sudo apt-get install ros-melodic-desktop
```

基础版安装：包含命令行工具和通信库等 ROS 所有基础功能，没有图形界面工具。

```
sudo apt-get install ros-melodic-ros-base
```

单独软件包安装：安装特定的 ROS 软件包，其命令行格式为

```
sudo apt-get install ros-melodic-PACKAGE
```

例如，安装 slam 的 gmapping 功能包。

```
sudo apt-get install ros-melodic-slam-gmapping
```

（5）ROS 安装完成，进行配置工作。

```
sudo rosdep init && sudo rosdep init
```

（6）配置环境变量。

```
echo "source /opt/ros/melodic/setup.bash" >> ~/.bashrc
```

（7）安装 rosinstall。

rosinstall 是 ROS 中一个独立的常用命令行工具，它可以方便地让用户通过一条命令就可以给某个 ROS 软件包下载很多源码树。在 Ubuntu 上安装这个工具，请执行：

```
sudo apt-get install python-rosinstall
```

到此，就完成了 ROS 的安装，下面通过 ROS 的一些简单操作验证 ROS 是否安装成功。

6. ROS 的基本操作

在 ROS 中，主要的操作命令涉及执行命令、功能包（package）命令、节点（node）命令、话题（topic）命令、服务（service）命令、消息（message）命令等，关于这些命令的介绍，将在后面的项目中进行介绍。在此，ROS 中的基本操作命令已初步进行了介绍。

1）ROS 中的执行命令

roscore：该命令用来启动 master（节点管理器）、rosout（日志输出节点）和 parameter server（参数服务器）。

rosrun：运行节点命令。

roslaunch：该命令可以启动 launch 文件，launch 文件中包含多个节点及配置运行选项。

rosclean：检查或删除 ROS 日志文件命令。

2）ROS 中的功能包命令

rospack：显示与 ROS 功能包相关的信息。

rosinstall：安装 ROS 附加功能包。

rosdep：安装功能包的依赖性文件。

roslocate：与 ROS 功能包信息有关的命令。

roscreate-pkg：自动生成 ROS 功能包（用于旧的 rosbuild 系统）。

rosmake：构建 ROS 功能包（用于旧的 rosbuild 系统）。

3）ROS 中的消息命令

rostopic：该命令用来确认 ROS 话题信息。

rosservice：该命令用来确认 ROS 服务信息。

rosnode：该命令用来确认 ROS 节点信息。

rosparam：该命令用来确认和修改 ROS 参数信息。

rosbag：该命令用来记录和回放 ROS 消息。

rosmsg：该命令用来显示 ROS 消息类型。

rossrv：该命令用来显示 ROS 服务类型。

rosversion：该命令用来显示 ROS 功能包的版本信息。

roswtf：该命令用来检查 ROS 系统。

下面通过一个小海龟仿真程序，体验一下 ROS 系统的使用。

首先，启动 ROS，输入代码运行 roscore，roscore 运行结果如图 2-17 所示。

```
roscore http://vkrobot:11311/
vkrobot@vkrobot:~$ roscore
... logging to /home/vkrobot/.ros/log/19602a4c-d237-11eb-9060-000c298348c1/roslaunch-vkrobot-11449.log
Checking log directory for disk usage. This may take awhile.
Press Ctrl-C to interrupt
Done checking log file disk usage. Usage is <1GB.

started roslaunch server http://vkrobot:38187/
ros_comm version 1.12.17


SUMMARY
========

PARAMETERS
 * /rosdistro: kinetic
 * /rosversion: 1.12.17

NODES

auto-starting new master
process[master]: started with pid [11459]
ROS_MASTER_URI=http://vkrobot:11311/
```

图 2-17　roscore 运行结果

其次，运行 roscore 后，重新打开一个终端窗口，输入：

```
rosrun turtlesim turtlesim_node
```

再次，打开一个新的终端窗口，输入：

```
rosrun turtlesim turtle_teleop_key
```

最后，将光标移动到第三个终端窗口上，通过键盘上的方向键操作小海龟，如果小海龟正常移动，并且在屏幕上留下自己的移动轨迹，那么表示 ROS 安装成功。小海龟仿真程序如图 2-18 所示。

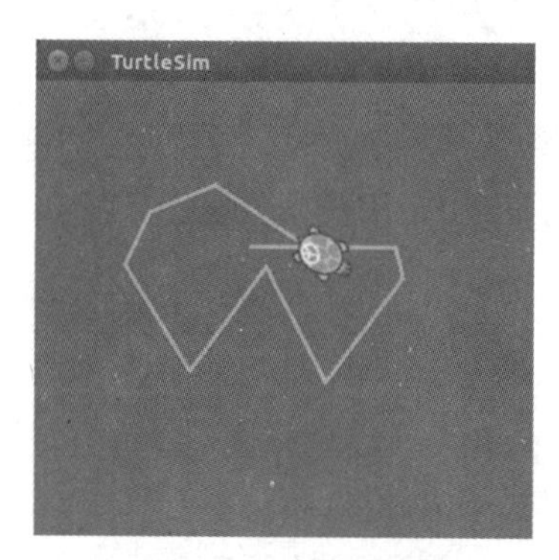

图 2-18　小海龟仿真程序

项目设计

根据本工作任务的要求，拟定工作步骤如下。

（1）Ubuntu 系统安装，在安装之前，首先下载 Ubuntu 系统的安装镜像，并制作 Ubuntu 系统的安装启动盘，然后按照 Ubuntu 系统的安装步骤进行安装。

（2）ROS 系统安装。

（3）ROS 系统安装成功之后，启动 ROS 小海龟仿真程序，控制小海龟的移动。

项目实施

本工作任务中的 3 个工作步骤，在知识导入部分中已详细讲解，本部分不再重复介绍。

项目评价

采用小组自评与教师评价相结合的方式，根据工作任务完成过程中的表现对学生本工作任务的学习和任务完成情况进行评价，并针对任务完成中发现的问题进行补充讲解。填写表 2-2 所示任务过程评价表。

表 2-2　任务过程评价表

任务实施人姓名__________________学号____________________时间____________

评价项目及标准		分值/分	小组评议	教师评议
技术能力	1．基本概念熟悉程度	10		
	2．Ubuntu 系统安装操作规范与结果	10		
	3．Ubuntu 系统操作熟练程度	10		
	4．ROS 系统安装操作规范与结果	10		
	5．ROS 系统操作熟练程度	10		
	6．小海龟仿真程序运行结果	10		
执行能力	1．出勤情况	5		
	2．遵守纪律情况	5		
	3．是否主动参与，有无提问记录	5		
	4．有无职业意识	5		
社会能力	1．能否有效沟通	5		
	2．能否使用基本的文明礼貌用语	5		
	3．能否与组员主动交流、积极合作	5		
	4．能否自我学习及自我管理	5		
		100		
评定等级：				
评价意见		学习意见		
评定等级：A 为优，90 分<得分≤100 分；B 为好，80 分<得分≤90 分；C 为一般，60 分<得分≤80 分；D 为有待提高，0 分≤得分≤60 分				

项目 3　智能机器人蹒跚学步

项目要求

使用 ROS 中的 turtlesim 功能包，完成如下操作。

（1）使用键盘控制小海龟的移动。

（2）查看小海龟仿真过程中启动的相关话题、服务和计算图。

（3）利用话题使小海龟平移、旋转。

（4）利用服务清除移动轨迹。

知识导入

1. ROS 中的节点

1）节点的基本概念

在 ROS 中，最小的进程单元就是节点（node）。一个软件包里可以有多个可执行文件，可执行文件在运行之后就成了一个进程（process），这个进程在 ROS 中就叫作节点。从程序角度来说，节点就是一个可执行文件（通常为 C++编译生成的可执行文件、Python 脚本），被执行后加载到了内存之中。

2）节点管理器

机器人的元器件很多，功能庞大，因此实际运行时往往会运行众多的节点，负责感知世界、控制运动、决策和计算等。这就需要一个管理工具对节点进行调配与管理。ROS 提供了节点管理器（master），节点管理器在整个网络通信架构中相当于管理中心，管理着各个节点。节点启动时首先需要在节点管理器中进行注册，在这之后节点之间的通信就由节点管理器进行调配，实现相互之间的通信。

节点管理器与节点之间的关系如图 3-1 所示。

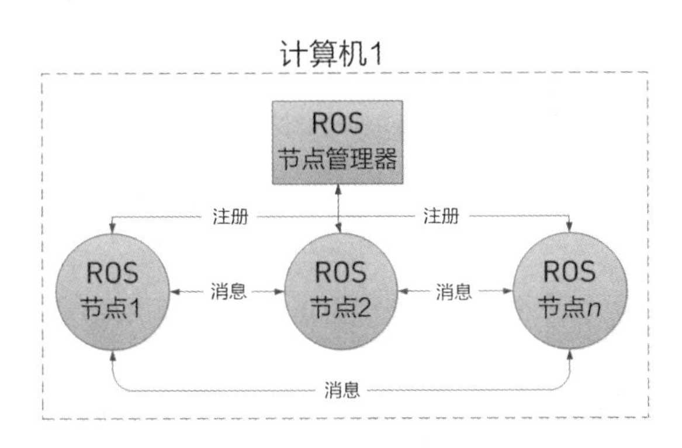

图 3-1　节点管理器与节点之间的关系

启动节点管理器的命令为 roscore。当节点管理器启动时，同时启动的还有 rosout 和 parameter server，其中 rosout 是负责日志输出的一个节点，其作用是告知用户当前系统输出的状态，包括 error、warning 等，并且将日志记录于日志文件中；parameter server 即参数服务器，它并不是一个节点，而是存储参数配置的一个服务器。

在 ROS 的文件系统中，程序包中存放着可执行文件，当系统执行这些可执行文件，并将这些文件加载到内存中后，它们就成了动态的节点。具体启动节点的语句是 rosrun pkg_name node_name。

ROS 为节点提供了专门的管理命令 rosnode，通过该命令可以查看、操作和监测已经运行的节点。rosnode 命令的功能如表 3-1 所示。

表 3-1　rosnode 命令的功能

rosnode 命令	功能
rosnode list	列出当前运行的节点信息
rosnode info node_name	显示出节点的详细信息
rosnode kill node_name	结束某个节点
rosnode ping	测试连接节点
rosnode machine	列出在特定机器或列表机器上运行的节点
rosnode cleanup	清除不可达节点的注册信息

2. ROS 的通信机制

ROS 的通信机制是 ROS 的灵魂，也是整个 ROS 正常运行的关键。ROS 的通信机制包括各种数据的处理、进程的运行、消息的传递等。为了最大化软件的可重用性，ROS 是以节点的形式开发的，节点是根据其目标细分的可执行程序的最小单位。节点通过特定的数据结构与其他的节点交换数据，最终成为一个大型的程序。这里的关键概念是节点之间的消息通信，分为 3 种：单向消息发送/接收方式的话题（topic）；双向消息请求/响应方式的服务（service）；双向消息目标（goal）/结果（result）/反馈（feedback）方式的动作（action）。

另外，节点中使用的参数可以从外部进行修改。这在大的框架中也可以被看作数据通信。ROS 的通信机制可以用一张图来说明，如图 3-2 所示。

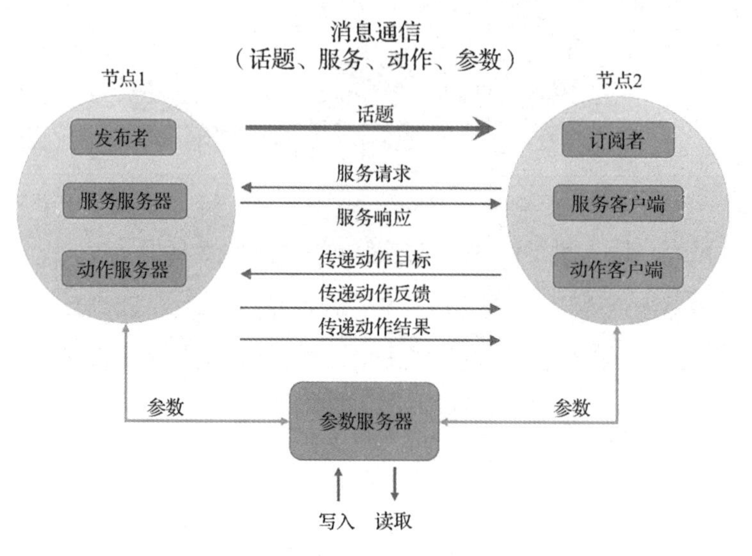

图 3-2　ROS 的通信机制示意图

3. ROS 中的话题

1）话题的基本结构

ROS 节点之间进行通信所利用的重要机制就是消息（message）传递。在 ROS 中，消息有组织地存放在话题（topic）中。ROS 中消息传递机制的基本思路是：当一个节点想要分享信息时，它就会发布（publish）消息到对应的一个或多个话题；当一个节点想要接收信息时，它就会订阅（subscribe）所需要的一个或多个话题。节点管理器负责确保发布节点和订阅节点能找到对方；消息直接从发布节点传递到订阅节点，中间并不经过节点管理器转交。ROS 系统中的话题机制如图 3-3 所示。

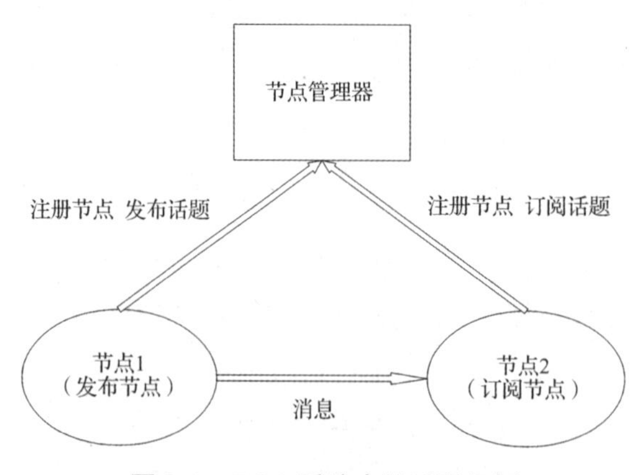

图 3-3　ROS 系统中的话题机制

订阅节点接收到消息后会进行处理，一般这个过程叫作回调（callback）。所谓回调，就是提前定义好了一个处理函数（写在代码中），当有消息到来时，就会触发这个处理函数，该函数会对消息进行处理。

ROS 为话题提供了专门的管理命令 rostopic，通过该命令可以查看、操作和监测 ROS 系统中存在的话题的相关信息。rostopic 命令的功能如表 3-2 所示。

表 3-2　rostopic 命令的功能

rosnode 命令	功能
rostopic list	列出当前所有的话题
rostopic info topic_name	显示某个话题的属性信息
rostopic echo topic_name	显示某个话题的内容
rostopic pub topic_name	向某个话题发布内容
rostopic bw topic_name	查看某个话题的带宽
rostopic hz topic_name	查看某个话题的频率
rostopic find topic_type	查找某个类型的话题
rostopic type topic_name	查看某个话题的类型（msg）

2）ROS 中的消息

在 ROS 系统中，话题有着严格的格式要求，所有的信息需要按照对应类别的数据格式进行构造、传递和解读，而传递信息对应的数据格式就是消息。消息按照定义解释就是话题内容的数据类型，也称为话题的格式标准。和我们平常用到的消息直观概念有所不同，这里的消息不单单指一条发布或订阅的消息，也指定话题的格式标准。

ROS 系统的元功能包 common_msgs 中提供了许多不同消息类型的功能包，如 std_msgs（标准类型）、geometry_msgs（几何类型）、sensor_msgs（传感器类型）等，这些功能包中的消息可以满足一些基本的消息发布的需求。基本的 msg 包括 bool、int8、int16、int32、int64（以及 uint）、float、float64、string、time、duration、header、可变长度数组 array[]、固定长度数组 array[C]。那么具体的一个 msg 是怎么组成的呢？下面举例说明，机器人中摄像头的图像消息为 sensor_msg/image，存放在 sensor_msgs/msg/image.msg 中，它的结构如下。

```
std_msg/Header header
uint32 seq
time stamp
string frame_id
uint32 height
uint32 width
string encoding
uint8 is_bigendian
uint32 step
```

```
uint8[] data
```

msg 的定义与 C 语言中的结构体是类似的。通过具体地定义图像的宽度、高度等来规范图像的格式。这就解释了消息不仅是我们平时理解的一条一条的消息，还是 ROS 中话题的格式规范。或者可以理解为 msg 是一个“类”，那么我们每次发布的内容可以理解为“对象”。我们实际不会把消息概念分得那么清，通常说消息既指的是类，又指的是它的对象。而 msg 文件相当于类的定义。

ROS 为 msg 提供了专门的管理命令 rosmsg，主要的命令有两个，如表 3-3 所示。

表 3-3　rosmsg 命令的功能

rosmsg 命令	功能
rosmsg list	列出系统上所有的 msg
rosmsg show msg_name	显示某个 msg 的内容

除 ROS 系统提供的 msg 外，用户还可以根据实际的需求自行定义 msg，ROS 提供了一套与语言无关的 msg 定义方法。关于自行定义 msg 将在稍后的项目中进行介绍。

4．ROS 中的服务

1）服务的基本结构

话题是 ROS 中的一种单向的异步通信方式。然而，有些时候单向的通信满足不了通信要求，如当一些节点只是临时而非周期性地需要某些数据时，如果采用话题通信方式，就会消耗大量不必要的系统资源，造成系统的低效率、高功耗。在这种情况下，就需要有一种请求-响应式的通信模型。下面介绍 ROS 通信中的另一种通信方式——服务（service）。

服务在通信模型上与话题有区别。服务通信是双向的，它可以发送消息，并且有响应。所以服务包括两部分，一部分是请求方，另一部分是响应方/服务提供方。请求方发送一个请求，要等待响应方处理，反馈回一个响应，这样通过请求-响应的机制完成整个服务通信。

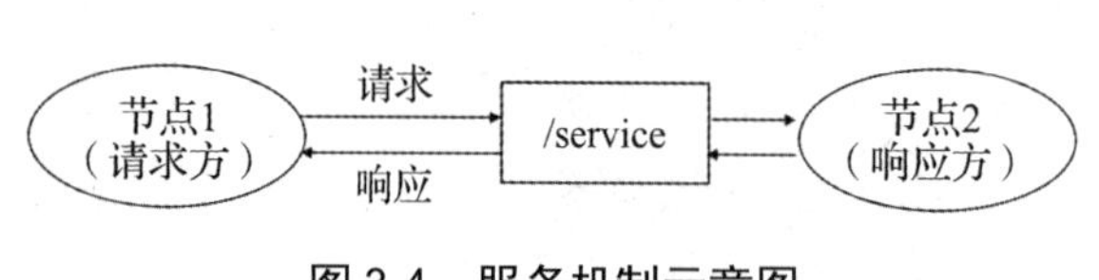

图 3-4　服务机制示意图

服务机制示意图如图 3-4 所示。

节点 2 是响应方，提供了一个服务的接口，叫作/service，我们一般会用 string 类型来指定服务的名称，类似于话题。节点 1 向节点 2 发起了请求，经过处理后得到了响应。

话题与服务是 ROS 系统中最重要的两种通信机制，智能机器人的大部分分布式控制功能都是依靠这两种通信机制进行的，这两种通信机制具有不同的特点。

ROS 为服务提供了专门的管理命令 rosservice，通过该命令可以查看、操作和监测 ROS 系统中存在的服务的相关信息。rosservice 命令的功能如表 3-4 所示。

表 3-4　rosservice 命令的功能

rosservice 命令	功能
rosservice list	显示服务列表
rosservice info	打印服务信息
rosservice type	打印服务类型
rosservice uri	打印服务 ROSRPC uri
rosservice find	按服务类型查找服务
rosservice call	使用所提供的 args 调用服务
rosservice args	打印服务参数

2）ROS 中的 srv

与话题中的 msg 类似，ROS 中的服务数据要通过 srv 来进行定义和实现。服务通信的数据格式定义在*.srv 文件中，它声明了一个可以用于服务中的数据格式，即 srv。一个完整的 srv 包括请求（request）和响应（response）两部分，请求和响应部分的定义通过“---”分开。在 srv 的定义中可以使用 msg 数据类型，但是不能使用 srv 数据类型。

例如，turtlesim 功能包中定义的 spawn.srv 数据类型如下。

```
float32 x
float32 y
float 32 theta
string name
---
string name
```

与 msg 类似，ROS 为 srv 提供了专门的管理命令 rossrv，详见表 3-5。

表 3-5　rossrv 命令的功能

rossrv 命令	功能
rossrv show	显示 srv 描述
rossrv list	列出所有 srv
rossrv md5	显示 srv md5sum
rossrv package	列出包中的 srv
rossrv packages	列出包含指定 srv 的包

5. ROS 中的参数服务器

与前两种通信方式不同，参数服务器（parameter server）可以说是特殊的通信方式。特殊点在于参数服务器是节点存储参数的地方，用于配置参数和全局共享参数。参数服务器使用 Internet 传输，在节点管理器中运行，实现整个通信过程。参数服务器作为 ROS 中的一种数据传输方式，有别于话题和服务，它更加静态。参数服务器维护着一个数据字典，数据字典里存储着各种参数和配置。

所谓“字典”，其实就是一个个的键值对，ROS 中的“字典”可以对比普通意义的字典概念进行理解记忆。键值 key 可以理解为 “索引”，每一个 key 都是唯一的。参数服务器实例如图 3-5 所示。

key	/rosdistro	/rosversion	/use_sim_time	···
value	'kinetic'	'1.12.7'	true	···

图 3-5　参数服务器实例

发送方通过远程过程调用协议 RPC 更新节点管理器中的共享参数（包含参数名和参数值），实现全局变量的更新；接收方通过 RPC 向节点管理器发送参数查询请求（包含要查询的参数名）；节点管理器通过 RPC 回复接收方的请求（包含参数值）。从上述流程可知，如果接收方想实时知道共享参数的变化，则需要自己不停地询问节点管理器。

参数服务器的维护方式非常简单灵活，总的来讲有 3 种方式：①使用命令进行数据读写；②在 launch 文件内进行数据读写；③使用节点代码进行数据读写。这里重点介绍使用命令进行数据读写的方式。使用命令行来维护参数服务器，主要使用 rosparam 命令，详见表 3-6。

表 3-6　rosparam 命令的功能

rosparam 命令	功能
rosparam set param_key param_value	设置参数
rosparam get param_key	显示参数
rosparam load file_name	从文件中加载参数
rosparam dump file_name	保存参数到文件
rosparam delete	删除参数
rosparam list	列出参数名称

6. ROS 中的动作

动作（action）机制从原理上看，其实是基于话题实现的，相当于制定了一套由目标话题、反馈话题、结果话题组成的高级协议。动作实现了一种类似于服务的请求-响应机制，区别在于动作带有反馈机制，用来不断向客户端反馈任务的进度，并且支持在任务中途停止运行。

ROS 通过 actinlib 功能包集实现动作通信机制。动作的操作过程主要为：客户端给服务器抛出一个目标，然后客户端就可以去执行其他的任务了，在任务执行期间，客户端会以消息的形式，周期性地接收到来自服务器的进度反馈，如果没有停止任务，则这个过程会一直延续至收到最终的结果。当然也可以随时停止当前的任务，开始一个全新的任务。

动作的工作原理是客户端-服务器模式，是一种双向的通信模式。通信双方在 ROS 动作协议下通过消息进行数据的交流通信。客户端和服务器为用户提供一个简单的 API（应用程序接口）来请求目标（在客户端）或通过函数调用和回调来执行目标任务（在服务器端）。

7. Qt 工具箱

ROS 为机器人开发提供各种 GUI（图形用户界面）工具。例如，将每个节点的层次结构显示为图形（graph），并且显示当前节点和话题状态的图形，以及将消息显示为二维图形的绘制（plot）等，这些 GUI 开发工具被称为 rqt。rqt 集成了 30 多种工具，可以作为一个综合的 GUI 工具来使用。另外，RVIZ（机器人可视化工具）被集成到 rqt 的插件中，这使 rqt 成为 ROS 的一个不可缺少的 GUI 工具。顾名思义，rqt 是基于 Qt 开发的，而 Qt 是一个广泛用于计算机编程的 GUI 编程跨平台框架，用户可以方便自由地添加和开发插件。

在 ROS 中，需要安装 Qt 工具箱，安装命令如下。

```
sudo apt-get install ros-melodic-rqt
sudo apt-get install ros-melodic-rqt-common-plugins
```

rqt_console 工具是用来显示和筛选 ROS 系统运行过程中的所有日志信息的，所显示的日志包括 info、warn、error 等级别。rqt_console 工具的使用十分简单，只需要在 ROS 系统中输入以下命令。

```
rqt_console
```

rqt_console 工具运行成功后，可以看到如图 3-6 所示的结果。

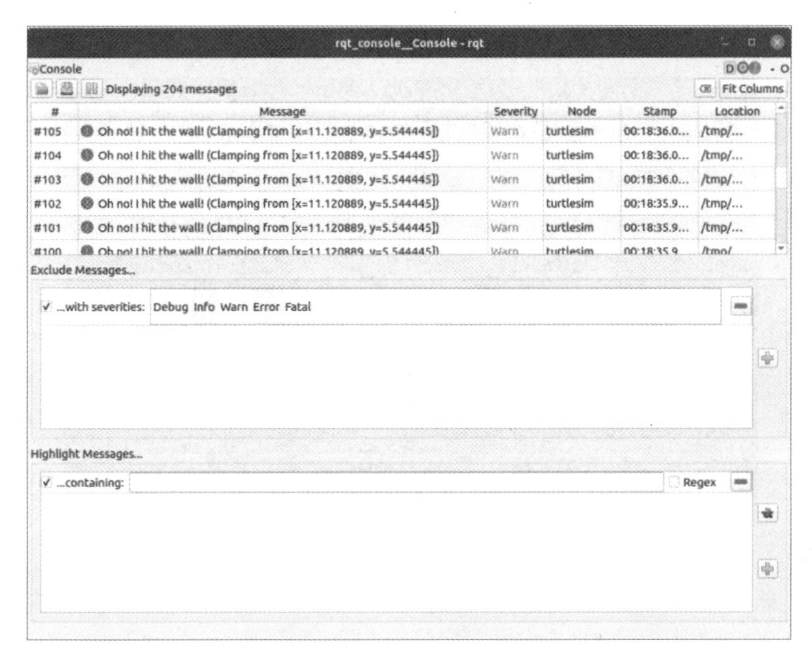

图 3-6　rqt_console 工具运行结果

如果日志较多，rqt_console 工具也具有过滤功能，可以选取符合某一条件的日志进行显示。

Qt 工具箱中还有 rqt_graph 和 rqt_plot 两个工具，这两个工具的使用方式与 rqt_console 类似，这里不再详细介绍。

项目设计

分析工作任务要求，并结合知识导入部分介绍的相关知识，可以将工作任务实施步骤分为两步。

（1）通过 ROS 中相关命令启动 turtlesim 功能包中的相关节点，并进行相关的仿真操作。

（2）利用本工作任务中介绍的话题、消息、服务等概念和命令进行相关信息查看与操作。

项目实施

根据工作任务要求，具体的工作任务实施步骤如下。

（1）启动新的终端，输入启动 ROS 命令——roscore。roscore 命令运行结果如图 3-7 所示。

```
roscore http://vkrobot:11311/
vkrobot@vkrobot:~$ roscore
... logging to /home/vkrobot/.ros/log/19602a4c-d237-11eb-9060-000c298348c1/rosla
unch-vkrobot-11449.log
Checking log directory for disk usage. This may take awhile.
Press Ctrl-C to interrupt
Done checking log file disk usage. Usage is <1GB.

started roslaunch server http://vkrobot:38187/
ros_comm version 1.12.17


SUMMARY
========

PARAMETERS
 * /rosdistro: kinetic
 * /rosversion: 1.12.17

NODES

auto-starting new master
process[master]: started with pid [11459]
ROS_MASTER_URI=http://vkrobot:11311/
```

图 3-7　roscore 命令运行结果

（2）启动新的终端，输入启动小海龟仿真节点命令。启动小海龟仿真节点显示的界面如图 3-8 所示。

```
rosrun turtlesim turtlesim_node
```

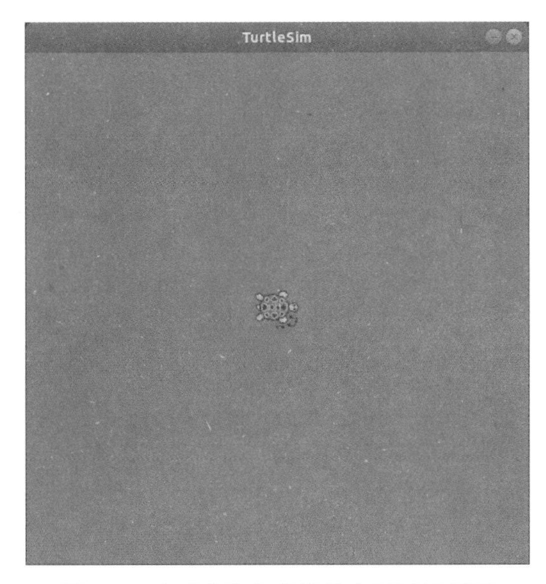

图 3-8　启动小海龟仿真节点显示的界面

（3）启动新的终端，输入启动小海龟仿真键盘命令。启动仿真键盘显示的界面如图 3-9 所示。

```
rosrun turtlesim turtlesim_telop
```

```
vkrobot@vkrobot:~$ rosrun turtlesim turtle_teleop_key
Reading from keyboard
---------------------------
Use arrow keys to move the turtle.
```

图 3-9　启动仿真键盘显示的界面

（4）将光标放到仿真键盘控制的终端上，通过方向键控制小海龟移动，如图 3-10 所示。

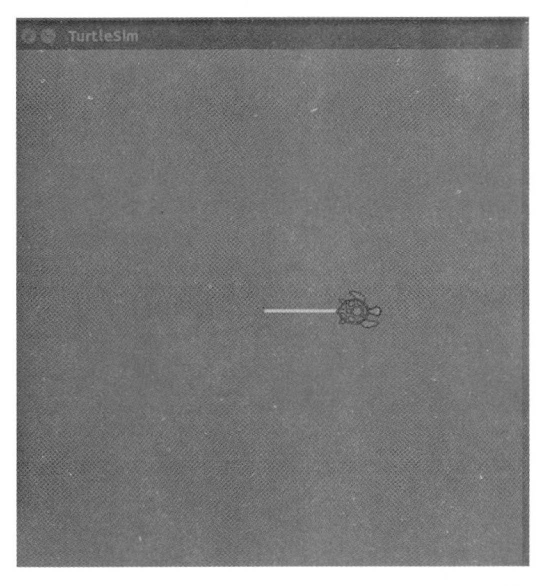

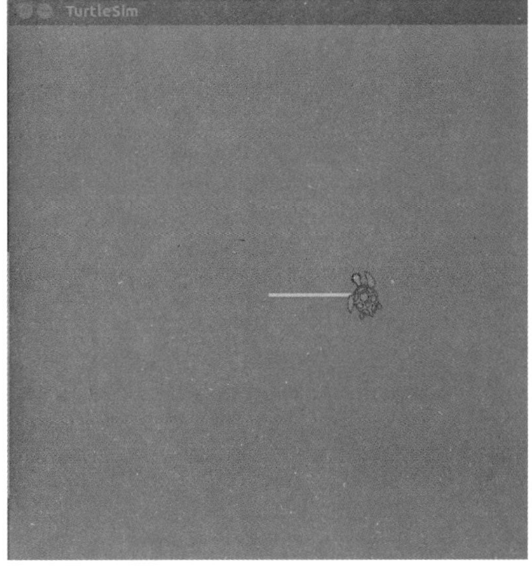

图 3-10　控制小海龟移动

（5）启动新的终端，输入如下命令，查看当前的计算图，如图 3-11 所示。

```
rqt_graph
```

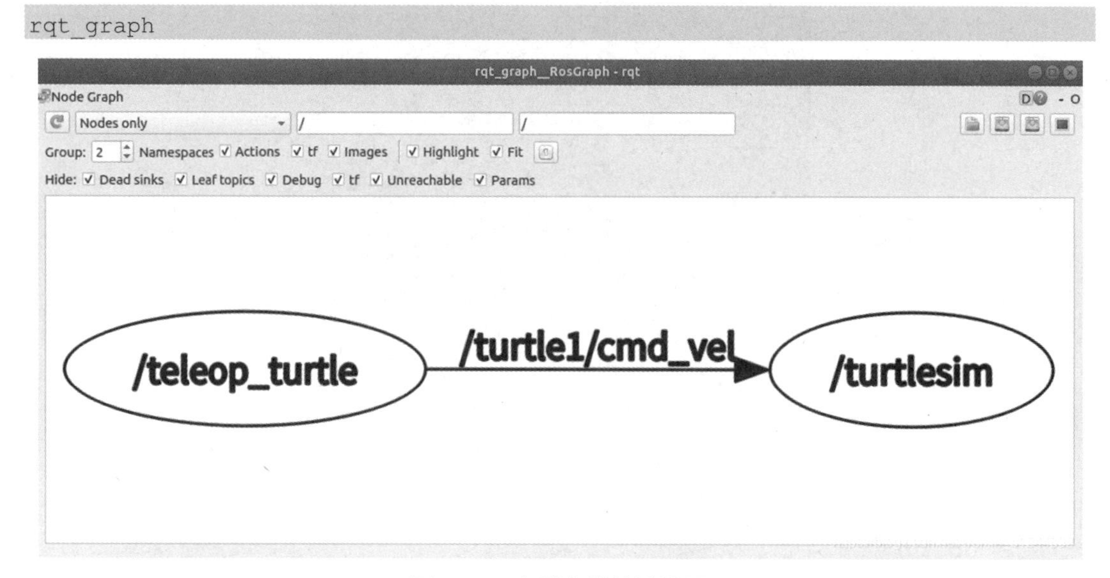

图 3-11　查看当前的计算图

（6）启动新的终端，输入如下命令，查看当前的话题和服务，如图 3-12 所示。

```
rostopic list
rosservice list
```

```
vkrobot@vkrobot:~$ rostopic list
/rosout
/rosout_agg
/turtle1/cmd_vel
/turtle1/color_sensor
/turtle1/pose
vkrobot@vkrobot:~$ rosservice list
/clear
/kill
/reset
/rosout/get_loggers
/rosout/set_logger_level
/spawn
/turtle1/set_pen
/turtle1/teleport_absolute
/turtle1/teleport_relative
/turtlesim/get_loggers
/turtlesim/set_logger_level
vkrobot@vkrobot:~$
```

图 3-12　查看当前的话题和服务

（7）启动新的终端，查看小海龟仿真节点中启动的 cmd_vel 话题中的 msg，如图 3-13 所示。

```
rostopic info /turtle1/cmd_vel
```

（8）利用话题通信机制分别控制小海龟的移动、旋转。

① 通过在 msg 中指定相应方向的速度值，控制小海龟沿直线前进，如图 3-14 所示。

```
rostopic pub -1 / turtle1/cmd_vel/geometry_msgs/Twist “linear
x: 5.0
y: 0.0
```

```
z: 0.0
angular:
x: 0.0
y: 0.0
z: 0.0"
```

```
vkrobot@vkrobot:~$ rostopic info /turtle1/cmd_vel
Type: geometry_msgs/Twist

Publishers:
 * /teleop_turtle (http://vkrobot:33157/)

Subscribers:
 * /turtlesim (http://vkrobot:40287/)

vkrobot@vkrobot:~$ rosmsg info geometry_msgs/Twist
geometry_msgs/Vector3 linear
  float64 x
  float64 y
  float64 z
geometry_msgs/Vector3 angular
  float64 x
  float64 y
  float64 z
```

图 3-13　查看 cmd_vel 话题中的 msg

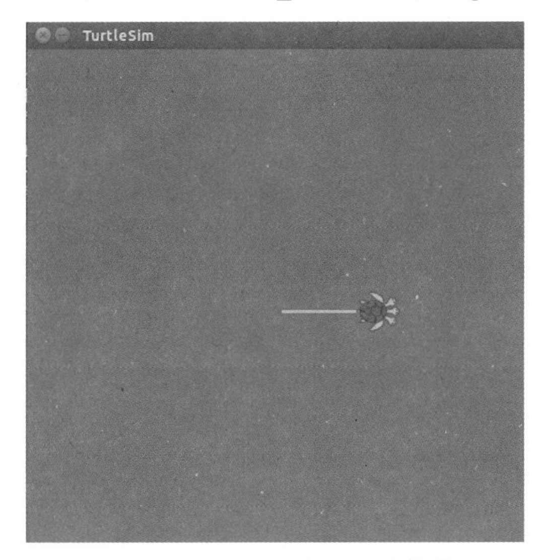

图 3-14　控制小海龟沿直线前进

② 通过在 msg 中指定相应方向的速度值，控制小海龟旋转一定角度，如图 3-15 所示。

```
rostopic pub -1 / turtle1/cmd_vel/geometry_msgs/Twist "linear
x: 0.0
y: 0.0
z: 0.0
angular:
x: 0.0
y: 0.0
z: 3.0"
```

③ 通过在 msg 中指定相应方向的速度值，控制小海龟转圆圈，如图 3-16 所示。

```
rostopic pub -r 20 / turtle1/cmd_vel/geometry_msgs/Twist "linear
x: 1.0
y: 0.0
z: 0.0
angular:
x: 0.0
y: 0.0
z: 3.0"
```

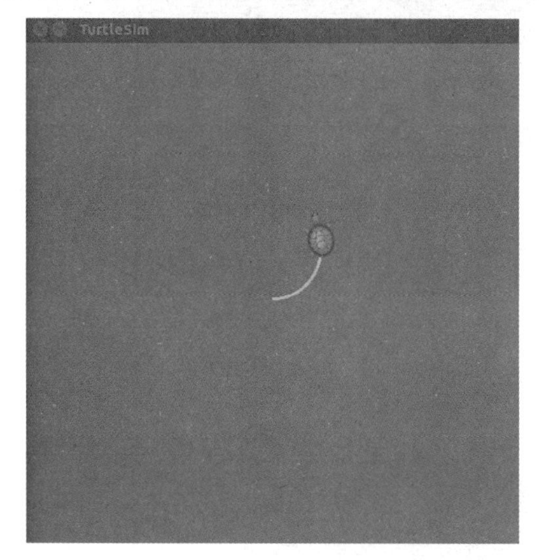

图 3-15　控制小海龟旋转一定角度

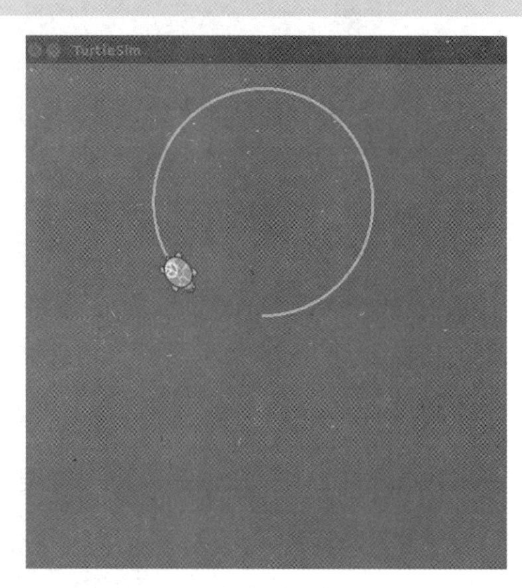

图 3-16　控制小海龟转圆圈

（9）利用服务通信机制清除小海龟移动轨迹，如图 3-17 所示。

```
rosservice call /clear "{}"
```

图 3-17　利用服务通信机制清除小海龟移动轨迹

项目评价

填写表 3-7 所示任务过程评价表。

表 3-7　任务过程评价表

任务实施人姓名________________学号__________________ 时间___________

评价项目及标准		分值/分	小组评议	教师评议
技术能力	1．基本概念熟悉程度	10		
	2．turtlesim 相关节点启动操作	10		
	3．turtlesim 使用键盘控制的操作	10		
	4．查看话题和服务的操作	10		
	5．使用话题对小海龟进行控制的操作	10		
	6．使用服务对小海龟进行控制的操作	10		
执行能力	1．出勤情况	5		
	2．遵守纪律情况	5		
	3．是否主动参与，有无提问记录	5		
	4．有无职业意识	5		
社会能力	1．能否有效沟通	5		
	2．能否使用基本的文明礼貌用语	5		
	3．能否与组员主动交流、积极合作	5		
	4．能否自我学习及自我管理	5		
		100		
评定等级：				
评价意见		学习意见		
评定等级：A 为优，90 分<得分≤100 分；B 为好，80 分<得分≤90 分；C 为一般，60 分<得分≤80 分；D 为有待提高，0 分≤得分≤60 分				

项目 4　智能机器人发电报

 项目要求

编制 publisher 节点代码文件，发布“/hello_msg”话题，通过该话题传递“hello world”文本消息。

1．工作空间与功能包

1）ROS 中的工作空间

ROS 中的工作空间类似于计算机软件开发中的概念——“工程”，是 ROS 中开发具体项目的空间，所有功能包的源代码编写、配置、编译都在该空间下完成。在 ROS 开发过程中可能会同时开发多个项目，这就会产生多个工作空间，所以工作空间之间有一个层级的问题，类似于优先级的概念，如果不同工作空间中有同名的功能包，那么运行的时候启动哪一个呢？ROS 默认启动最上层的工作空间（overlay），上层工作空间中的功能包会覆盖（override）下层工作空间（underlay）中的同名功能包。因此，当有多个工作空间的时候，需要注意设置工作空间的层级。

ROS 原始的编译和打包系统是 rosbuild，而现在 catkin 是 ROS 官方指定的编译系统。catkin 的原理、流程和 CMake 很类似，与 rosbuild 相比，它的可移植性，以及对交叉编译的支持性更好，本书中是采用 catkin 进行编译和开发的，因此下面介绍 catkin 工作空间。

首先在计算机上创建一个初始的 catkin_ws/路径，这是 catkin 工作空间结构的最高层级。输入下列命令，完成初始创建。

```
mkdir -p ~/catkin_ws/src  #直接创建了第二层级的文件夹src
cd ~/catkin_ws/   #进入工作空间
catkin_init_workspace     #初始化工作空间
```

catkin 工作空间的结构其实非常清晰。在 catkin 工作空间下输入 tree 命令，显示文件结构。

```
cd ~/catkin_ws
sudo apt install tree
tree
```

catkin 工作空间结构如图 4-1 所示。

```
├── build
│   ├── catkin
│   ├── catkin_generated
│   ├── CATKIN_IGNORE
│   ├── catkin_make.cache
│   ├── CMakeCache.txt
│   ├── CMakeFiles
│   ├── cmake_install.cmake
│   ├── CTestTestfile.cmake
│   ├── gtest
│   ├── Makefile
│   └── test_results
├── devel
│   ├── env.sh
│   ├── lib
│   ├── setup.bash
│   ├── setup.sh
│   ├── _setup_util.py
│   └── setup.zsh
└── src
    └── CMakeLists.txt -> /opt/ros/indigo/share/catkin/cmake/toplevel.cmake
```

图 4-1　catkin 工作空间结构

catkin 工作空间中包括 src、build、devel 三个文件夹，在有些编译选项下可能包括其他文件夹。但这三个文件夹是 catkin 编译系统默认的，它们的具体作用如下。

src：代码空间（source space），ROS 的 catkin 功能包（源代码功能包）。

build：编译空间（build space），catkin（CMake）的缓存信息和中间文件。

devel：开发空间（development space），生成的目标文件（包括头文件、动态链接库、静态链接库、可执行文件等）、环境变量。

在编译过程中，src、build、devel 三个文件夹的工作流程如图 4-2 所示。

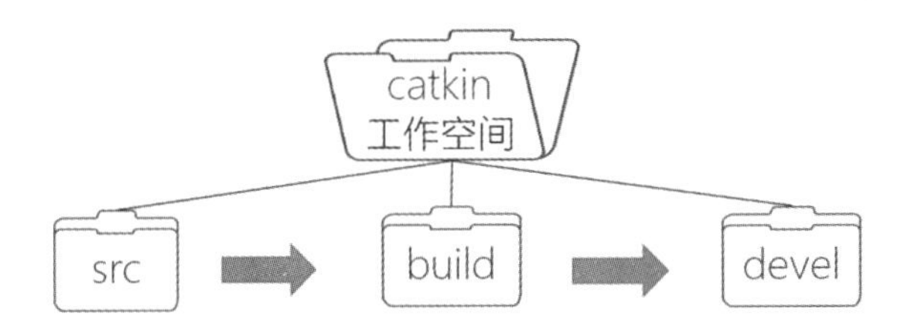

图 4-2　src、build、devel 三个文件夹的工作流程

build 和 devel 文件夹是由 catkin 编译系统自动生成、管理的，我们日常的开发工作一般不会涉及，而主要用到的是 src 文件夹，我们写的 ROS 程序、网上下载的 ROS 源代码功能包都存放在这里。

在编译时，catkin 编译系统会递归地查找和编译 src 文件夹中的每一个源代码包。因此可以把几个源代码包放到同一个文件夹下，这样 catkin 编译系统可以遍历地对代码进行编译。

2）ROS 中的功能包

在 ROS 中，所有软件都被组织为软件包的形式，称为 ROS 软件包或功能包，有时也简称为包。ROS 功能包是一组用于实现特定功能的相关文件的集合，包括可执行文件和其他支持文件。例如，我们前面使用的两个可执行文件 turtlesim_node 和 turtle_teleop_key 都属于 turtlesim 功能包。

ROS 作为一个机器人开发与控制的平台，将所有文件按照一定的规则进行组织，不同功能的文件被放置在不同的文件夹下。ROS 中的功能包主要可以分为两类，普通功能包（package）和元功能包（meta package），其中普通功能包又可以分为二进制功能包和源代码功能包。功能包是 ROS 软件系统中的基本单元，包含 ROS 节点、库、配置文件等。

二进制功能包中包括已经编译完成、可以直接运行的程序。通过 sudo apt-get install 来进行下载和解包（安装），执行完该命令后就可以马上使用了。这种方式简单快捷，适合比较固定、无须改动的程序。

源代码功能包中是程序的原始代码，在 ROS 系统中必须经过编译，生成可执行的二进制文件，方可运行。一般个人开发的程序、第三方修改或运行进行修改的程序都应当通过源代码功能包来编译安装。

对于个人用户，主要进行开发与操作的是源代码功能包，因此接下来针对源代码功能包进行讲解，在后续的内容中，如无特别说明，所指的功能包均为源代码功能包。

catkin_make 编译的对象就是一个个 ROS 功能包，也就是说，任何 ROS 程序只有组织成功能包才能编译。所以功能包是 ROS 源代码存放的地方，任何 ROS 的代码（无论是 C++，还是 Python）都要存放到功能包中，这样才能正常编译和运行。

上文中已经介绍了工作空间的创建，在创建完成的工作空间中的 src 文件夹中就可以创建用户自己的功能包了。创建功能包的命令格式如图 4-3 所示。

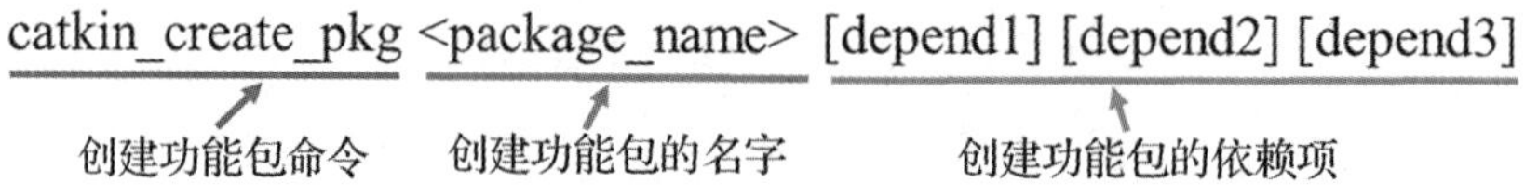

catkin_create_pkg <package_name> [depend1] [depend2] [depend3]

创建功能包命令　创建功能包的名字　创建功能包的依赖项

图 4-3　创建功能包的命令格式

在上述命令中，创建功能包所需的依赖项可以根据需要进行增减，此外在工作空间中，功能包的名字是不允许重复的。

例如，catkin_create_pkg example std_msgs rospy roscpp。

一个完整功能包中常见的文件、路径如下。

CMakeLists.txt：定义功能包的包名、依赖项、源文件、目标文件等编译规则，是功能包中必不可少的成分。

package.xml：描述功能包的包名、版本号、作者、依赖项等信息，是功能包中必不可少的成分。

src/：存放 ROS 的源代码，包括 C++的源代码（.cpp）和 Python 的模块（.py）。

include/：存放 C++源代码对应的头文件。

scripts/：存放可执行脚本，如 shell 脚本（.sh）、Python 脚本（.py）。

msg/：存放自定义格式的消息（.msg）。

srv/：存放自定义格式的服务（.srv）。

install/：安装空间，功能包的安装路径，在开发中一般用不到。

models/：存放机器人或仿真场景的 3D 模型（.sda、.stl、.dae 等）。

urdf/：存放机器人的模型描述（.urdf 或.xacro）。

launch/：存放 launch 文件（.launch 或.xml）。

通常 ROS 文件的组织都会按照以上的形式，这是约定俗成的命名习惯，建议遵守。在以上文件和路径中，只有 CMakeLists.txt 文件和 package.xml 文件是必需的，其余根据功能包是否需要来决定。

ROS 为功能包提供了专门的管理命令 rospack（功能见表 4-1），通过该命令可以实现对功能包的相关管理和操作。

表 4-1　rospack 命令的功能

rospack 命令	功能
rospack help	显示 rospack 的用法
rospack list	列出本机所有功能包
rospack depends [package]	显示功能包的依赖项
rospack find [package]	定位某个功能包
rospack profile	刷新所有功能包的位置记录

在 ROS 中，另一个与功能包密切相关的命令是 rosdep（功能见表 4-2），该命令是用于安装系统依赖项的命令行工具。对于最终用户，rosdep 可帮助安装要从源代码开始构建的软件的系统依赖项。对于开发人员，rosdep 简化了在不同平台上安装系统依赖项的问题。

表 4-2　rosdep 命令的功能

rosdep 命令	功能
rosdep check [package]	检查功能包的依赖项是否满足条件
rosdep install [package]	安装功能包的依赖项
rosdep db	生成和显示依赖数据库

续表

rosdep 命令	功能
rosdep init	初始化/etc/ros/rosdep 中的源
rosdep keys	检查功能包的依赖项是否满足条件
rosdep update	更新本地的 rosdep 数据库

2. CMakeLists.txt 文件

CMakeLists.txt 文件原本是 CMake 编译系统的规则文件，catkin 编译系统基本上沿用了 CMake 编译系统的编译风格，只是针对 ROS 工程添加了一些宏定义。所以在写法上，catkin 中的 CMakeLists.txt 与 CMake 中的基本一致。

CMakeLists.txt 文件直接规定了这个功能包要依赖哪些功能包、要编译生成哪些目标文件、如何编译等流程。所以 CMakeLists.txt 文件非常重要，它指定了从源代码到目标文件的规则。catkin 编译系统在工作时首先会找到每个功能包下的 CMakeLists.txt 文件，然后按照规则来编译构建。

CMakeLists.txt 文件的基本语法仍然按照 CMake，而 catkin 在其中加入了少量的宏，总体的结构如下。

必需的 CMake 版本：cmake_minimum_required()。

包名：project()。

查找编译依赖的其他 CMake/catkin 功能包（声明依赖库）：find_package()。

启动 Python 模块支持：catkin_python_package()。

消息/服务/动作（message/service/action）生成器：add_message_files()、add_service_files()、add_action_files()。

调用消息/服务/动作生成器：generate_messages()。

指定功能包编译信息导出：catkin_package()。

添加要编译的库和可执行文件：add_library()、add_executable()、target_link_libraries()。

测试编译：catkin_add_gtest()。

安装规则：install()。

3. package.xml 文件

package.xml 文件包含功能包的包名、版本号、内容描述、维护人员、软件许可证、编译构建工具、编译依赖项、运行依赖项等信息。

实际上，rospack find、rosdep 等命令之所以能快速定位和分析出功能包的依赖项信息，就是因为直接读取了每一个功能包中的 package.xml 文件。该文件为用户提供了一个快速了解功能包的渠道。

package.xml 文件遵循 xml 标签文本的写法，由于版本更迭原因，现在有两种格式并存，不过区别不大。目前，Kinetic、Lunar、Melodic 等版本的 ROS 都同时支持两种格式的 package.xml 文件，因此无论选择哪种格式都可以。

package.xml 文件的主体结构如下。

<package>：根标记文件。

<name>：包名。

<version>：版本号。

<description>：内容描述。

<maintainer>：维护人员。

<license>：软件许可证。

<buildtool_depend>：编译构建工具，通常为 catkin。

<depend>：指定依赖项，包括编译、导出、运行需要的依赖项，最常用。

<build_depend>：编译依赖项。

<build_export_depend>：导出依赖项。

<exec_depend>：运行依赖项。

<test_depend>：测试用例依赖项。

<doc_depend>：文档依赖项。

4. rospy 及其主要接口

前面的内容已经讲解到用命令行启动 ROS 程序、发送命令消息，这些工具到底是如何实现这些功能的呢？其实这些工具本质上都是基于 ROS 的客户端库实现的，所谓客户端库，简单理解就是一套接口，ROS 为机器人开发人员提供了不同语言的接口，如 rospy 是 Python 语言的 ROS 接口、roscpp 是 C++语言的 ROS 接口，直接调用相应接口所提供的函数就可以实现话题、服务等通信功能。

1）ROS 系统中 Python 代码的使用

在本教程中将主要基于 Python 进行 ROS 编程。通常来说，Python 代码有两种组织方式：一种是单独的 Python 脚本，适合简单的程序；另一种是 Python 模块，适合体量较大的程序。

（1）单独的 Python 脚本：对于一些小体量的 ROS 程序，一般就是一个 Python 文件，放在 script/路径下，非常简单，其文件结构如图 4-4 所示。

（2）Python 模块：当程序的功能比较复杂，难以在一个 Python 脚本中进行实现时，就需要把一些功能放到 Python 模块中，以便其他的脚本来调用。Python 模块文件结构如图 4-5 所示。

```
your_package
|- script/
|-
your_script.py
|- …
```

图 4-4　单独的 Python 脚本文件结构

```
your_package
|- src/
|- your_package/
|- __init__.py
|- modulefiles.py
|- scripts/
|- your_script.py
|- setup.py
```

图 4-5　Python 模块文件结构

2）rospy 的主要方法与类

通过 Python 代码实现 ROS 中相应的功能调用与控制，需要掌握 rospy 的一些常用函数，以及一些重要的类。接下来对这些内容进行介绍。rospy 是 Python 版本的 ROS 客户端库，提供了 Python 编程需要的接口，可以认为 rospy 就是一个 Python 模块。rospy 包含的功能与 roscpp 相似，均是与节点、话题、服务、参数、时间相关的操作。

对于 rospy 的主要操作对象，rospy 提供了对应的操作函数和类，主要如下。

（1）rospy 中与节点相关的主要函数（也可认为是类中的方法）如表 4-3 所示。

表 4-3　rospy 中与节点相关的主要函数

函数名	功能	函数返回值
rospy.init_node(name.argv=None.anonymous=False)	注册和初始化节点	
rosp.get_master()	获取节点管理器的句柄	MasterProxy
rospy.is_shutdown()	节点是否关闭	bool
rospy.on_shutdown(fn)	在节点关闭时调用 fn 函数	
get_node_uri()	返回节点的 URI	str
get_name()	返回本节点的全名	str
get_namespace()	返回本节点的名字空间	str

（2）rospy 中与话题相关的操作可以分为函数和类。

① rospy 中与话题相关的主要函数如表 4-4 所示。

表 4-4　rospy 中与话题相关的主要函数

函数名	功能	函数返回值
get_published_topics()	返回正在发布的所有话题的名称和类型	[[str,str]]
wait_for_message(topic,topic_type,time_out=None)	等待某个话题的消息	message
spin()	触发话题或服务的回调/处理函数，会阻塞，直到关闭节点	

② rospy 中与话题相关的 publisher 类中主要的方法如表 4-5 所示。

表 4-5　rospy 中与话题相关的 publisher 类中主要的方法

publisher 类中方法名	功能	方法返回值
init(self,name,data_class,queue_size=None)	构造函数	
publish(self,msg)	发布消息	
unregister(self)	停止发布	str

③ rospy 中与话题相关的 subscriber 类中主要的方法如表 4-6 所示。

表 4-6　rospy 中与话题相关的 subscriber 类中主要的方法

subscriber 类中方法名	功能	方法返回值
init_(self,name,data_class,call_back=None ,queue_size=None)	构造函数	
unregister(self,msg)	停止订阅	

（3）rospy 中与参数相关的主要函数如表 4-7 所示。

表 4-7　rospy 中与参数相关的主要函数

函数名	功能	函数返回值
get_param(param_name,default=unspecified)	获取参数的值	XmiRpcLegalValue
get_param_names()	获取参数的名称	[str]
set_param(param_name,param_value)	设置参数的值	
delete_param(param_name)	删除参数	
has_param(param_name)	参数是否存在于参数服务器上	bool
search_param()	搜索参数	str

5．代码创建 publisher 节点

publisher 节点的主要作用是针对指定的话题发布特定的数据类型的消息。本部分中将通过代码实现一个节点，在节点中利用代码创建一个话题消息 publisher 节点，通过这个 publisher 节点可以发布名为/turtle1/cmd_vel 的话题，该话题中发布了小海龟的速度数据，而在 turtlesim 节点中已经订阅了/turtle1/cmd_vel 话题，因此 turtlesim 节点可以接收到 publisher 节点发布的小海龟速度消息，并根据该消息设定小海龟的速度。

根据前面所介绍的内容，要创建 publisher 节点，首先需要创建功能包的工作空间，相关创建方法和命令已在前面介绍过，在此不再重复。这里，我们创建 myturtle_topic 的功能包工作空间，之后在该功能包所属的 script 文件夹下创建 velocity_publisher.py 文件，并在该文件内编制相应代码。因为采用的是 Python 语言，所以代码文件放在 script 文件夹下；如果采用 C 语言编制代码文件，则应在 src 文件夹下建立。

实现上述功能的代码如下所示，也可以见附带的文件 velocity_publisher.py。

```
#!/usr/bin/env python
# -*- coding: utf-8 -*-
# 该例程将发布名为/turtle1/cmd_vel 的话题，消息类型为 Twist

import rospy
from geometry_msgs.msg import Twist

def velocity_publisher():
    # ROS 节点初始化
    rospy.init_node('velocity_publisher', anonymous=True)

    # 创建一个 Publisher 节点，发布名为/turtle1/cmd_vel 的话题，消息类型为 Twist，队列
长度为 10
    turtle_vel_pub = rospy.Publisher('/turtle1/cmd_vel', Twist, queue_size=10)

    #设置循环频率
    rate = rospy.Rate(10)

    while not rospy.is_shutdown():
        # 初始化 Twist 类型的消息
        vel_msg = Twist()
        vel_msg.linear.x = 0.5
        vel_msg.angular.z = 0.2

        # 发布消息
        turtle_vel_pub.publish(vel_msg)
     rospy.loginfo("Publish turtle velocity command[%0.2f m/s, %0.2f rad/s]",
                         vel_msg.linear.x, vel_msg.angular.z)

        # 按照循环频率延时
        rate.sleep()

if __name__ == '__main__':
    try:
        velocity_publisher()
    except rospy.ROSInterruptException:
      pass
```

下面针对程序中的代码进行相关解释。

```
import rospy
from geometry_msgs.msg import Twist
```

导入 rospy 模块中定义的类、方法或变量，以及引入 geometry_msgs.msg 中的 Twist 变量。

```
rospy.init_node('velocity_publisher', anonymous=True)
```

初始化名为velocity_publisher的ROS节点

```
turtle_vel_pub = rospy.Publisher('/turtle1/cmd_vel', Twist, queue_size=10)
```

发布一个名为/turtle1/cmd_vel的话题，消息类型为Twist，队列长度为10。

```
rate = rospy.Rate(10)
```

设置发布消息的循环频率，默认的频率单位是Hz，该代码中设置的循环频率为10Hz。此外，在后面的代码rate.sleep()中，会根据这里设置的循环频率，自动保持相应的空等待时间。

```
vel_msg = Twist()
vel_msg.linear.x = 0.5
vel_msg.angular.z = 0.2
```

在循环体中，这3条语句首先定义了一个Twist消息实例vel_msg，然后定义*x*轴的线速度为0.5m/s，绕*z*轴的角速度为0.2rad/s。

```
turtle_vel_pub.publish(vel_msg)
```

将vel_msg消息发布出去。

```
rospy.loginfo("Publish turtle velocity command[%0.2f m/s, %0.2f rad/s]",
        vel_msg.linear.x, vel_msg.angular.z)
```

显示vel_msg中相应的线速度和角速度数据信息。

```
rate.sleep()
```

根据前面 rospy.Rate(10)定义的发布话题频率进行延时控制，使循环体可以按照rospy.Rate(10)定义的频率进行循环。

```
if __name__ == '__main__':
   try:
      velocity_publisher()
   except rospy.ROSInterruptException:
     pass
```

尝试执行velocity_publisher函数，如果发生异常，则进入rospy处理。

总结起来，通过代码实现话题的publisher节点主要有4个步骤。

（1）初始化ROS节点。

（2）向ROS节点管理器注册节点信息，并指定发布的话题名字和话题中的消息类型。

（3）封装消息中的数据信息。

（4）按照一定的循环频率发布消息。

完成代码编制之后就可以进行功能包的编译了。编译过程主要有3个步骤。

（1）在编制的Python代码文件所在的文件夹下修改Python代码文件的权限，使其变成可执行文件。

```
chmod +x velocity_publisher.py
```

（2）编辑功能包的 CMakeLists.txt 文件，找到以下语句删去注释并修改，确保 Python 代码文件被正确地加载执行。

```
catkin_install_python(PROGRAMS scripts/ velocity_publisher.py
DESTINATION ${CATKIN_PACKAGE_BIN_DESTINATION}
```

（3）进行功能包编译操作。

```
cd ~/catkin_ws    #进入工作空间所在的文件夹
catkin_make     #对工作空间内所有的功能包都进行编译
source ~/catkin_ws/devel/setup.bash    #更新功能包对应的环境变量
```

通过上述操作，就可以完成所编制功能包的编译了。启动小海龟仿真节点，运行如下命令。

```
rosrun myturtle_topic velocity_ publisher.py
```

可以看到小海龟按照一个固定的速度在做圆周运动，如图 4-6 所示。

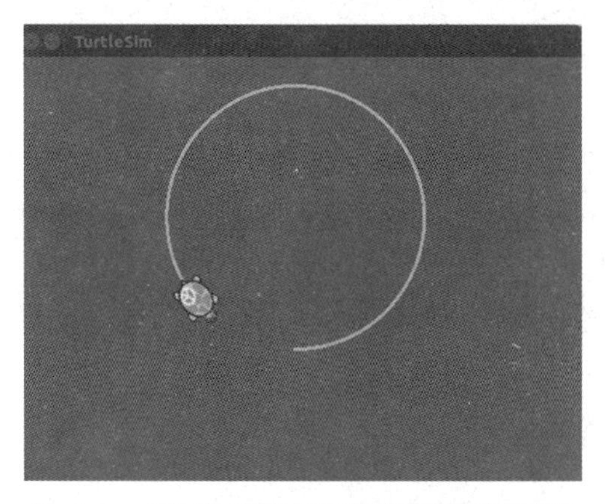

图 4-6　小海龟按照固定的速度做圆周运动

项目设计

根据工作任务要求和知识导入部分所讲解的内容，完成本工作任务，主要的工作任务步骤可以分为 3 步。

（1）编制 publisher 节点的代码文件。要完成这一步骤需要进行如下任务设计工作。

① 要发布话题，就需要构建节点，而要构建节点就需要先建立功能包，因此完成该工作任务的第一个步骤就是建立功能包，并在该功能包下构建用来发布话题的节点。

② 需要事先选择好发布话题的名称，以及要发布的消息的类型。对于话题的名称，只要符合 ROS 系统命名规则即可，用户可以自由命名；因为工作任务要求发布的是文本信息，因此可以选用的消息的类型为 string。

③ 完成相应的准备工作后，就可以按照话题的构建步骤进行代码文件的编制了。

（2）对编制的代码文件进行编译。

（3）运行相关的节点，查看相应话题的 msg。

项目实施

根据工作任务要求，具体的工作任务实施步骤如下。

（1）创建并指定工作空间。

```
mkdir -p ~/catkin_ws /src
cd ~/catkin_ws
catkin_make
echo "source ~/catkin_ws /devel/setup.bash" >> ~/.bashrc
```

（2）创建 hello_world_01 功能包。

```
cd ~/catkin_ws/src
catkin_create_pkg hello_world_01 rospy std_msgs
```

（3）建立 scripts 目录，编译工作空间。

```
cd hello_world_01
mkdir scripts
cd ~/catkin_ws
catkin_make && source ./devel/setup.bash
```

（4）根据 publisher 节点的构建步骤，编制相应的代码文件。

在/catkin_ws /src/hello_world_01/scripts 文件夹下编写的代码文件为 talker.py，可查看本书的代码文件。

（5）对编写的 talker.py 进行编译。

① 在编写的 Python 代码文件所在的文件夹下修改 Python 代码文件的权限，使其变成可执行文件。

```
sudo chmod +x talker.py
```

② 进行功能包编译操作。

```
cd ~/catkin_ws    #进入工作空间所在的文件夹
catkin_make    #对工作空间内所有的功能包都进行编译
source ~/catkin_ws/devel/setup.bash    #更新功能包对应的环境变量
```

通过上述操作，就可以完成所编制功能包的编译了。

（6）运行 talker 节点，查看消息。

① 启动新的终端，输入启动 ROS 命令。

```
roscore
```

② 启动新的终端，输入启动 talker 节点命令。

```
rosrun hello_world_01 talker.py
```

③ 启动新的终端，查看当前话题列表。

```
rostopic list
```

④ 启动新的终端，查看/hello_msg 的类型。

```
rostopic info /hello_msg
```

⑤ 启动新的终端，查看/hello_msg 的内容。

```
rostopic echo /hello_msg
```

项目评价

填写表 4-8 所示任务过程评价表。

表 4-8 任务过程评价表

任务实施人姓名________________学号__________________ 时间___________

评价项目及标准		分值/分	小组评议	教师评议
技术能力	1．基本概念熟悉程度	10		
	2．hello_msg 功能包创建	10		
	3．话题定义与 msg 定义	10		
	4．publisher 节点代码编制	10		
	5．publisher 节点代码编译	10		
	6．话题中的 msg 查看	10		
执行能力	1．出勤情况	5		
	2．遵守纪律情况	5		
	3．是否主动参与，有无提问记录	5		
	4．有无职业意识	5		
社会能力	1．能否有效沟通	5		
	2．能否使用基本的文明礼貌用语	5		
	3．能否与组员主动交流、积极合作	5		
	4．能否自我学习及自我管理	5		
		100		
评定等级：				
评价意见		学习意见		
评定等级：A 为优，90 分<得分≤100 分；B 为好，80 分<得分≤90 分；C 为一般，60 分<得分≤80 分；D 为有待提高，0 分≤得分≤60 分				

项目 5　智能机器人收电报

项目要求

编制 subscriber 节点代码文件，接收“/hello_msg”话题，并通过回调函数将接收的 msg 在终端显示出来。

知识导入

1. 自定义 msg

ROS 的元功能包 common_msgs 中提供了许多不同消息类型的功能包，如 std_msgs（标准类型）、geometry_msgs（几何类型）、sensor_msgs（传感器类型）等，ROS 自带的主要 msgs 如图 5-1 所示。这些功能包中提供了大量常用的消息类型，可以满足一般场景下的常用消息收发需求。

主要msgs：
- std _ msgs
- sensor _ msgs
- geometry _ msgs
- nav _ msgs
- actionlib _ msgs

图 5-1　ROS 自带的主要 msgs

在很多情况下，用户要针对具体的技术需求设计特定的消息类型，为此 ROS 提供了一套与语言无关的消息类型定义方法。

msg 文件是 ROS 中定义消息类型的文件，一般放置在功能包根目录下的 msg 文件夹中。在功能包编译过程中，可以使用 msg 文件生成不同编程语言使用的代码文件。例如，下面的 msg 文件（score.msg），定义了一个学生成绩的消息类型，包括学生姓名、数学成绩、语文成绩。

```
string student
```

```
uint8 math
uint8 literature
```

在 msg 文件中还可以定义常量，如在下面的个人信息中，性别分为男、女和未知，则可以定义“male”为 1，“female”为 0，“unknown”为 2。

```
string  student
uint8   gender
uint8   math
uint8   literature

uint8   female  = 0
uint8   male    = 1
uint8   unknown = 2
```

这些常量在发布或订阅消息数据时可以直接使用，相当于编程语言中的宏。

很多 ROS 消息类型的定义中还会包含一个标准格式的头消息 std_msgs/Header：

```
#Standard metadata for higher-level flow data types
uint32 seq
time stamp
string frame_id
```

其中，seq 是消息的顺序标识，不需要手动设置，publisher 节点在发布消息时会自动累加；stamp 是消息中与时间相关的时间戳，可以用于时间同步；frame_id 是消息中与数据相关的参考坐标系 ID。此处定义的消息类型较为简单，因此可以不加头消息。

要使用自定义的消息类型，需要编译 msg 文件。msg 文件的编译主要有 3 个步骤。

（1）在 package.xml 中追加功能包的依赖项。

打开 package.xml 文件，在该文件的尾部追加以下代码。

```
<build_depend>message_generation</build_depend>
<exec_depend>message_runtime</exec_depend>
```

（2）在 CMakeLists.txt 中添加相应的编译选项。

① 在 find_package 中添加消息生成依赖的功能包 message_generation，这样在编译时才能找到所需的文件。

```
find_package( …… message_generation)
```

② 在 catkin_package 中添加消息生成依赖的功能包 message_runtime。

```
catkin_package(…… message_runtime)
```

③ 在 add_message_files 和 generate_messages 中设置需要编译的 msg 文件。

```
add_message_files(FILES score.msg)
generate_messages(DEPENDENCIES std_msgs)
```

（3）使用 catkin_make 进行编译。

完成相关的编译设置后，就可以进行编译了，编译过程与前面节点的编译过程是一致的，均采用 catkin_make 进行编译。

编译成功后，可以使用相关命令查看自定义的 score 消息类型。

```
rosmsg show score
```

如果编译的消息类型没有问题，就会把自定义的 score 消息显示出来，如图 5-2 所示。

```
vkrobot@vkrobot-pc:~$ rosmsg show person_score/score
uint8 female=0
uint8 male=1
uint8 unknow=2
string student
uint8 gender
uint8 math
uint8 literature
```

图 5-2　自定义的 score 消息

2．代码创建 subscriber 节点

subscriber 节点的主要作用是订阅指定的话题，并根据接收到的消息进行回调处理。本部分将通过代码实现一个节点（subscriber 节点），在节点中利用代码创建一个话题消息 subscriber。在 turtlesim 节点中已经发布了/turtle1/pose 话题，通过 subscriber 节点可以订阅/turtle1/pose 话题，接收该话题中小海龟的坐标信息，并将接收到的坐标信息通过回调（callback）函数显示出来。

根据前面所介绍的内容，要创建 subscriber 节点，就需要首先创建对应功能包的工作空间，相关创建方法和命令已在前面介绍过，在此不再重复。在工作空间中创建 myturtle_topic 的功能包，之后在该功能包所属的 scripts 文件夹下创建 pose_subscriber.py 文件，并在该文件内编制相应代码。因为采用的是 Python 语言，所以代码文件放在 scripts 文件夹下；如果采用 C 语言编制代码文件，则应在 src 文件夹下建立。

实现该功能的代码如下所示，也可以见附带的文件 pose_subscriber.py。

```
#!/usr/bin/env python
# -*- coding: utf-8 -*-
# 该例程将订阅名为/turtle1/pose 的话题，消息类型为 Pose

import rospy
from turtlesim.msg import Pose

def poseCallback(msg):
   rospy.loginfo("Turtle pose: x:%0.6f, y:%0.6f", msg.x, msg.y)
```

```
def pose_subscriber():
        # ROS 节点初始化
    rospy.init_node('pose_subscriber', anonymous=True)
    # 创建一个 Subscriber 节点，订阅名为/turtle1/pose 的话题，注册回调函数 poseCallback
    rospy.Subscriber("/turtle1/pose", Pose, poseCallback)
      # 循环等待调用回调函数
    rospy.spin()
    if __name__ == '__main__':
       pose_subscriber()
```

下面针对程序中的代码进行相关解释。

```
import rospy
from turtlesim.msg import Pose
```

导入 rospy 模块中定义的类、方法或变量，以及引入 turtlesim.msg 中的 Pose 变量。

```
rospy.loginfo("Turtle pose: x:%0.6f, y:%0.6f", msg.x, msg.y)
```

定义回调函数，将接收到的 x 坐标和 y 坐标显示出来。

```
rospy.init_node(' pose_subscriber ', anonymous=True)
```

初始化名为 pose_subscriber 的 ROS 节点。

```
rospy.Subscriber("/turtle1/pose", Pose, poseCallback)
```

订阅一个名为/turtle1/pose 的话题，消息类型为 Pose，指定处理该消息的回调函数为 poseCallback。

```
rospy.spin()
```

反复查看队列，只要检测到队列中有消息存在，就调用回调函数进行处理。

```
if __name__ == '__main__':
   pose_subscriber()
```

执行 pose_subscriber 函数，接收订阅的消息。

总结起来，通过代码实现指定话题的 subscriber 节点主要有 4 个步骤。

（1）初始化 ROS 节点。

（2）向 ROS 节点管理器注册节点信息，并订阅相应的话题。

（3）查看队列中是否有未处理的消息，发现未处理的消息就进行处理。

（4）调用回调函数进行消息处理。

完成代码编制之后就可以进行功能包的编译了，编译的步骤与 publisher 节点相似，在这里就不再介绍。

编译完成之后，启动小海龟的仿真程序，用键盘控制小海龟的移动。运行 rosrun myturtle_topic pose_subscriber 命令，就可以看到小海龟移动的实时坐标了，pose_subscriber

节点运行效果如图 5-3 所示。

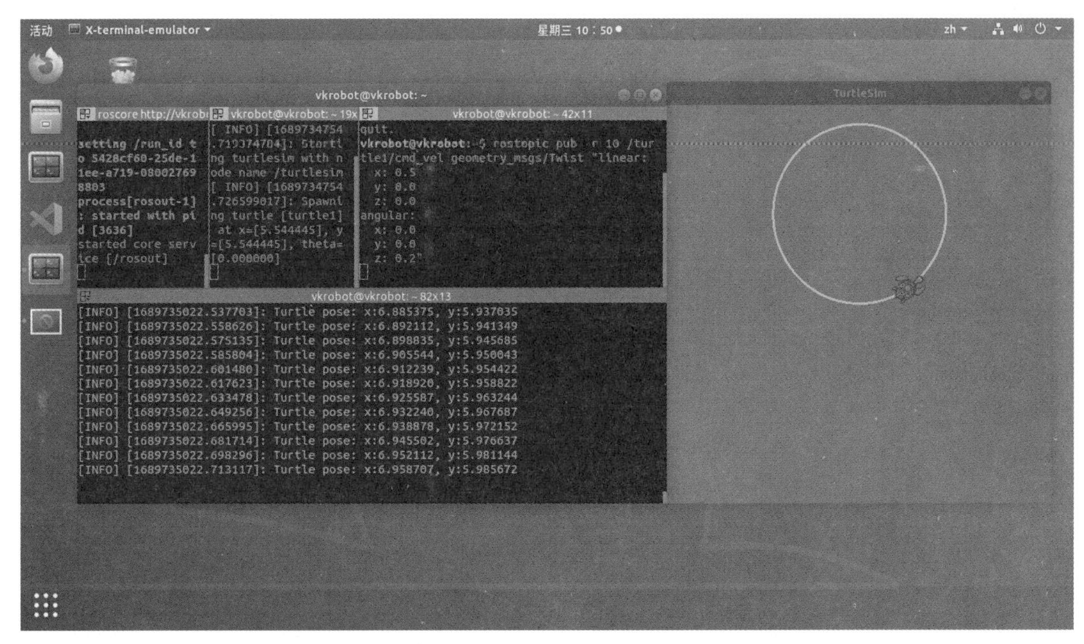

图 5-3　pose_subscriber 节点运行效果

项目设计

根据工作任务要求和知识导入部分所讲解的内容，完成本工作任务，主要的工作任务步骤可以分为 3 步。

（1）编制 subscriber 节点的代码文件。要完成这一步骤需要进行如下任务设计工作。

① 定义需要接收的话题名称，并指定回调函数。

② 定义回调函数。

（2）对编制的代码文件进行编译。

（3）运行 publisher 节点和 subscriber 节点，查看显示的信息。

项目实施

根据工作任务要求，具体的工作任务实施步骤如下。

（1）根据 subscriber 节点的构建步骤，编制相应的代码。

项目 4 中已经指定 catkin_ws 为工作空间，并建立了 hello_world_01 功能包，在本工作任务中仍然在该功能包下编制相关节点代码。

```
#!/usr/bin/env python
#coding=utf8

import rospy
from std_msgs.msg import String


class listener():
    def __init__(self):
        rospy.init_node("listener", anonymous=False)
        rospy.on_shutdown(self.shutdown)
        rospy.Subscriber("/hello_msg", String, callback=self.hello_cb)

    def hello_cb(self, data):
        rospy.loginfo('listening: %s' % data.data)
        rospy.logwarn('listening: %s ' % data.data)


    def shutdown(self):
        rospy.loginfo('bye')
        pass


if __name__ == "__main__":
    obj = listener()
        rospy.spin()
```

（2）对编制的 listener.py 进行编译。

① 在编制的 Python 代码文件所在的文件夹下修改 Python 代码文件的权限，使其变成可执行文件。

```
sudo chmod +x listener.py
```

② 进行功能包编译操作。

```
cd ~/catkin_ws    #进入工作空间所在的文件夹
catkin_make     #对工作空间内所有的功能包都进行编译
source ~/catkin_ws/devel/setup.bash   #更新功能包对应的环境变量
```

通过上述操作，就可以完成所编写功能包的编译了。

（3）运行 talker 节点和 listener 节点，查看消息。

① 启动新的终端，输入启动 ROS 命令。

```
roscore
```

② 启动新的终端，输入启动 talker 节点（talker 节点在项目 4 中已创建）命令。

```
rosrun hello_world_01 talker.py
```

③ 启动新的终端，输入启动 listener 节点命令。

```
rosrun hello_world_01 listener.py
```

talker 节点和 listener 节点的运行结果如图 5-4 所示。

```
[INFO] [1628217529.514504]: listenning: hello world 41.00 s
[WARN] [1628217529.515528]: listenning: hello world 41.00 s
[INFO] [1628217530.514418]: listenning: hello world 42.00 s
[WARN] [1628217530.515519]: listenning: hello world 42.00 s
[INFO] [1628217531.514547]: listenning: hello world 43.00 s
[WARN] [1628217531.515730]: listenning: hello world 43.00 s
[INFO] [1628217532.514532]: listenning: hello world 44.00 s
[WARN] [1628217532.515704]: listenning: hello world 44.00 s
[INFO] [1628217533.513703]: listenning: hello world 45.00 s
[WARN] [1628217533.514119]: listenning: hello world 45.00 s
[INFO] [1628217534.514110]: listenning: hello world 46.00 s
[WARN] [1628217534.514720]: listenning: hello world 46.00 s
[INFO] [1628217535.513845]: listenning: hello world 47.00 s
[WARN] [1628217535.514236]: listenning: hello world 47.00 s
[INFO] [1628217536.514351]: listenning: hello world 48.00 s
[WARN] [1628217536.515256]: listenning: hello world 48.00 s
[INFO] [1628217537.514363]: listenning: hello world 49.00 s
[WARN] [1628217537.515277]: listenning: hello world 49.00 s
[INFO] [1628217538.514232]: listenning: hello world 50.00 s
[WARN] [1628217538.515232]: listenning: hello world 50.00 s
```

图 5-4　talker 节点和 listener 节点的运行结果

④ 启动新的终端，查看 talker 节点和 listener 节点的计算图，如图 5-5 所示。

```
rqt_graph
```

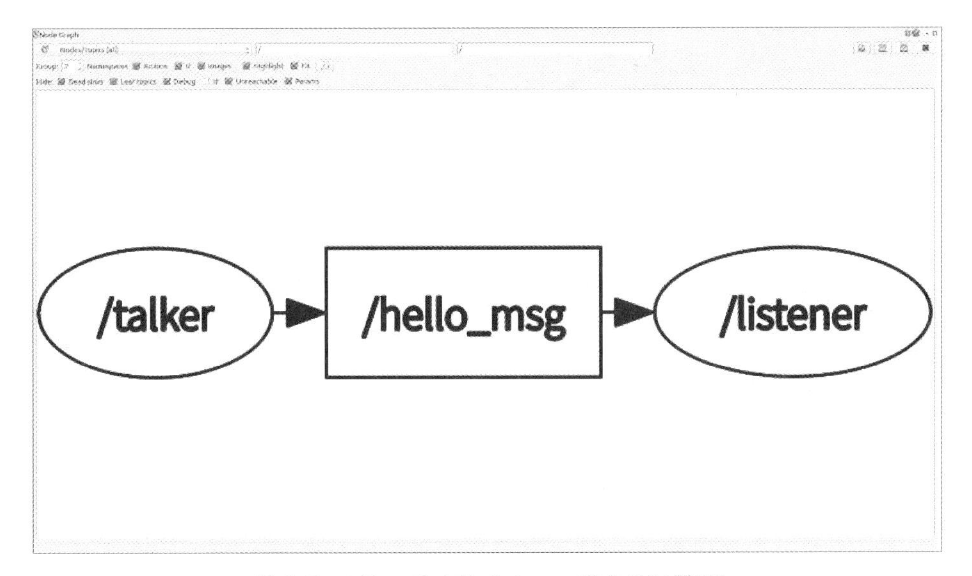

图 5-5　talker 节点和 listener 节点的计算图

项目评价

填写表 5-1 所示任务过程评价表。

表 5-1　任务过程评价表

任务实施人姓名________________学号__________________ 时间___________

<table>
<tr><th colspan="2">评价项目及标准</th><th>分值/分</th><th>小组评议</th><th>教师评议</th></tr>
<tr><td rowspan="6">技术能力</td><td>1．基本概念熟悉程度</td><td>10</td><td></td><td></td></tr>
<tr><td>2．话题定义与 msg 定义</td><td>10</td><td></td><td></td></tr>
<tr><td>3．回调函数定义</td><td>10</td><td></td><td></td></tr>
<tr><td>4．subscriber 节点代码编制</td><td>10</td><td></td><td></td></tr>
<tr><td>5．publisher 节点和 subscriber 节点运行操作</td><td>10</td><td></td><td></td></tr>
<tr><td>6．计算图查看操作</td><td>10</td><td></td><td></td></tr>
<tr><td rowspan="4">执行能力</td><td>1．出勤情况</td><td>5</td><td></td><td></td></tr>
<tr><td>2．遵守纪律情况</td><td>5</td><td></td><td></td></tr>
<tr><td>3．是否主动参与，有无提问记录</td><td>5</td><td></td><td></td></tr>
<tr><td>4．有无职业意识</td><td>5</td><td></td><td></td></tr>
<tr><td rowspan="4">社会能力</td><td>1．能否有效沟通</td><td>5</td><td></td><td></td></tr>
<tr><td>2．能否使用基本的文明礼貌用语</td><td>5</td><td></td><td></td></tr>
<tr><td>3．能否与组员主动交流、积极合作</td><td>5</td><td></td><td></td></tr>
<tr><td>4．能否自我学习及自我管理</td><td>5</td><td></td><td></td></tr>
<tr><td colspan="2"></td><td>100</td><td></td><td></td></tr>
<tr><td colspan="5">评定等级：</td></tr>
<tr><td>评价
意见</td><td></td><td>学习
意见</td><td colspan="2"></td></tr>
<tr><td colspan="5">评定等级：A 为优，90 分<得分≤100 分；B 为好，80 分<得分≤90 分；C 为一般，60 分<得分≤80 分；D 为有待提高，0 分≤得分≤60 分</td></tr>
</table>

项目 6　智能机器人计算好帮手

项目要求

编制 server 节点代码文件，发布“/avg_server”服务，通过 server 节点代码文件求 3 个数字的平均值。

知识导入

1．自定义 srv

与 ROS 中话题的 msg 文件类似，ROS 中的服务数据可以通过 srv 文件进行与语言无关的接口定义。srv 文件一般放置在功能包根目录下的 srv 文件夹中。srv 文件包含 request 与 response 两个数据域，数据域中的内容与 msg 文件相似，只是在 request 数据域与 response 数据域之间需要使用“---”分隔开来。下面的语句定义了 person_level.srv。

```
string student
uint8 math
uint8 literature
---
string level
```

要使用自定义的 srv 类型，需要编译 srv 文件。srv 文件的编译主要有 3 个步骤。

（1）在 package.xml 中追加功能包的依赖项。

打开 package.xml，在该文件的尾部追加以下代码。

```
<build_depend>message_generation</build_depend>
<exec_depend>message_runtime</exec_depend>
```

（2）在 CMakeLists.txt 中添加相应的编译选项。

① 在 find_package 中添加消息生成依赖的功能包 message_generation，这样在编译时才能找到所需的文件。

```
find_package( …… message_generation)
```

② 在 catkin_package 中添加消息生成依赖的功能包 message_runtime。

```
catkin_package(…… message_runtime)
```

③ 在 add_message_files 和 generate_messages 中设置需要编译的 srv 文件。

```
add_service_files(FILES person_level.srv)
generate_messages(DEPENDENCIES std_msgs)
```

（3）使用 catkin_make 进行编译。

完成相关的编译设置后，就可以进行编译了，编译过程与前面节点的编译过程一致，均采用 catkin_make 进行编译。

编译成功后，可以使用相关命令查看自定义的 person_level。

```
rossrv show person_level
```

如果编译的消息类型没有问题，就会把自定义的 person_level 显示出来，如图 6-1 所示。

```
vkrobot@vkrobot-pc: ~
vkrobot@vkrobot-pc:~$ rossrv show person_score/person_level
string student
uint8 math
uint8 literature
---
string level
```

图 6-1　自定义的 person_level

2. 代码创建 server 节点

以下代码在 myturtle_server 功能包中实现了一个 turtle_command_server 节点。通过该节点构建了一个名为/turtle_command_server 的 server 节点，server 节点内有一个名为/turtle_command 的服务，通过调用该服务可以控制小海龟开始运动或停止。

代码文件可参见 turtle_command_server.py。

```
#!/usr/bin/env python
# -*- coding: utf-8 -*-
# 该例程将提供名为/turtle_command 的服务，服务数据类型为 std_srvs/Trigger

import rospy
import thread,time
from geometry_msgs.msg import Twist
from std_srvs.srv import Trigger, TriggerResponse

pubCommand = False;
turtle_vel_pub = rospy.Publisher('/turtle1/cmd_vel', Twist, queue_size=10)

def command_thread():
    while True:
        if pubCommand:
            vel_msg = Twist()
            vel_msg.linear.x = 0.5
```

```
                vel_msg.angular.z = 0.2
                turtle_vel_pub.publish(vel_msg)

        time.sleep(0.1)

def commandCallback(req):
    global pubCommand
    pubCommand = bool(1-pubCommand)

     # 显示请求数据
    rospy.loginfo("Publish turtle velocity command![%d]", pubCommand)

     # 反馈数据
    return TriggerResponse(1, "Change turtle command state!")

def turtle_command_server():
    # ROS 节点初始化
   rospy.init_node('turtle_command_server')

# 创建一个名为/turtle_command的服务，注册回调函数commandCallback
   s = rospy.Service('/turtle_command', Trigger, commandCallback)

    # 循环等待调用回调函数
   print "Ready to receive turtle command."

   thread.start_new_thread(command_thread, ())
   rospy.spin()

   if __name__ == "__main__":
      turtle_command_server()
```

下面针对程序中的代码进行相关解释。

```
pubCommand = False;
```

初始化 pubCommand 变量为 0。

```
turtle_vel_pub = rospy.Publisher('/turtle1/cmd_vel', Twist, queue_size=10)
```

发布名为/turtle1/cmd_vel 的话题。

```
def command_thread():
   while True:
       if pubCommand:
            vel_msg = Twist()
            vel_msg.linear.x = 0.5
            vel_msg.angular.z = 0.2
            turtle_vel_pub.publish(vel_msg)

      time.sleep(0.1)
```

定义 command_thread 函数，通过该函数封装 vel_msg 消息，并以 0.1s 的间隔发送

vel_msg 消息。

```
def commandCallback(req):
    global pubCommand
  pubCommand = bool(1-pubCommand)
  rospy.loginfo("Publish turtle velocity command![%d]", pubCommand)
  return TriggerResponse(1, "Change turtle command state!")
```

定义 commandCallback 回调函数，在该函数中将 pubCommand 变量取反，并显示取反成功信息。

```
def turtle_command_server():
    rospy.init_node('turtle_command_server')
    s = rospy.Service('/turtle_command', Trigger, commandCallback)
    print "Ready to receive turtle command."
    thread.start_new_thread(command_thread, ())
    rospy.spin()
```

定义 turtle_command_server 函数，在该函数中初始化 turtle_command_server 节点，创建/turtle_command 服务的实例，等待 client 发出的请求，当队列中有 client 请求时，将调用 commandCallback 回调函数，并发布 command_thread 函数中定义话题的消息。

总结起来，通过代码实现指定服务的 server 节点主要有 4 个步骤。

（1）初始化 ROS 节点。

（2）创建 server 实例，并指定所需回调函数。

（3）循环等待 client 发出的请求，当有请求时，调用回调函数。

（4）调用回调函数，完成定义好的处理功能，并反馈信息。

完成代码编制之后就可以进行功能包的编译了，编译的步骤与话题相似，在这里就不再介绍。

编译完成之后，启动小海龟的仿真程序，用键盘控制小海龟的移动，运行如下命令。

```
rosrun myturtle_server turtle_command_server
```

当 client 发送第奇数次请求时，小海龟就会移动；当 client 发送第偶数次请求时，小海龟就会停止移动。

项目设计

根据工作任务要求和知识导入部分所讲解的内容，完成本工作任务，主要的工作任务步骤可以分为 3 步。

（1）编制 server 节点代码文件。要完成这一步骤需要进行如下任务设计工作。

① 要发布服务，就需要构建节点，而要构建节点，就需要先建立功能包，因此完成该工

作任务的第一个步骤就是建立功能包，并在该功能包下构建 server 节点。

② 需要事先选择好发布的服务名称，以及要发布的 srv 类型。对于服务的名称，只要符合 ROS 系统命名规则就行，用户可以自由命名。

③ 因为工作任务要求发布的 srv 为特定类型，因此需要首先自定义 srv，并对自定义的 srv 进行编译，为后面的使用做好基础。

④ 完成相应的准备工作后，就可以按照 server 节点的构建步骤进行代码文件的编制。

（2）对编制的代码文件进行编译。

（3）运行相关的节点，查看相应服务。

项目实施

根据工作任务要求，具体的工作任务实施步骤如下。

（1）创建功能包。在前面的任务中已经指定 catkin_ws 为工作空间，此处仍然在此工作空间中创建功能包。

```
cd ~/catkin_ws/src
catkin_create_pkg calc_average_02 std_msgs rospy message_runtime
message_generation
```

（2）自定义 srv。

① 创建 scripts 文件夹和 srv 文件夹。

```
cd calc_average_02
mkdir scripts
mkdir srv
```

② 创建服务文件 calcAvg.srv。

```
$ cd srv
$ gedit calcAvg.srv
```

calcAvg.srv 文件的内容如下。

```
float64 num1
float64 num2
float64 num3
---
float64 avg
```

③ 在 CMakeLists.txt 中添加以下内容（可去除相对应的注释）。

```
## Generate services in the 'srv' folder
add_service_files(
  FILES
  calcAvg.srv
 )
```

④ 打开 package.xml，检查是否有以下内容，若没有则手动添加。

```
<build_depend>message_generation</build_depend>
<exec_depend>message_runtime</exec_depend>
```

⑤ 对自定义的 srv 进行编译，设置环境变量。

```
cd ~/catkin_ws
catkin_make
source ./devel/setup.bash
```

⑥ 查看自定义的 calcAvg.srv，检查是否编译成功。

```
$ rossrv show calc_average_02/calcAvg
```

（3）在 CMakeLists.txt 中添加以下内容（可去除相对应的注释）。

```
generate_messages(
  DEPENDENCIES
  std_msgs
)
```

（4）根据 server 节点的构建步骤，编制相应的代码。

```
cd ~/catkin_ws /src/calc_avg_02/scripts
gedit server.py
```

具体的代码可以查看本书的代码文件 server.py。

（5）对编制的 server.py 进行编译。

① 在编制的 Python 代码文件所在的文件夹下修改 Python 代码文件的权限，使其变成可执行文件。

```
sudo chmod +x server.py
```

② 进行功能包编译操作。

```
cd ~/catkin_ws   #进入工作空间所在的文件夹
catkin_make     #对工作空间内所有的功能包都进行编译
source ~/catkin_ws/devel/setup.bash   #更新功能包对应的环境变量
```

通过上述操作，就可以完成所编写功能包的编译了。

（6）运行 server 节点，查看消息。

① 启动新的终端，输入启动 ROS 命令。

```
roscore
```

② 启动新的终端，输入启动 talker 节点命令。

```
rosrun calc_average_02 server.py
```

③ 启动新的终端，查看当前服务列表。

```
rosservice list
```

④ 启动新的终端，查看“/calcAvg”的 srv，如图 6-2 所示。

```
rosservice info /calcAvg
```

```
vkrobot@vkrobot:~/test_ws/src$ rosservice info /calcAvg
Node: /avg_server
URI: rosrpc://localhost:34967
Type: calc_average_02/calcAvg
Args: num1 num2 num3
```

图 6-2　“/calcAvg”的 srv

⑤ 启动新的终端，调用 srv。

```
rosservice call /calcAvg "{num1: 1.0,num2: 1.0,num3: 4.0}"
```

调用结果如图 6-3 所示。

```
vkrobot@vkrobot:~/test_ws/src$ rosservice call /calcAvg "num1: 1.0
num2: 1.0
num3: 4.0"
avg: 2.0
```

图 6-3　调用结果

项目评价

填写表 6-1 所示任务过程评价表。

表 6-1　任务过程评价表

任务实施人姓名________________学号__________________ 时间___________

<table>
<tr><th colspan="2">评价项目及标准</th><th>分值/分</th><th>小组评议</th><th>教师评议</th></tr>
<tr><td rowspan="6">技术能力</td><td>1．基本概念熟悉程度</td><td>10</td><td></td><td></td></tr>
<tr><td>2．server 节点定义与 srv 类型定义</td><td>10</td><td></td><td></td></tr>
<tr><td>3．回调函数定义</td><td>10</td><td></td><td></td></tr>
<tr><td>4．server 节点代码编制</td><td>10</td><td></td><td></td></tr>
<tr><td>5．server 节点启动与信息查看</td><td>10</td><td></td><td></td></tr>
<tr><td>6．调用 server 节点</td><td>10</td><td></td><td></td></tr>
<tr><td rowspan="4">执行能力</td><td>1．出勤情况</td><td>5</td><td></td><td></td></tr>
<tr><td>2．遵守纪律情况</td><td>5</td><td></td><td></td></tr>
<tr><td>3．是否主动参与，有无提问记录</td><td>5</td><td></td><td></td></tr>
<tr><td>4．有无职业意识</td><td>5</td><td></td><td></td></tr>
<tr><td rowspan="4">社会能力</td><td>1．能否有效沟通</td><td>5</td><td></td><td></td></tr>
<tr><td>2．能否使用基本的文明礼貌用语</td><td>5</td><td></td><td></td></tr>
<tr><td>3．能否与组员主动交流、积极合作</td><td>5</td><td></td><td></td></tr>
<tr><td>4．能否自我学习及自我管理</td><td>5</td><td></td><td></td></tr>
<tr><td colspan="2"></td><td>100</td><td></td><td></td></tr>
<tr><td colspan="5">评定等级：</td></tr>
<tr><td>评价
意见</td><td></td><td>学习
意见</td><td colspan="2"></td></tr>
<tr><td colspan="5">评定等级：A 为优，90 分<得分≤100 分；B 为好，80 分<得分≤90 分；C 为一般，60 分<得分≤80 分；D 为有待提高，0 分≤得分≤60 分</td></tr>
</table>

项目 7　智能机器人有求必应

项目要求

编制 client 节点代码文件，通过服务向 server 节点提交 3 个数字，通过 server 节点计算这 3 个数字的平均值。

知识导入

服务是 ROS 中节点之间非常重要的同步通信方式，这种通信方式通过 client 节点发送请求，server 节点根据请求进行相应的反馈。下面介绍如何通过代码实现 client 节点。

以下代码在 myturtle_server 功能包中实现了一个 turtle_spawn 节点。在 turtlesim 节点中已经提供了一个名为/spawn 的服务的 server 节点，该 server 节点可以在指定位置产生一个新的小海龟。通过 turtle_spawn 节点的代码构建了一个名为/spawn 的服务的 client 节点，通过这个 client 节点向 server 节点发送一个创建新的小海龟的请求，server 节点接收到请求后，会在指定位置产生一个新的小海龟。

代码可参见文件 turtle_spawn.py。

```
#!/usr/bin/env python
# -*- coding: utf-8 -*-
# 该例程将请求名为/spawn 的服务，服务数据类型为 Spawn

import sys
import rospy
from turtlesim.srv import Spawn

def turtle_spawn():
        # ROS 节点初始化
    rospy.init_node('turtle_spawn')

     # 发布名为/spawn 的服务后，创建一个 client 节点，连接名为/spawn 的服务
    rospy.wait_for_service('/spawn')
```

```
    try:
        add_turtle = rospy.ServiceProxy('/spawn', Spawn)

          # 请求调用服务，输入请求数据
        response = add_turtle(2.0, 2.0, 0.0, "turtle2")
        return response.name
    except rospy.ServiceException, e:
        print "Service call failed: %s"%e

if __name__ == "__main__":
          #调用服务并显示调用结果
        print "Spawn turtle successfully [name:%s]" %(turtle_spawn())
```

下面针对程序中的代码进行相关解释。

```
from turtlesim.srv import Spawn
```

导入 turtlesim.srv 中定义的、名为 Spawn 的 srv（服务数据）。

```
def turtle_spawn():
```

定义名为 turtle_spawn 的函数。

```
rospy.init_node('turtle_spawn')
```

初始化名为 turtle_spawn 的 ROS 节点。

```
rospy.wait_for_service('/spawn')
```

创建 client 节点，连接名为/spawn 的服务。

```
add_turtle = rospy.ServiceProxy('/spawn', Spawn)
```

创建服务处理句柄 add_turtle，其中对应的服务为/spawn，对应的 srv 类型为 Spawn。

```
response = add_turtle(2.0, 2.0, 0.0, "turtle2")
```

按照 Spawn 的 srv 格式，将数据装入 response 部分。

```
return response.name
```

将 response 中的 name 数据作为 turtle_spawn 函数的返回值。

```
except rospy.ServiceException, e:
        print "Service call failed: %s"%e
```

这两条语句为异常处理语句，并显示服务调用错误信息。

```
if __name__ == "__main__":
    print "Spawn turtle successfully [name:%s]" %(turtle_spawn())
```

服务调用成功，显示成功信息。

总结起来，通过代码实现指定服务的 client 节点主要有 4 个步骤。

（1）初始化 ROS 节点。

（2）创建 client 节点，并指定所要连接的服务。

（3）将数据按照特定的 srv 类型中的 request 进行封装，并发送出去。

（4）等待 server 节点发回的 response 数据。

完成代码编制之后就可以进行功能包的编译了，编译的步骤与话题相似，在这里就不再介绍。

编译完成之后，启动小海龟的仿真程序，用键盘控制小海龟的移动，运行如下命令。

```
rosrun myturtle_server turtle_spawn
```

可以看到仿真程序中多了一只小海龟，如图 7-1 所示。

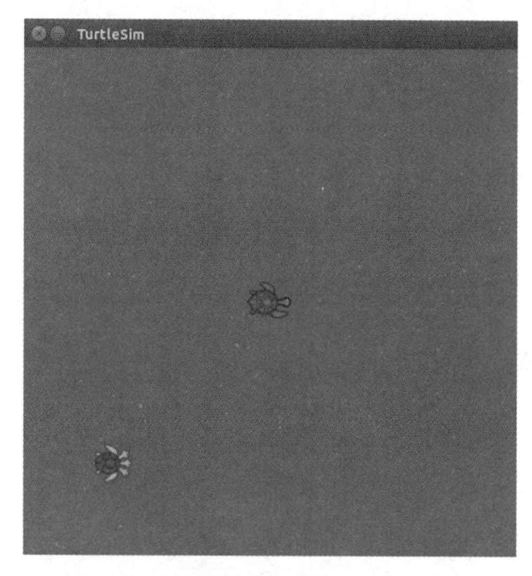

图 7-1　仿真程序中多了一只小海龟

项目设计

根据工作任务要求和知识导入部分所讲解的内容，完成本工作任务，主要的工作任务步骤可以分为 3 步。

（1）编制 client 节点代码文件。要完成这一步骤需要进行如下任务设计工作。

① 定义需要提交的服务名称，并指定 srv 类型。

② 封装 client 节点数据。

（2）对编制的代码文件进行编译。

（3）运行 server 节点和 client 节点，查看显示的信息。

项目实施

根据工作任务要求，具体的工作任务实施步骤如下。

（1）编制 client 节点代码文件。

项目 6 中已经建立 calc_avg_02 功能包，本项目仍然在该功能包下编制相关节点代码。

在/catkin_ws/src/calc_avg_02/scripts 文件夹下编制的代码文件为 client.py，可查看本书的代码文件。

（2）对编制的 client.py 进行编译。

① 在编制的 Python 代码文件所属的文件夹下修改 Python 代码文件的权限，使其变成可执行文件。

```
sudo chmod +x client.py
```

② 进行功能包编译操作。

```
cd ~/catkin_ws    #进入工作空间所在的文件夹
catkin_make     #对工作空间内所有的功能包都进行编译
source ~/catkin_ws/devel/setup.bash   #更新功能包对应的环境变量
```

（3）运行 server 节点和 client 节点，查看显示的信息。

① 启动新的终端，输入启动 ROS 命令。

```
roscore
```

② 启动新的终端，输入启动 server 节点命令。

```
rosrun calc_average_02 server.py
```

③ 启动新的终端，输入启动 client 节点命令。

```
rosrun calc_average_02 client.py
```

server-client 运行结果如图 7-2 所示。

```
vkrobot@vkrobot:~/test_ws/src$ rosrun calc_average_02 client.py
[INFO] [1628219379.182373]: waiting server
[INFO] [1628219379.186128]: sever is ok
[INFO] [1628219379.198647]: result: [(1.0 + 1.0 + 1.0) / 3.0 = avg: 1.0]
[INFO] [1628219379.205662]: result: [(19 + 1.0 + 1.0) / 3.0 = avg: 7.0]
[INFO] [1628219379.212123]: result: [(19 + -17 + 1.0) / 3.0 = avg: 1.0]
[INFO] [1628219379.213052]: bye
vkrobot@vkrobot:~/test_ws/src$
```

图 7-2　server-client 运行结果

项目评价

填写表 7-1 所示任务过程评价表。

表 7-1　任务过程评价表

任务实施人姓名________________学号__________________ 时间___________

评价项目及标准		分值/分	小组评议	教师评议
技术能力	1．基本概念熟悉程度	10		
	2．client.py 程序结构设计	10		
	3．服务初始化定义	10		
	4．程序异常处理	10		
	5．server 节点和 client 节点启动与信息查看	10		
	6．服务运行结果显示	10		
执行能力	1．出勤情况	5		
	2．遵守纪律情况	5		
	3．是否主动参与，有无提问记录	5		
	4．有无职业意识	5		
社会能力	1．能否有效沟通	5		
	2．能否使用基本的文明礼貌用语	5		
	3．能否与组员主动交流、积极合作	5		
	4．能否自我学习及自我管理	5		
		100		
评定等级：				
评价意见		学习意见		
评定等级：A 为优，90 分<得分≤100 分；B 为好，80 分<得分≤90 分；C 为一般，60 分<得分≤80 分；D 为有待提高，0 分≤得分≤60 分				

项目 8　智能机器人的指南针

项目要求

对于事先构建好的智能机器人模型，通过键盘实现对智能机器人模型的控制，并通过 TF 相关命令，查看坐标系的变换关系。

知识导入

1. 机器人运动学基本概念

1）自由度

自由度在很多领域中都会出现，对于机器人而言，这里主要涉及的是机构的自由度。任何一个机器人都可以认为是一个机构。所谓自由度，通俗地讲就是为了唯一确定一个机构的运动状态所必需的独立变量的个数。

在自由度的定义中，唯一、必需、独立是三个比较关键的词。唯一即给定这些变量后，机器人具有唯一的位型；必需是一种“最少”的概念，也就是能够确定机器人状态的最少的变量数；独立则表示这些变量可以独立地变化。

在给出具体的公式之前，首先考虑，一个不受任何约束的刚体在空间中的自由度，很显然应该是 6。因为刚体可以沿着 x、y、z 三个坐标轴方向平移，也可以绕着 x、y、z 三个坐标轴旋转。因此为了确定一个不受任何约束的刚体的运动状态，我们需要 6 个独立的变量。刚体空间运动自由度如图 8-1 所示，x、y、z 可以唯一确定刚体上的一个点，但是满足这三个变量，刚体依然可以绕该点做任意的旋转运动，因此还需要 Wx、Wy、Wz 三个姿态变量来确定刚体的姿态，这就是刚体的定位和定姿。

机器人通常由连杆构成，我们通常将每一个连杆看作一个刚体，因此当不考虑连杆之间的连接时，机器人的每个连杆都有 6 个自由度。对于一个有 n 个连杆的机器人，如果不考虑连杆连接约束，那么它的自由度是 $6n$。

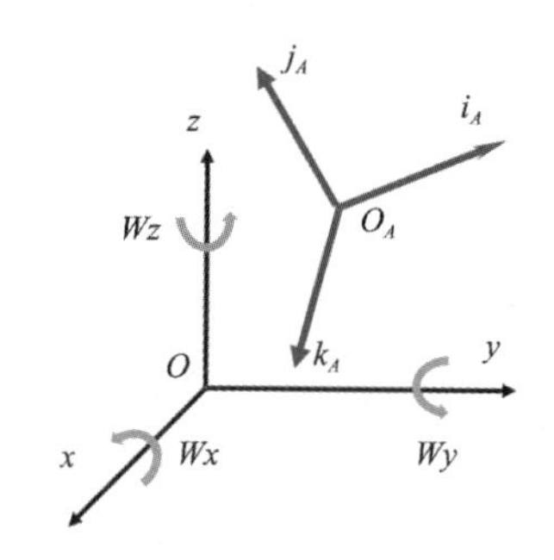

图 8-1　刚体空间运动自由度

2）运动副

机器人连杆之间的相互连接引入了约束。在机构学上将这种约束称为运动副。运动副是指两个构件既保持接触又有相对运动的活动连接。图 8-2 所示为机器人中比较常见的运动副。

（a）移动副

（b）转动副

图 8-2　机器人中比较常见的运动副

移动副是一种使两个构件发生相对移动的连接，它具有一个平移自由度，约束了刚体的其他 5 种运动（只能沿某一个坐标轴平移，缺少三个旋转自由度和两个平移自由度）；转动副是一种使两个构件发生相对转动的连接，它具有一个旋转自由度，约束了刚体的其他 5 种运动。

2. 机器人的位姿表示

1）刚体在空间中的位置表示

为了描述空间中某刚体 B 的位置，设一直角坐标系 Σ_B 与此刚体固连。用直角坐标系 Σ_B 的三个单位主矢量 $\boldsymbol{X}_B$、$\boldsymbol{Y}_B$、$\boldsymbol{Z}_B$ 相对于直角坐标系 Σ_A 的方向余弦组成的 3×3 矩阵

$$ {}_B^A\boldsymbol{R}=[{}^A\boldsymbol{X}_B \quad {}^A\boldsymbol{Y}_B \quad {}^A\boldsymbol{Z}_B] \tag{8-1} $$

或

$$ {}_B^A\boldsymbol{R}=\begin{bmatrix} r_{11} & r_{12} & r_{13} \\ r_{21} & r_{22} & r_{23} \\ r_{31} & r_{32} & r_{33} \end{bmatrix} \tag{8-2} $$

来表示刚体 B 相对于直角坐标系 $\boldsymbol{\Sigma}_A$ 的位置。${}_B^A\boldsymbol{R}$ 称为旋转矩阵，上标 A 代表参考坐标系 $\boldsymbol{\Sigma}_A$，下标 B 代表被描述的坐标系 $\boldsymbol{\Sigma}_B$。

2）机器人的位姿统一表示——齐次坐标

为了将位置和姿态的表示统一在一种表达方式下，在齐次坐标下，将位置矢量和旋转矩阵放在一起构成位姿矩阵，如下所示。

$$\boldsymbol{J}=\begin{bmatrix} r_{11} & r_{12} & r_{13} & p_x \\ r_{21} & r_{22} & r_{23} & p_y \\ r_{31} & r_{32} & r_{33} & p_z \\ 0 & 0 & 0 & \lambda \end{bmatrix} \tag{8-3}$$

式中，λ 是常数，可以任意取值，为了方便 λ 通常取 1。

进行了如此处理后，式（8-3）恰恰成为坐标变换的关系式，对于平移和绕坐标轴的旋转都成立。点 1 在 $\boldsymbol{\Sigma}_A$ 坐标系下的坐标为 ${}_1^A\boldsymbol{P}$，绕 $\boldsymbol{\Sigma}_A$ 坐标系的坐标轴旋转和平移得到 $\boldsymbol{\Sigma}_B$ 坐标系，则点 1 在 $\boldsymbol{\Sigma}_B$ 坐标系下的坐标 ${}_1^B\boldsymbol{P}$ 为

$${}_1^B\boldsymbol{P}=\boldsymbol{T}_A^B\ {}_1^A\boldsymbol{P}=\begin{bmatrix} r_{11} & r_{12} & r_{13} & p_x \\ r_{21} & r_{22} & r_{23} & p_y \\ r_{31} & r_{32} & r_{33} & p_z \\ 0 & 0 & 0 & 1 \end{bmatrix}\begin{bmatrix} x \\ y \\ z \\ 1 \end{bmatrix} \tag{8-4}$$

由此进行的坐标变换叫作齐次变换，$\boldsymbol{T}_A^B$ 叫作齐次变换矩阵。

3）运动姿态的表示——Euler 角与 RPY 角

旋转矩阵用了 9 个元素来描述姿态，而事实上，这 9 个元素之间不是独立的，而是相关的，只要三个参数就能描述一个刚体在空间中的姿态。采用不同方式定义这三个参数，就演变出不同的运动姿态表达方式。

Euler 角是机器人较为常用的一种运动姿态表达方式。Euler 角用先绕 z 轴旋转 ϕ 角，再绕新的 y 轴（y'）旋转 θ 角，最后绕新的 z 轴（z''）旋转 φ 角来描述任何可能的姿态。Euler 角的定义如图 8-3 所示。

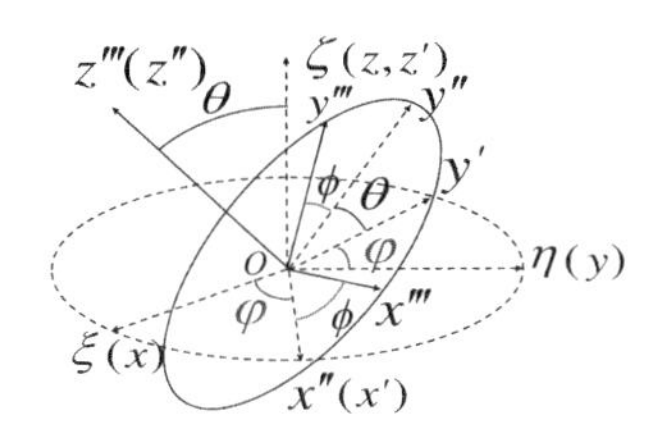

图 8-3　Euler 角的定义

根据 Euler 角的定义可以得到 Euler 变换的定义表达式，Euler(ϕ,θ,φ)可由连乘三个旋转矩阵来求得，即

$$\mathrm{Euler}(\phi,\theta,\varphi)=\mathrm{Rot}(z,\phi)\mathrm{Rot}(y,\theta)\mathrm{Rot}(z,\varphi)$$
$$=\begin{bmatrix}\cos\phi & -\sin\phi & 0 & 0\\ \sin\phi & \cos\phi & 0 & 0\\ 0 & 0 & 1 & 0\\ 0 & 0 & 0 & 1\end{bmatrix}\begin{bmatrix}\cos\theta & 0 & \sin\theta & 0\\ 0 & 1 & 0 & 0\\ -\sin\theta & 0 & \cos\theta & 0\\ 0 & 0 & 0 & 1\end{bmatrix}\begin{bmatrix}\cos\varphi & -\sin\varphi & 0 & 0\\ \sin\varphi & \cos\varphi & 0 & 0\\ 0 & 0 & 1 & 0\\ 0 & 0 & 0 & 1\end{bmatrix} \tag{8-5}$$

除 Euler 角外，RPY 角是另一种常用的运动姿态表达方式，这种表达方式中包含横滚（Roll）、俯仰（Pitch）和偏转（Yaw）三种基本旋转方式。如果想象有船只沿着 z 轴方向航行，如图 8-4 所示，那么这时，横滚对应于绕 z 轴旋转 ϕ 角，俯仰对应于绕 y 轴旋转 θ 角，偏转则对应于绕 x 轴旋转 φ 角。对于旋转次序进行如下规定，先绕 x 轴旋转 φ 角，再绕 y 轴旋转 θ 角，最后绕 z 轴旋转 ϕ 角。因此，旋转变换可以表示为

$$\mathrm{RPY}(\phi,\theta,\varphi)=\mathrm{Rot}(z,\phi)\mathrm{Rot}(y,\theta)\mathrm{Rot}(x,\varphi)$$
$$=\begin{bmatrix}\cos\phi & -\sin\phi & 0 & 0\\ \sin\phi & \cos\phi & 0 & 0\\ 0 & 0 & 1 & 0\\ 0 & 0 & 0 & 1\end{bmatrix}\begin{bmatrix}\cos\theta & 0 & \sin\theta & 0\\ 0 & 1 & 0 & 0\\ -\sin\theta & 0 & \cos\theta & 0\\ 0 & 0 & 0 & 1\end{bmatrix}\begin{bmatrix}1 & 0 & 0 & 0\\ 0 & \cos\varphi & -\sin\varphi & 0\\ 0 & \sin\varphi & \cos\varphi & 0\\ 0 & 0 & 0 & 1\end{bmatrix} \tag{8-6}$$

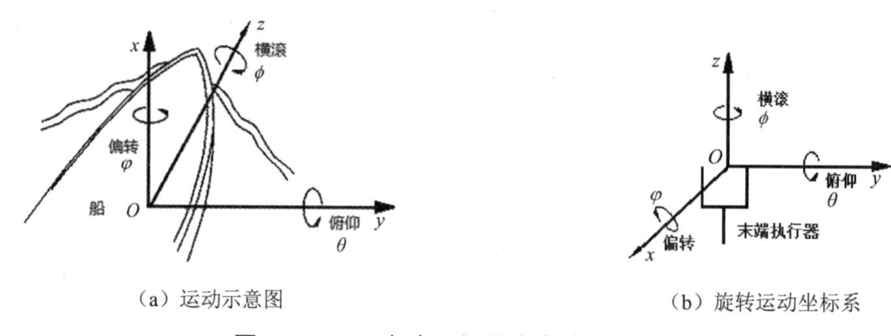

（a）运动示意图　　（b）旋转运动坐标系

图 8-4　RPY 角表示机器人末端执行器姿态

4）运动姿态的表示——四元数

四元数的概念是由爱尔兰数学家 Hamilton 于 1843 年提出的，随着现代计算机图形学和空间机构学的发展，四元数得到了真正的应用，特别是在空间运动姿态的表示上有着特殊的优势。

四元数是简单的超复数。复数由实数加上虚数单位 i 组成，其中 $i^2=-1$。相似地，四元数由实数加上三个虚数单位 i、j、k 组成，即四元数一般可表示为 $a+b\mathrm{i}+c\mathrm{j}+d\mathrm{k}$，其中 a、b、c、d 是实数。

i、j、k 本身的几何意义可以理解为一种旋转，其中 i 旋转代表在 z 轴与 y 轴相交平面中，z 轴正向向 y 轴正向的旋转；j 旋转代表在 x 轴与 z 轴相交平面中，x 轴正向向 z 轴正向的旋转；k 旋转代表在 y 轴与 x 轴相交平面中，y 轴正向向 x 轴正向的旋转；−i、−j、−k 分别代表 i、j、k 旋转的反向旋转。

根据以上设定的条件，假设一个有固定点的刚体通过绕该点的某个轴转过特定角度可达到任何姿态，如图 8-5 所示，转轴的方向可以表示成一个单位矢量：

$$\boldsymbol{n} = \mathrm{i}\cos\alpha + \mathrm{j}\cos\beta + \mathrm{k}\cos\gamma \tag{8-7}$$

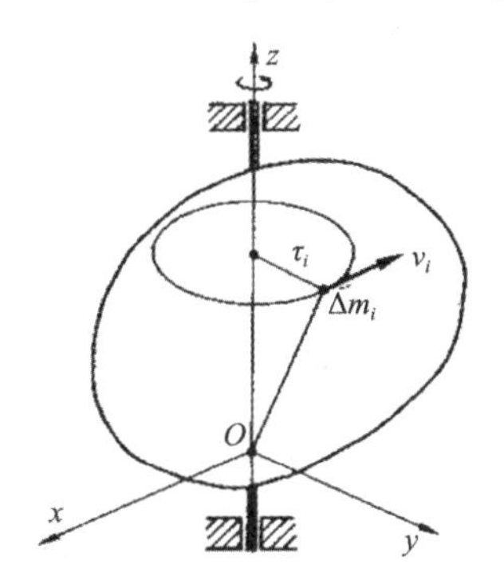

图 8-5　刚体在空间中旋转

则描述该旋转的四元数可以表示为

$$\begin{aligned}\boldsymbol{q} &= \cos\frac{\theta}{2} + \sin\frac{\theta}{2}\boldsymbol{n} \\ &= \cos\frac{\theta}{2} + \mathrm{i}\sin\frac{\theta}{2}\cos\alpha + \mathrm{j}\sin\frac{\theta}{2}\cos\beta + \mathrm{k}\sin\frac{\theta}{2}\cos\gamma\end{aligned} \tag{8-8}$$

从四元数的定义可以看出，四元数既反映了旋转的方向，又反映了旋转的幅值。由此可得四元数的一般形式：

$$\boldsymbol{n} = \lambda + P_1\mathrm{i} + P_2\mathrm{j} + P_3\mathrm{k} \tag{8-9}$$

如果矢量 $\boldsymbol{R}$ 相对固定坐标系旋转，并且该旋转可以用四元数 $\boldsymbol{q}$ 描述，新矢量记为 $\boldsymbol{R}'$，如图 8-6 所示，则 $\boldsymbol{R}$ 和 $\boldsymbol{R}'$之间的变换可以表示成下述四元数运算。

$$\boldsymbol{R}' = q\boldsymbol{R}q^{-1} \tag{8-10}$$

通过该表达式可以发现，矢量 $\boldsymbol{R}$ 相对固定坐标系旋转，旋转的角度和轴向由 q 决定。在上述运算中，$\boldsymbol{R}$ 被当成一个标量部分为零的四元数，即

$$\boldsymbol{R} = 0 + R_x\mathrm{i} + R_y\mathrm{j} + R_z\mathrm{k} \tag{8-11}$$

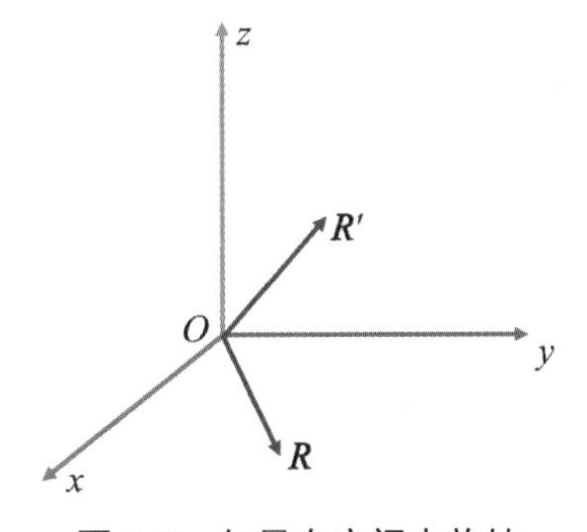

图 8-6　矢量在空间中旋转

3. ROS 中的 TF

1）TF 的基本概念

机器人的“眼睛”（传感器）获取一组关于物体坐标的数据，但是相对于机器人手臂来说，这个坐标是相对于机器人头部的传感器的，并不直接适用于机器人手臂执行，那么物体相对于头部和手臂之间的坐标变换，就是 TF（TransForm）。TF 是 ROS 系统中一个非常重要的概念，TF 的核心功能就是实现机器人运动过程中不同机构之间的坐标变换。智能机器人 PR2 如图 8-7 所示。

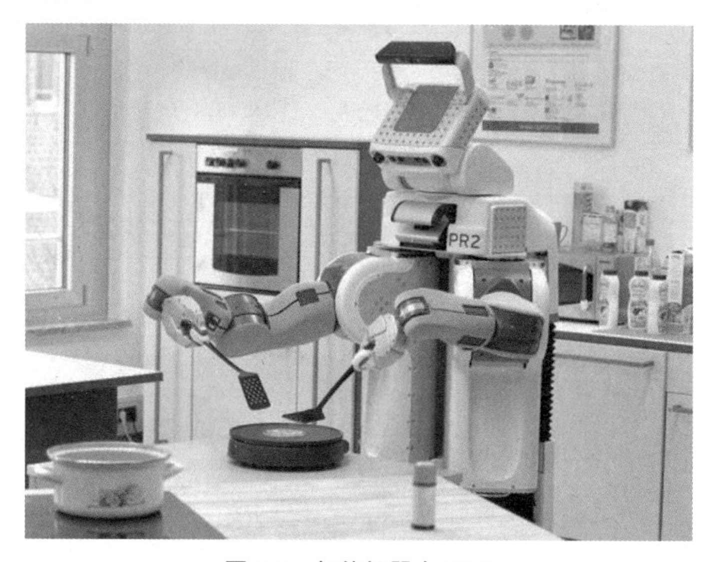

图 8-7 智能机器人 PR2

坐标变换包括位置和姿态两个方面的变换。ROS 中的 TF 是一个可以让用户随时记录多个坐标系的软件包。TF 保持缓存的树形结构中的坐标系之间的关系，并且允许用户在任何期望的时刻在任何两个坐标系之间转换点、矢量等。有了 TF，只要给定某一个坐标系下的任意一个点的坐标，就能获得该点在机器人其他坐标系下的坐标。

在 ROS 系统中，为了更合理、更高效地表示任意坐标系间的变换关系，TF 使用了多叉树的结构，ROS 系统中的 TF 树如图 8-8 所示。在 TF 树中，每一个节点都代表一个坐标系。TF 树最大的特点是每个节点只有一个父节点，即每个坐标系只能有一个父坐标系，但一个父坐标系可以有多个子坐标系。

TF 可以看作一种标准规范，它定义了坐标变换的数据格式和数据结构。TF 也可以看作一个 topic:/tf，话题中的消息保存的就是 TF 树的数据结构格式。TF 还可以看作一个功能包，其中包含了很多的工具，如可视化工具、查看关节间坐标变换关系的工具，以及 TF 调试工具等。TF 含有一部分接口，就是我们前面章节介绍的 roscpp 和 rospy 中关于 TF 的 API。

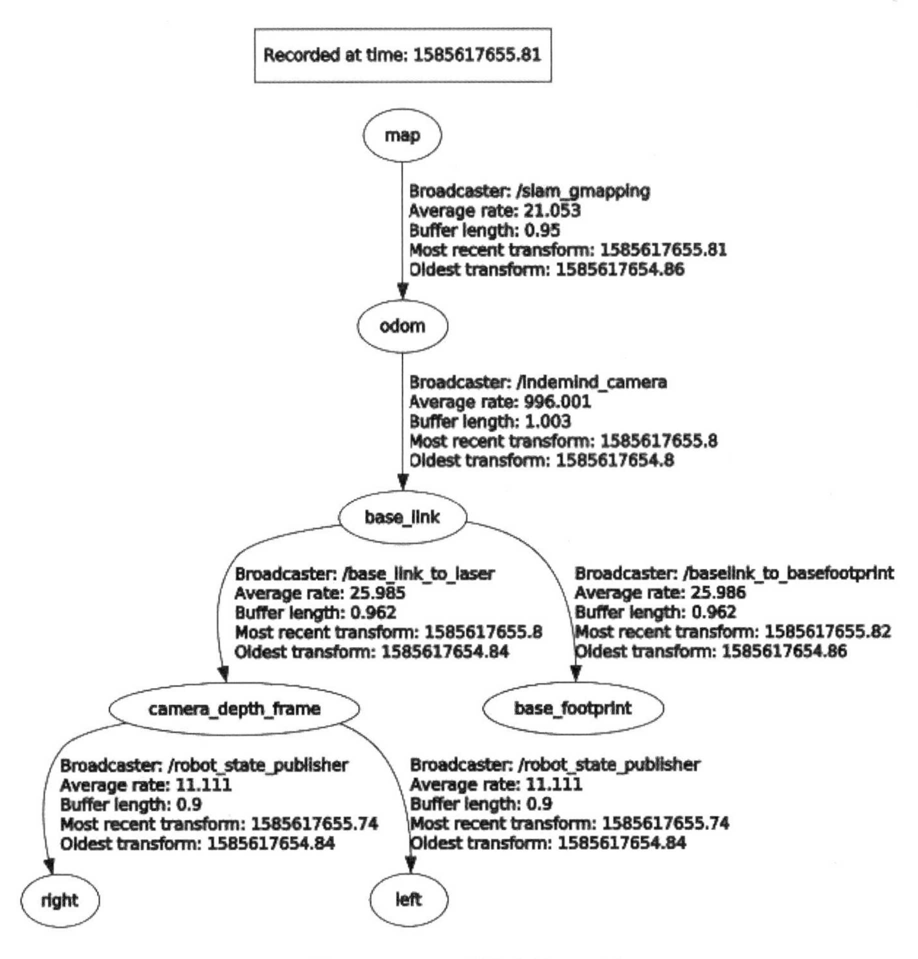

图 8-8　ROS 系统中的 TF 树

2）TF 的规范

每个坐标系都只有一个父坐标系，可以有多个子坐标系。TF 树就是以父子坐标系的形式来组织的，最上面是父坐标系，往下是子坐标系。

在 TF 树中，具有父子关系的坐标系是相邻的，用带箭头的线连接起来。

TF 树的建立和维护是基于话题通信机制的。

TF 树是靠建立与维护每对父子坐标系的变换关系来维护整个系统的所有坐标系的变换关系的。每个父坐标系到子坐标系的变换关系是靠称为 broadcaster 的广播器节点来持续发布的。

虽然是靠话题通信机制发布的父坐标系到子坐标系的变换关系，但并不是让每一对父子坐标系都发布一个话题，实际上仅发布一个话题，该话题集合了所有发布的父子坐标系的变换关系，所有父子坐标系变换关系被集合在一个大数组中。

3）TF 工具命令

TF 作为 ROS 系统中的重要工具，不仅实现了坐标变换的基础计算功能，还提供了相应的终端命令行工具，使开发人员方便地进行相关调试和运动模型创建工作。

（1）tf_monitor：tf_monitor 工具的功能是打印 TF 树中的所有参考系信息，也可以通过输入参数来查看指定参考系的信息，其命令格式如下所示。

```
rosrun tf tf_monitor
rosrun tf tf_monitor <source_frame> <target_target>
```

（2）tf_echo：tf_echo 工具的功能是查看指定参考系之间的变换关系，其命令格式如下所示。

```
rosrun tf tf_echo
```

（3）static_transform_publisher：static_transform_publisher 工具的功能是发布两个参考系之间的静态坐标变换关系，两个参考系一般不发生相对位置变化，其命令格式有两种，如下所示。

```
rosrun tf static_transform_publisher x y z yaw pitch roll frame_id
child_frame_id period_in_ms
rosrun tf static_transform_publisher x y z qx qy qz qw frame_id
child_frame_id  period_in_ms
```

以上两种命令格式需要设置坐标的平移和旋转参数，平移参数都使用相对于 x、y、z 三轴的坐标位移；对于旋转参数，第一种命令格式使用以 rad（弧度）为单位的 Yaw、Pitch、Roll 三个角度，而第二种命令格式使用四元数表达旋转角度。发布频率以 ms 为单位，一般 100ms 比较合适。

static_transform_publisher 工具不仅可以在终端中使用，还可以在 launch 文件中使用，使用方式如下。

```
<launch>
<node pkg="tf" type="static_transform_publisher" name="link1_broadcaster"
args="1 0 0 0 0 0 1 link1_parent link1 100" />
</launch>
```

（4）view_frames：view_frames 是可视化的调试工具，可以生成 PDF 文件，来显示整棵 TF 树的信息，其命令格式如下所示。

```
rosrun tf view_frames
```

要完成本工作任务，主要的工作内容包括两部分。

（1）启动智能机器人模型，通过键盘实现对智能机器人模型的控制。

（2）使用 TF 相关命令，查看智能机器人模型运动过程中坐标系的变换关系。

项目实施

根据工作任务要求，具体的工作任务实施步骤如下。

（1）通过 launch 文件启动智能机器人模型的 RVIZ 仿真节点。

launch 文件将在项目 9 中进行讲解，在此只需要运行以下命令就可以。另外，RVIZ 工具将在后面进行讲解，本项目中只是简单地使用该工具。

```
roslaunch transbot_fake transbot_fake.launch
```

（2）在 RVIZ 工具中，设置相关显示项，将相应的坐标系和基本模型显示出来。

（3）通过 launch 文件，启动键盘控制节点。

```
roslaunch transbot_teleop transbot_teleop_key.launch
```

（4）使用键盘控制智能机器人模型的运动，观察坐标系变换情况。

（5）通过 tf_monitor 工具查看坐标系的变换关系。

```
rosrun tf tf_monitor
```

tf_monitor 命令运行结果如图 8-9 所示。

```
Frame: base_link published by unknown_publisher(st
atic) Average Delay: 0 Max Delay: 0
Frame: base_scan published by unknown_publisher(st
atic) Average Delay: 0 Max Delay: 0
Frame: camera_link published by unknown_publisher(
static) Average Delay: 0 Max Delay: 0
Frame: camera_rgb_frame published by unknown_publi
sher(static) Average Delay: 0 Max Delay: 0
Frame: camera_rgb_optical_frame published by unkno
wn_publisher(static) Average Delay: 0 Max Delay: 0
Frame: caster_back_link published by unknown_publi
sher(static) Average Delay: 0 Max Delay: 0
Frame: imu_link published by unknown_publisher(sta
tic) Average Delay: 0 Max Delay: 0
Frame: wheel_left_link published by unknown_publis
her Average Delay: 0.000558059 Max Delay: 0.001130
27
Frame: wheel_right_link published by unknown_publi
sher Average Delay: 0.000559624 Max Delay: 0.00113
239

All Broadcasters:
Node: unknown_publisher 61.6629 Hz, Average Delay:
 0.000440428 Max Delay: 0.00113133
Node: unknown_publisher(static) 1e+08 Hz, Average
Delay: 0 Max Delay: 0
```

图 8-9　tf_monitor 命令运行结果

（6）通过 tf_echo 工具查看 odom 坐标系与 base_link 坐标系的变换关系。

① 以 1Hz 的频率显示 odom 坐标系与 base_link 坐标系的变换关系，如图 8-10 所示。

```
rosrun tf tf_echo odom base_link
```

```
vkrobot@vkrobot-pc:~$ rosrun tf tf_echo odom base_link
At time 1628235217.668
- Translation: [0.362, 0.000, 0.015]
- Rotation: in Quaternion [0.000, 0.000, 0.000, 1.000]
            in RPY (radian) [0.000, -0.000, 0.000]
            in RPY (degree) [0.000, -0.000, 0.000]
At time 1628235218.401
- Translation: [0.362, 0.000, 0.015]
- Rotation: in Quaternion [0.000, 0.000, 0.000, 1.000]
            in RPY (radian) [0.000, -0.000, 0.000]
            in RPY (degree) [0.000, -0.000, 0.000]
At time 1628235219.401
- Translation: [0.362, 0.000, 0.015]
- Rotation: in Quaternion [0.000, 0.000, 0.000, 1.000]
            in RPY (radian) [0.000, -0.000, 0.000]
            in RPY (degree) [0.000, -0.000, 0.000]
^C
```

图 8-10　以 1Hz 的频率显示 odom 坐标系与 base_link 坐标系的变换关系

② 以 0.2Hz 的频率显示 base_link 坐标系与 odom 坐标系的变换关系，如图 8-11 所示。

```
rosrun tf tf_echo base_link odom 0.2
```

```
^Cvkrobot@vkrobot-pc:~$ rosrun tf tf_echo base_link odom 0.2
At time 1628235264.668
- Translation: [-0.362, 0.000, -0.015]
- Rotation: in Quaternion [0.000, 0.000, 0.000, 1.000]
            in RPY (radian) [0.000, -0.000, 0.000]
            in RPY (degree) [0.000, -0.000, 0.000]
At time 1628235269.368
- Translation: [-0.362, 0.000, -0.015]
- Rotation: in Quaternion [0.000, 0.000, 0.000, 1.000]
            in RPY (radian) [0.000, -0.000, 0.000]
            in RPY (degree) [0.000, -0.000, 0.000]
At time 1628235274.368
- Translation: [-0.362, 0.000, -0.015]
- Rotation: in Quaternion [0.000, 0.000, 0.000, 1.000]
            in RPY (radian) [0.000, -0.000, 0.000]
            in RPY (degree) [0.000, -0.000, 0.000]
^C
```

图 8-11　以 0.2Hz 的频率显示 base_link 坐标系与 odom 坐标系的变换关系

（7）使用 static_transform_publisher 工具设置相应的新坐标系。

① 设置名为 odom global_camera 的坐标系，其原点是由 odom 坐标系原点平移(0,0,0.5)得到的，坐标变换关系发布时间间隔为 30ms。

```
rosrun tf static_transform_publisher 0 0 0.5 0 0 0 1 odom global_camera 30
```

② 设置名为 odom global_camera2 的坐标系，其原点是由 odom 坐标系原点平移(0,0,1)得到的，并绕 z 轴旋转 1.57rad，坐标变换关系发布时间间隔为 30ms。

```
rosrun tf static_transform_publisher 0 0 1.0 0 0 1.57 odom global_camera2 30
```

（8）使用 view_frames 工具，查看智能机器人模型的 TF 树，如图 8-12 所示。

```
rosrun tf view_frames
```

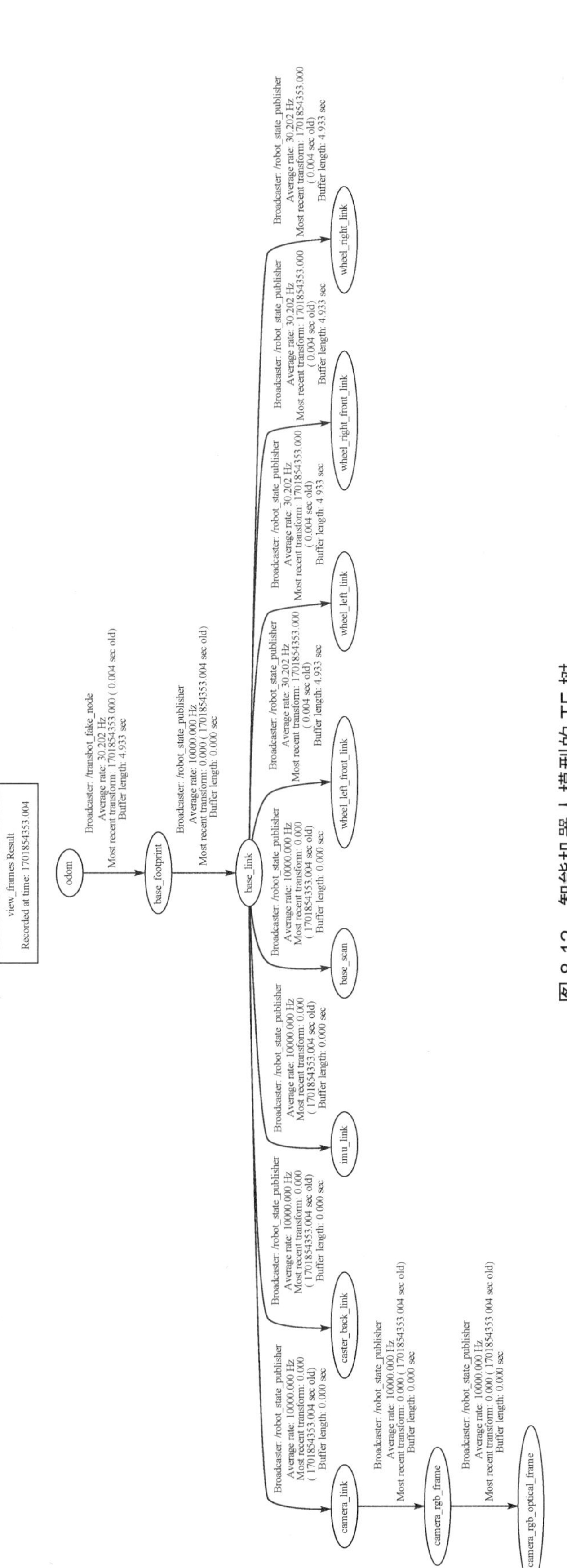

图 8-12　智能机器人模型的 TF 树

项目评价

填写表 8-1 所示任务过程评价表。

表 8-1　任务过程评价表

任务实施人姓名________________学号__________________ 时间___________

评价项目及标准		分值/分	小组评议	教师评议
技术能力	1. 基本概念熟悉程度	10		
	2. 智能机器人模型启动操作	10		
	3. 使用键盘控制智能机器人模型操作	10		
	4. 查看智能机器人模型的坐标变换关系	10		
	5. 查看特定坐标系的变换关系操作	10		
	6. 设置特定的坐标系操作	10		
执行能力	1. 出勤情况	5		
	2. 遵守纪律情况	5		
	3. 是否主动参与，有无提问记录	5		
	4. 有无职业意识	5		
社会能力	1. 能否有效沟通	5		
	2. 能否使用基本的文明礼貌用语	5		
	3. 能否与组员主动交流、积极合作	5		
	4. 能否自我学习及自我管理	5		
		100		
评定等级：				
评价意见		学习意见		
评定等级：A 为优，90 分<得分≤100 分；B 为好，80 分<得分≤90 分；C 为一般，60 分<得分≤80 分；D 为有待提高，0 分≤得分≤60 分				

项目 9　智能机器人的 GPS

项目要求

通过 TF 的广播器（broadcaster 节点）和监听器（listener 节点）实现智能机器人的跟随运动，使用一个 launch 文件实现所有节点的启动工作，进行对智能机器人的操作。

知识导入

TF 可以在分布式系统中进行操作，也就是机器人系统中所有的坐标变换关系对于所有的节点组件都是可用的，订阅 TF 消息的节点都会缓存一份所有坐标变换关系的数据，所以这种结构不需要中心服务器来存储任何数据。

ROS 中的节点使用 TF 功能包完成以下两个功能。

（1）监听 TF 变换（监听器的功能）：接收并缓存系统中发布的所有坐标变换数据，并从中查询所需的坐标变换关系。

（2）广播 TF 变换（广播器的功能）：向系统中广播坐标系之间的坐标变换关系。系统中可能会存在多个不同部分的 TF 变换广播，每个广播都可以直接将坐标变换关系插入 TF 树中，不需要进行同步。

在通过代码实现 TF 的广播器和监听器之前，需要介绍 ROS 中一个重要的组件：launch 文件，在介绍 launch 文件之前需要介绍 ROS 中的命名空间。

1．ROS 中的命名空间

ROS 中的节点、话题、服务、参数等统称为计算图，其命名方式采用灵活的分层结构，便于在复杂的系统中集成和复用。计算图命名机制是 ROS 封装的一种重要机制。每个资源都定义在一个命名空间内，该命名空间内可以创建更多资源。处于不同命名空间内的资源不仅可以在所处命名空间内访问，还可以在全局范围内访问。这种命名机制可以有效避免不同命名空间内的命名冲突。

一个有效的命名应该具备以下特点。

（1）首字符必须是字母（a~z、A~Z）、波浪线（~）或左斜杠（/）。

（2）后续字符可以是字母或数字（a~z、A~Z、0~9）、下画线（_）或左斜杠（/）。

计算图源的名称可以分为以下 4 种。

（1）基础（Base）名称，如 cmd_vel。

（2）全局（Global）名称，如/turtle1/cmd_vel。

（3）相对（Relative）名称，如 turtle1/cmd_vel。

（4）私有（Private）名称，如~ turtle1/ cmd_vel。

基础名称用来描述资源本身，可以看作相对名称的一个子类。

首字符是左斜杠（/）的名称是全局名称，由左斜杠分开一系列命名空间。全局名称之所以称为“全局”，是因为它的解析度最高，可以在全局范围内直接访问。但是在系统中全局名称越少越好，因为过多的全局名称会直接影响功能包的可移植性。

全局名称需要列出所有命名空间，在命名空间繁多的复杂系统中使用较为不便，此时可以使用相对名称代替。相对名称由 ROS 提供默认的命名空间，不需要带有开头的左斜杠。例如，在默认命名空间/relative 内使用相对名称 name，解析到全局名称为/relative/name。

相比全局名称，相对名称具备良好的可移植性，用户可以直接将一个用相对名称命名的节点移植到其他命名空间内，有效防止命名冲突。

私有名称是一个节点内部私有的资源名称，只会在该节点内部使用。私有名称用波浪线“~”开头，与相对名称一样，其并不包含本身所在的命名空间，需要 ROS 为其解析；但不同的是，私有名称并不使用当前默认命名空间，而是用节点的全局名称作为命名空间。例如，有一个节点的全局名称是/sim1/pubvel，其中的私有名称~max_vel 解析成全局名称，即/sim1/pubvel/max_vel。

2．ROS 中的 launch 文件

通常一个机器人运行时要启动很多节点，如果一个节点一个节点地启动，比较麻烦。通过 launch 文件及 roslaunch 命令可以一次性启动多个节点，并且可以设置丰富的参数，这大大提高了 ROS 系统的操作方便性和效率。

ROS 中的 launch 文件本质上是一种 XML 文件，主要由标签（Tag）组成，在标签中指定相应的命令内容。作为一种 XML 文件，launch 文件的头部可以添加版本号，如<?xml version="1.0"?>；在某些编辑器中可以高亮显示关键字，方便阅读。

launch 文件的标签主要包括以下部分。

<launch>：根标签。

<node>：需要启动的节点及其参数。

<include>：包含其他 launch 文件。

<machine>：指定运行的机器。

<env-loader>：设置环境变量。

<param>：定义参数到参数服务器。

<rosparam>：加载 YAML 文件中的参数到参数服务器。

<arg>：定义变量。

<remap>：设定话题映射。

<group>：设定分组。

</launch>；根标签。

<launch>和<node>是 launch 文件的核心部分。

1）<launch>

XML 文件必须包括一个根元素，launch 文件中的根元素采用<launch>标签定义，文件中的其他内容都必须包含在这个标签中。

```
<launch>
:
</launch>
```

2）<node>

launch 文件的核心是启动 ROS 节点，而这一功能主要是通过<node>标签实现的，其主要语法结构如下。

```
<node pkg="package_name" type="executable_file" name="node_name1"/>
```

从上面的定义规则可以看出，在 launch 文件中启动一个节点需要三个属性：pkg、type 和 name。

pkg：节点所在的功能包名称。

type：功能包中的可执行文件，如果是用 Python 或 Julia 编写的，就可能是.py 文件或.jl 文件；如果是用 C++编写的，就是源文件编译之后的可执行文件的名字。

name：节点启动之后的名字，每一个节点都要有自己独一无二的名字。

roslaunch 不能保证节点的启动顺序，因此 launch 文件中所有的节点都应该对启动顺序有健壮性。

下面是一个典型的 launch 文件。

```
<launch>
<node pkg="turtlesim" type="turtlesim_node" name="sim_node1">
```

```
<node pkg="turtlesim" type="turtlesim_node" name="sim_node2">
</launch>
```

除上述三个常用的属性外，我们还可能用到以下属性。

output：指定节点标准输出的终端，该属性默认输出的终端是日志文档，也可以指定为“screen”等其他终端。

respawn：指定节点复位属性，bool 型变量，该属性默认为“false”。如果该属性被指定为“true”，那么当节点停止时，节点会自动重启；当为“false”时，则不会自动重启。

required：指定节点是否为必要节点，bool 型变量，该属性默认为“false”，当指定为“true”时，该节点停止后，其他节点也会停止；当为“false”时，其他节点则不会停止。

ns：指定命名空间，通过该属性为节点内的相对名称添加命名空间前缀。

args：指定节点需要的输入参数。

3）<param>

parameter 是 ROS 系统运行中的参数，存储在参数服务器中。在 launch 文件中，通过<param>标签加载 parameter；launch 文件被执行后，parameter 就被加载到 ROS 的参数服务器上了。每个活跃的节点都可以通过 ros::param::get()接口来获取 parameter 的值，用户可以在终端通过 rosparam 命令获取 parameter 的值。<param>标签的语法格式如下。

```
<param name="param_name" value="param_value"/>
```

例如，<param name="output_frame" value="odom"/>。

运行 launch 文件后，output_frame 这个 parameter 的值就设置为 odom，并且加载到 ROS 的参数服务器上了。

4）<arg>

<arg>标签可以指定 launch 文件中的变量，其中指定的变量类似于局部变量，仅限于 launch 文件使用，便于 launch 文件的重构，与 ROS 节点内部的实现并无关系。<arg>标签的语法格式如下。

```
<arg name="arg_name" default="arg_value">
```

5）<remap>

ROS 系统中提供了一种重映射机制，其本质是在不修改其他用户开发的功能包接口的条件下，将相应的接口的名称进行重新命名，取一个别名，这时系统可以通过新的别名对相应的软件资源进行识别。launch 文件中提供了<remap>标签，可以在 launch 文件中实现重映射机制。<remap>标签的语法格式如下。

```
<remap from="original_name" to="re_name">
```

6）<include>

在复杂的系统中，launch 文件之间有可能存在相互的依赖关系。launch 文件中提供了<include>标签，可以满足在一个 launch 文件中复用另一个 launch 文件内容的功能需求。< include >标签的语法格式如下。

```
<include file="$(dirname)/other.launch"/>
```

launch 文件中还有其他的标签，这些标签使用得较少，限于篇幅，这里就不再介绍了。Launch 文件是 ROS 系统中非常实用、灵活的工具，它类似于一种高级编程语言，可以实现系统资源启动管理的方方面面。在运用 ROS 进行机器人控制的过程中，很多情况下并不需要编写大量的代码，仅需要使用现有的功能包，通过编写相应的 launch 文件就可以实现大部分的机器人控制功能。

3. 创建 TF 的广播器

机器人是运动的，不同坐标系之间的变换关系是随时间变化的。此外，由于涉及相关控制和计算过程，因此无论是机器人的开发人员还是使用人员，都需要实时掌握这种变换关系，这在 ROS 系统中主要是通过 TF 的广播器来实现的。下面是一个通过代码实现 TF 的广播器的具体实例。

```
#!/usr/bin/env python
# -*- coding: utf-8 -*-
# 该例程将请求/show_person 服务，服务数据类型为 learning_service::Person

import roslib
roslib.load_manifest('learning_tf')
import rospy

import tf
import turtlesim.msg

def handle_turtle_pose(msg, turtlename):
    br = tf.TransformBroadcaster()
    br.sendTransform((msg.x, msg.y, 0),
                     tf.transformations.quaternion_from_euler(0, 0, msg.theta),
                     rospy.Time.now(),
                     turtlename,
                     "world")

if __name__ == '__main__':
    rospy.init_node('turtle_tf_broadcaster')
```

```
    turtlename = rospy.get_param('~turtle')
    rospy.Subscriber('/%s/pose' % turtlename,
                     turtlesim.msg.Pose,
                     handle_turtle_pose,
                     turtlename)
    rospy.spin()
```

在上述代码文件中，首先定义了 handle_turtle_pose 回调函数，在该回调函数中主要进行了如下操作。

```
br = tf.TransformBroadcaster()
```

定义了 TF 的 TransformBroadcaster 的实例——br。

```
br.sendTransform((msg.x, msg.y, 0),
                 tf.transformations.quaternion_from_euler(0, 0, msg.theta),
                 rospy.Time.now(),
                 turtlename,
                 "world")
```

填充 br 实例中的相关数据，设定 turtlename 与 world 之间的坐标变换关系，其中平移关系为(msg.x, msg.y, 0)，旋转关系为 Euler 角模式，角度为(0, 0, msg.theta)，并把当前时间作为时间戳，turtlename 是需要传递所创建连杆的子坐标系的名称，world 是需要传递所创建连杆的父坐标系的名称。

完成回调函数的定义之后，该文件就定义了代码主体部分，在代码主体部分主要完成了以下操作。

```
rospy.init_node('turtle_tf_broadcaster')
```

初始化 turtle_tf_broadcaster 节点。

```
turtlename = rospy.get_param('~turtle')
```

节点获取 turtle 参数，这里指定一个 turtle 名称，如“turtle1”或“turtle2”。

```
rospy.Subscriber('/%s/pose' % turtlename,
                 turtlesim.msg.Pose,
                 handle_turtle_pose,
                 turtlename)
```

订阅由 turtlename 参数指定的“/pose”的话题，并指定回调函数为 handle_turtle_pose。

通过这个代码文件可以看出，TF 的广播器定义主要有两个步骤。

（1）通过订阅相应的话题，获得相应的 msg 信息，并指定回调函数。

（2）在回调函数中指定相应的广播器实例，封装相应的坐标变换信息，并指定父子坐标系。

4. 创建 TF 的监听器

TF 坐标变换除需要广播器外，还需要监听器，以缓存系统中发布的所有坐标变换数据，并实现相应的查询功能。下面是一个通过代码实现 TF 的监听器的具体实例。

```
#!/usr/bin/env python
# -*- coding: utf-8 -*-
# 该例程将请求/show_person 服务，服务数据类型为 learning_service::Person

import roslib
roslib.load_manifest('learning_tf')
import rospy
import math
import tf
import geometry_msgs.msg
import turtlesim.srv

if __name__ == '__main__':
    rospy.init_node('turtle_tf_listener')

    listener = tf.TransformListener()

    rospy.wait_for_service('spawn')
    spawner = rospy.ServiceProxy('spawn', turtlesim.srv.Spawn)
    spawner(4, 2, 0, 'turtle2')

    turtle_vel = rospy.Publisher('turtle2/cmd_vel',
geometry_msgs.msg.Twist,queue_size=1)

    rate = rospy.Rate(10.0)
    while not rospy.is_shutdown():
        try:
            (trans,rot) = listener.lookupTransform('/turtle2', '/turtle1',
rospy.Time(0))
        except (tf.LookupException, tf.ConnectivityException,
tf.ExtrapolationException):
            continue

        angular = 4 * math.atan2(trans[1], trans[0])
        linear = 0.5 * math.sqrt(trans[0] ** 2 + trans[1] ** 2)
        cmd = geometry_msgs.msg.Twist()
        cmd.linear.x = linear
        cmd.angular.z = angular
        turtle_vel.publish(cmd)

        rate.sleep()
```

下面针对程序中的代码进行相关解释。

```
rospy.init_node('turtle_tf_listener')
```

初始化 turtle_tf_listener 节点。

```
listener = tf.TransformListener()
```

定义 TF 的 TransformListener 的实例——listener。

```
rospy.wait_for_service('spawn')
   spawner = rospy.ServiceProxy('spawn', turtlesim.srv.Spawn)
   spawner(4, 2, 0, 'turtle2')
```

创建服务处理句柄 spawner，其中对应的服务为 spawn，对应的 srv 类型为 turtlesim.srv.Spawn，并按照 turtlesim.srv.Spawn 的 srv 格式进行相应的数据封装。

```
turtle_vel = rospy.Publisher('turtle2/cmd_vel', geometry_msgs.msg.Twist,
queue_size=1)
```

发布一个名为/turtle2/cmd_vel 的 topic，消息类型为 geometry_msgs.msg.Twist，队列长度为 1。

```
rate = rospy.Rate(10.0)
```

指定循环体的循环频率。

```
(trans,rot) = listener.lookupTransform('/turtle2', '/turtle1', rospy.Time(0))
```

得到从“/turtle1”到“/turtle2”的变换关系，在实际使用时，变换得出的坐标是在“/turtle2”坐标系下的。不可以把 rospy.Time(0)改成 rospy.Time.now()，因为监听做不到实时，会有几毫秒的延迟。rospy.Time(0)指最近时刻存储的数据，rospy.Time.now()则指当下存储的数据，如果非要使用 rospy.Time.now()，则需要结合 waitForTransform()使用。

```
angular = 4 * math.atan2(trans[1], trans[0])
   linear = 0.5 * math.sqrt(trans[0] ** 2 + trans[1] ** 2)
   cmd = geometry_msgs.msg.Twist()
   cmd.linear.x = linear
   cmd.angular.z = angular
   turtle_vel.publish(cmd)
```

定义一个 Twist 消息实例——cmd，并定义 x 轴的线速度为 linear，绕 z 轴的角速度为 angular，并将这个 msg 发布出去。

```
rate.sleep()
```

根据前面 rospy.Rate(10.0)定义的发布话题频率进行延时控制，使循环体可以按照 rospy.Rate(10.0)定义的频率进行循环。

通过上述代码文件可以看出，TF 的监听器定义主要是通过 listener.lookupTransform()实现的。

项目设计

通过知识导入部分可以发现，要实现智能机器人的跟随运动，需要通过 TF 的广播器和监听器实现，因此要完成本工作任务，主要的工作内容包括 5 个部分。

（1）在工作空间中建立相应的功能包。

（2）编写并编译广播器代码文件。

（3）编写并编译监听器代码文件。

（4）编写 launch 文件。

（5）进行实验操作，查看效果。

项目实施

根据任务要求，具体的工作任务实施步骤如下。

（1）创建功能包。在前面的任务中已经指定 catkin_ws 为工作空间，在此仍然在此工作空间中创建功能包。

```
cd ~/catkin_ws/src
catkin_create_pkg transbot_tf_demo rospy roscpp std_msgs geometry_msgs tf
```

（2）创建 scripts 文件夹和 launch 文件夹，编写相关的代码文件。

```
mkdir scripts
mkdir launch
```

（3）创建 TF 的广播器。

① 在 scripts 文件夹中编写广播器代码文件。

```
gedit transbot_broadcaster.py
```

具体的代码可以查看本书的代码文件 transbot_broadcaster.py。

② 对编写的 transbot_broadcaster.py 进行编译。

```
chmod a+x transbot_broadcaster.py
```

③ 进行功能包编译操作。

```
cd ~/catkin_ws    #进入工作空间所在的文件夹
catkin_make     #对工作空间内所有的功能包都进行编译
source ~/catkin_ws/devel/setup.bash   #更新功能包对应的环境变量
```

（4）创建 TF 的监听器。

① 在 scripts 文件夹中编写监听器代码文件。

```
gedit transbot_listener.py
```

具体的代码可以查看本书的代码文件 transbot_listener.py。

② 对编写的 transbot_listener.py 进行编译。

```
chmod a+x transbot_ transbot_listener.py
```

③ 进行功能包编译操作。

```
cd ~/catkin_ws    #进入工作空间所在的文件夹
catkin_make     #对工作空间内所有的功能包都进行编译
source ~/catkin_ws/devel/setup.bash   #更新功能包对应的环境变量
```

（5）创建 launch 文件。

```
gedit transbot_tf_demo.launch
```

具体的代码可以查看本书的代码文件 transbot_tf_demo.launch。

为了更好地观察智能机器人的运动过程，这里使用了 RVIZ 工具显示两个智能机器人。注意：这里仍然使用键盘控制智能机器人。

（6）通过键盘控制第一个智能机器人运动，查看第二个智能机器人的跟随运动，如图 9-1 所示。

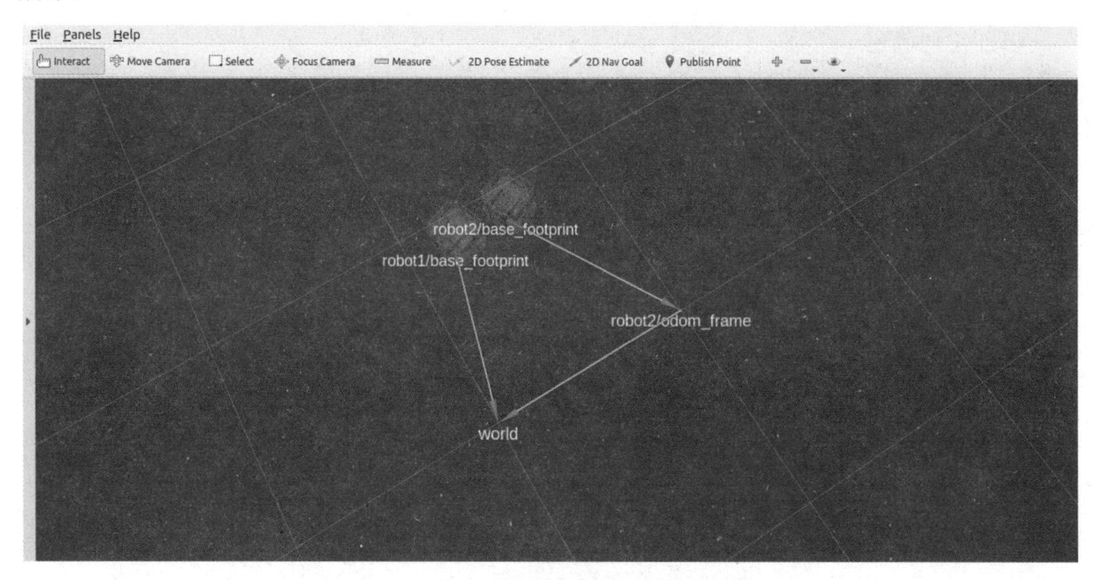

图 9-1 第二个智能机器人的跟随运动

项目评价

填写表 9-1 所示任务过程评价表。

表 9-1　任务过程评价表

任务实施人姓名________________学号__________________时间___________

评价项目及标准		分值/分	小组评议	教师评议
技术能力	1．基本概念熟悉程度	10		
	2．创建功能包操作	10		
	3．广播器编写与编译操作	10		
	4．监听器编写与编译操作	10		
	5．launch 文件编写操作	10		
	6．实验操作	10		
执行能力	1．出勤情况	5		
	2．遵守纪律情况	5		
	3．是否主动参与，有无提问记录	5		
	4．有无职业意识	5		
社会能力	1．能否有效沟通	5		
	2．能否使用基本的文明礼貌用语	5		
	3．能否与组员主动交流、积极合作	5		
	4．能否自我学习及自我管理	5		
		100		
评定等级：				
评价意见		学习意见		
评定等级：A 为优，90 分<得分≤100 分；B 为好，80 分<得分≤90 分；C 为一般，60 分<得分≤80 分；D 为有待提高，0 分≤得分≤60 分				

项目 10　智能机器人的化实为虚

项目要求

使用 URDF 创建智能机器人模型，并在 RVIZ 中显示。

知识导入

1. URDF 基本构造

URDF（Unified Robot Description Format，通用机器人描述格式）是 ROS 中一个非常重要的机器人模型构建与描述方式，ROS 同时包含了 C++解析器，可以基于 XML 文件格式构建机器人的 URDF 模型。

URDF 文件与 launch 文件都是 XML 文件，其构成方式是类似的，均主要由标签构成。URDF 文件中使用的标签有<link>、<joint>、<robot>、<gazebo>等，下面将介绍 URDF 文件中主要的标签。

1）<link>标签

URDF 文件中的<link>标签（见图 10-1）用于描述机器人某个部件（刚体部分）的外观和物理属性，如机器人底盘、轮子、激光雷达、摄像头……每一个部件都对应一个<link>标签，在<link>标签内，可以设计该部件的形状、尺寸、颜色、惯性矩阵、碰撞参数等一系列属性。

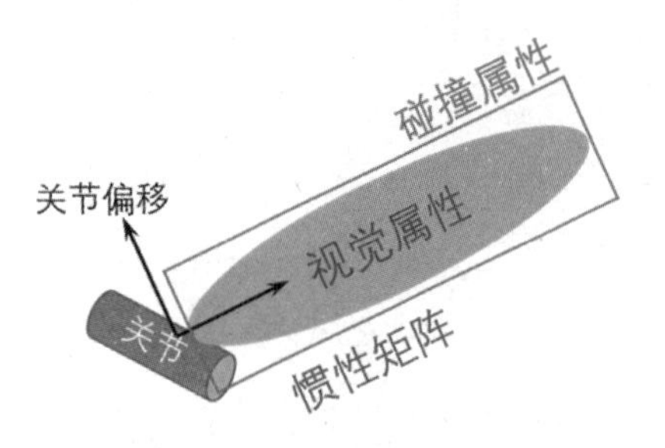

图 10-1　URDF 中的<link>标签

机器人结构的复杂性使得在一个标签中仅仅依靠参数难以完成完整的描述任务，因此 URDF 文件中的标签采用了分层结构，即标签中存在子标签，这是与 launch 文件不同的。<link>子标签如表 10-1 所示。

表 10-1　<link>子标签

子标签	描述的主要属性
<collision>	设置连杆的碰撞计算信息
<visual>	设置连杆的可视化信息
<inertial>	设置连杆的惯性信息
<mass>	连杆质量（单位：kg）设置
<inertia>	惯性张量（Inertia Tensor）设置
<origin>	设置相对于连杆坐标系的平移和旋转信息
<geometry>	输入模型的形状。提供 Box、Cylinder、Sphere 等形状，也可以导入 COLLADA（.dae）、STL（.stl）格式的设计文件。在<collision>标签中，可以指定为简单的形状来减少计算时间
<material>	设置连杆的颜色和纹理

下面针对<link>中主要的子标签进行介绍。

（1）<inertial>（可选的）：连杆的惯性属性，在<inertial>子标签中，包含下一层次的标签，如下所示。

① <origin>（可选的）：默认值为一致的，这是惯性参考系相对于连杆参考系的位姿，惯性参考系的原点必须在连杆的重心上，惯性参考系不需要与惯性主轴坐标系（转动惯性的主轴坐标系）对齐，在这个标签中包括 xyz 参数和 rpy 参数，这两个参数都是可选的，其中 xyz 参数代表 x、y、z 轴方向上的偏移，用三维向量表示；rpy 参数代表 Roll、Pitch 和 Yaw 角，单位为 rad，用三维向量表示。

② <mass>：该标签的 value 属性表示了连杆的质量。

③ <inertia>：用 3×3 的转动惯性矩阵代表惯性参考系。由于转动惯性矩阵的对称性，因此只需要 6 个上三角元素 i_{xx}、i_{xy}、i_{xz}、i_{yy}、i_{yz}、i_{zz} 作为属性。

（2）<visual>（可选的）：连杆的可视化属性，该标签形象地指定了物体的形状。注意：生成相同的连杆可以使用多个不同的<visual>实例，它们定义的几何结构联合形成了连杆的视觉表示，<visual>标签中还包含子标签。

（3）<material>（可选的）：用来指定连杆的材质。该标签可以在顶层元素机器人中指定一个连杆物体之外的材质元素，在连杆元素内可以使用 name 属性来引用一种材质。

（4）<collision>（可选的）：通过这一标签指定连杆的碰撞属性。注意：这可能与连杆的可视化属性不同。例如，通常使用更简单的碰撞模型来减少计算时间。同一连杆可以存在多个<collision>实例，它们定义的几何结构联合形成了连杆的碰撞表示。

2）<joint>标签

机器人运动的主要构成要素有两个，一个是刚体，也就是连杆（Link）；另一个是关节（Joint）。连杆是机器人中可以独立运动的最小组成部分，关节则表示连杆之间的运动关联关系。URDF 文件作为描述机器人模型的文件，提供了<joint>标签对机器人中的关节进行描述，指定机器人关节的运动学和动力学属性。<joint>标签主要包括 name 属性、type 属性和一些子标签。

（1）name（必选的）：该属性用来指定关节的名字，该名字应是唯一的。

（2）type（必选的）：该属性用来指定关节的类型，一共有 6 种类型，如表 10-2 所示。

表 10-2 <joint>中的 type 属性

<joint>中的 type 属性	对应的关节特征
continuous	绕着一根定轴的转动副，转动角度可以是任意的
revolute	绕着一根定轴的转动副，与 continuous 类似，但转动角度有限制
prismatic	沿着一条直线的移动副，移动位置有限制
floating	浮动关节，具有 6 个自由度
planar	平面副，允许在垂直于轴的一个平面内进行平移和旋转运动，具有 3 个自由度
fixed	固定关节，限制了所有的运动，自由度为 0

（3）<parent>（必选的）：指定了这个关节的父关节，如图 10-2 所示。

（4）<child>（必选的）：指定了这个关节的子关节，如图 10-2 所示。

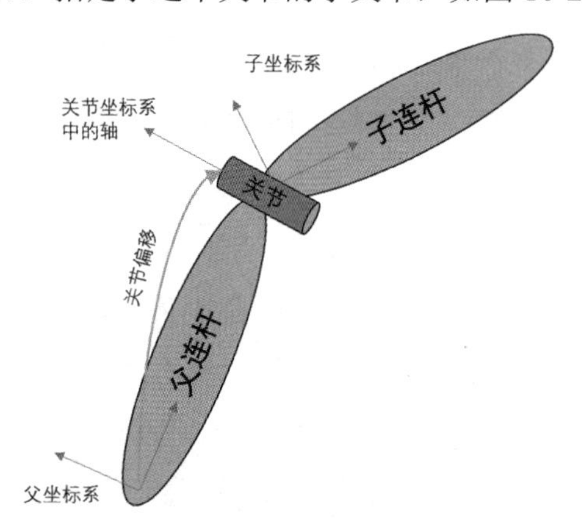

图 10-2 URDF 模型中的关节

（5）<origin>（可选的）：用来指定从父关节到子关节的坐标变换关系，关节坐标系的原点落在子坐标系的原点。在父关节和子关节各自的<link>标签中已经确认了各自的坐标系，但还没有确认它们之间的坐标变换关系，而<origin>标签描述了这个关系。<origin>标签包括 xyz 参数和 rpy 参数，这两个参数都是可选的，其中 xyz 参数代表 x、y、z 轴方向上的偏移，用三维向量表示；rpy 参数代表 Roll、Pitch 和 Yaw 角，单位为 rad，用三维向量表示。

（6）<axis>（可选的）：用来指定关节参考坐标系中的关节轴，不同的关节类型，对应的关节轴有所不同，默认值为(1,0,0)。如果关节是 continuous 和 revolute 类型，则<axis>标签指定的是旋转轴；如果关节是 prismatic 类型，则<axis>标签指定的是平移轴；如果关节是 planar

类型，则<axis>标签指定的是曲面法线；fixed 和 floating 类型的关节不需要指定<axis>标签。<axis>标签中包括 xyz 参数（必选的），代表轴向量的 x、y、z 分量。

还有一些子标签，可以参考 ROS 官网上的相关资料。

3）<robot>标签

URDF 文件中为了保证 XML 语法的完整性，使用了<robot>标签作为根标签，所有的<link>标签和<joint>标签，以及其他标签都必须包含在<robot>标签内，在该标签内可以通过 name 属性设置机器人模型的名称。

4）<gazebo>标签

<gazebo>标签用于描述机器人模型在 Gazebo 中仿真所需要的参数，包括机器人材料的属性、Gazebo 插件等。该标签不是机器人模型必需的部分，只有在 Gazebo 仿真时才需要加入。该标签的基本语法如下。

```
<gazebo reference="wheel_left_link">
   <mu1>0.1</mu1>
   <mu2>0.1</mu2>
   <kp>500000.0</kp>
   <kd>10.0</kd>
   <minDepth>0.001</minDepth>
   <maxVel>0.1</maxVel>
   <fdir1>1 0 0</fdir1>
   <material>Gazebo/FlatBlack</material>
</gazebo>
```

<gazebo>标签中的相关属性可以参考 ROS 官方文档。

2. 创建机器人 URDF 模型

根据上文介绍的 URDF 基本语法，使用 URDF 文件构造机械臂模型，如图 10-3 所示。这个模型有 3 个连杆和 2 个关节。

图 10-3　机械臂模型

机械臂模型的URDF代码如下所示。

```
<?xml version="1.0"?>
<robot name="vkrobot">
  <!-- Base Link -->
  <link name="base_link">
    <visual>
      <origin xyz="0 0 1" rpy="0 0 0"/>
      <geometry>
    <box size="0.1 0.1 2"/>
      </geometry>
    </visual>
  </link>

  <!-- Joint between Base Link and Middle Link -->
  <joint name="joint_base_mid" type="continuous">
    <parent link="base_link"/>
    <child link="mid_link"/>
    <origin xyz="0 0.1 1.95" rpy="0 0 0"/>
    <axis xyz="0 1 0"/>
  </joint>

  <!-- Middle Link -->
  <link name="mid_link">
    <visual>
      <origin xyz="0 0 0.45" rpy="0 0 0"/>
      <geometry>
    <box size="0.1 0.1 1"/>
      </geometry>
    </visual>
  </link>

  <!-- Joint between Middle Link and Top Link -->
  <joint name="joint_mid_top" type="continuous">
    <parent link="mid_link"/>
    <child link="top_link"/>
    <origin xyz="0 0.1 0.9" rpy="0 0 0"/>
    <axis xyz="0 1 0"/>
  </joint>

  <!-- Top Link -->
  <link name="top_link">
    <visual>
      <origin xyz="0 0 0.45" rpy="0 0 0"/>
      <geometry>
    <box size="0.1 0.1 1"/>
```

```
    </geometry>
  </visual>
</link>

</robot>
```

该 URDF 代码（部分代码）的具体解释如下。

（1）首先声明文件使用 XML 语法描述，然后使用<robot>根标签定义机械臂模型，名称为“vkrobot”。

```
  <?xml version="1.0"?>
  <robot name="vkrobot">
```

（2）描述机械臂模型的基本连杆。

```
<link name="base_link">
  <visual>
    <origin xyz="0 0 1" rpy="0 0 0"/>
    <geometry>
  <box size="0.1 0.1 2"/>
    </geometry>
  </visual>
</link>
```

这一段代码用来描述机械臂模型的基本连杆，<visual>标签用来定义可视化属性，在显示和仿真中，RVIZ 或 Gazebo 会按照这里的描述将机械臂模型呈现出来。我们将机械臂底盘抽象成一个盒结构，使用<box>标签定义这个盒的长、宽、高，声明这个盒在空间内的三维坐标位置和旋转姿态。

（3）定义第一个关节。

```
 <joint name="joint_base_mid" type="continuous">
    <parent link="base_link"/>
    <child link="mid_link"/>
    <origin xyz="0 0.1 1.95" rpy="0 0 0"/>
    <axis xyz="0 1 0"/>
 </joint>
```

这一段代码定义了第一个关节，用来连接机械臂模型第一个连杆和第二个连杆。该关节的类型是 continuous，这种类型的关节是可以旋转的。<origin>标签定义了该关节的起点。<axis>标签定义了该关节的旋转轴是正 y 轴，关节在运动时就会围绕正 y 轴旋转。

完成 URDF 模型的设计后，可以使用 RVIZ 将该模型可视化显示出来，检查是否符合设计目标。在 vkrobot_description 功能包的 launch 文件夹中已经创建了用于显示模型的 launch 文件 vkrobot_description/launch/vkrobot_rviz.launch，详细内容如下。

```
<launch>
  <!-- set parameter on Parameter Server -->
```

```
  <arg name="model" />
  <param name="robot_description"
    command="$(find xacro)/xacro.py '$(find vkrobot_description)/urdf/$(arg
model)'" />

  <!-- send joint values from gui -->
  <node name="joint_state_publisher" pkg="joint_state_publisher" type=
"joint_state_publisher">
    <param name="use_gui" value="TRUE"/>
  </node>

  <!-- use joint positions to update tf -->
  <node name="robot_state_publisher" pkg="robot_state_publisher" type=
"state_publisher"/>

  <!-- visualize robot model in 3D -->
  <node name="rviz" pkg="rviz" type="rviz" args="-d $(find vkrobot_description)
/config/urdf.rviz" required="true" />

</launch>
```

打开终端，输入以下命令运行上述 launch 文件，如果一切正常，则可以在打开的 RVIZ 中观察到机械臂模型，如图 10-4 所示。

```
roslaunch vkrobot_description vkrobot_rviz.launch model:=vkrobot.urdf
```

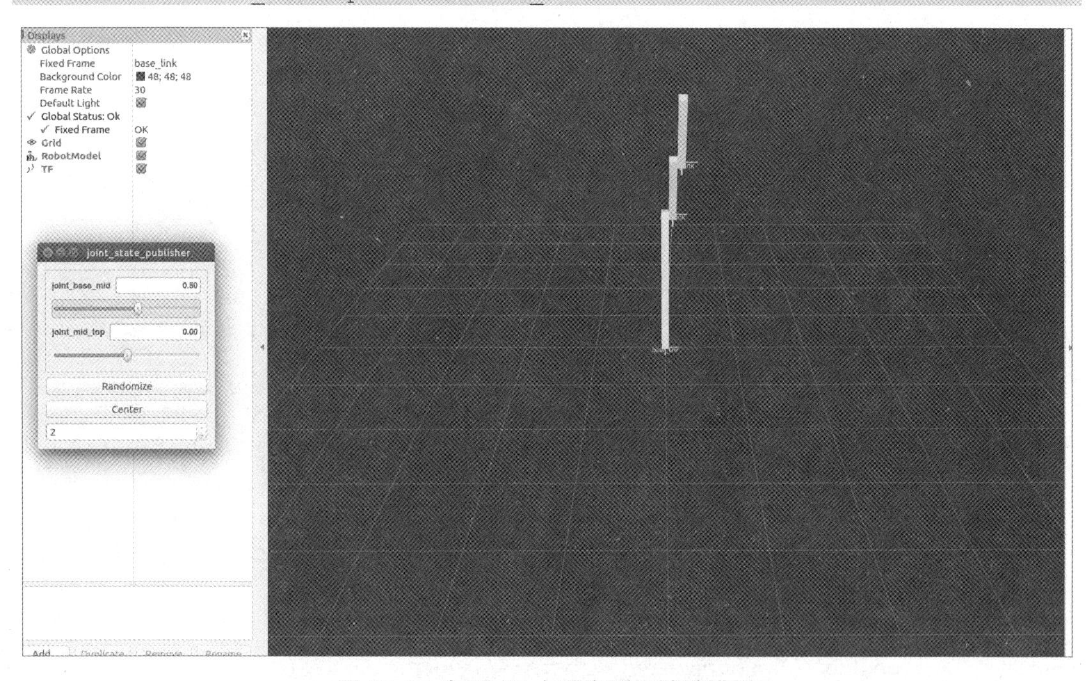

图 10-4　在 RVIZ 中观察到机械臂模型

3．ROS 中的数据可视化工具：RVIZ

1）RVIZ 的基本组成

机器人系统中存在大量数据，如图像数据中 0~255 的 RGB 值，但是这种数据形态的值往往不利于开发人员理解数据所描述的内容，所以需要将数据可视化显示，如机器人模型的可视化、图像数据的可视化、地图数据的可视化等。

ROS 针对机器人系统的可视化需求，为用户提供了一款显示多种数据的三维可视化平台——RVIZ。

RVIZ 是一款三维可视化工具，很好地兼容了各种基于 ROS 软件框架的机器人平台。在 RVIZ 中，可以使用 XML 语法对机器人、周围物体等任何实物进行尺寸、质量、位置、材质、关节等属性的描述，并且在界面中呈现出来。同时，RVIZ 可以通过图形化方式，实时显示机器人传感器的信息、机器人的运动状态、周围环境的变化等。总而言之，RVIZ 可以帮助开发人员实现所有可监测信息的图形化显示；开发人员可以在 RVIZ 的控制界面下，通过按钮、滑动条、数值等方式控制机器人的行为。

RVIZ 已经集成在桌面完整版的 ROS 中，如果已经成功安装桌面完整版的 ROS，则可以直接跳过这一步骤；否则，请使用如下命令进行安装。

```
sudo apt-get install ros-kinetic-rviz
```

安装完成后，在终端中分别运行如下命令即可启动 ROS 和 RVIZ 平台。

```
roscore
rosrun rviz rviz
```

启动成功的 RVIZ 主界面如图 10-5 所示。

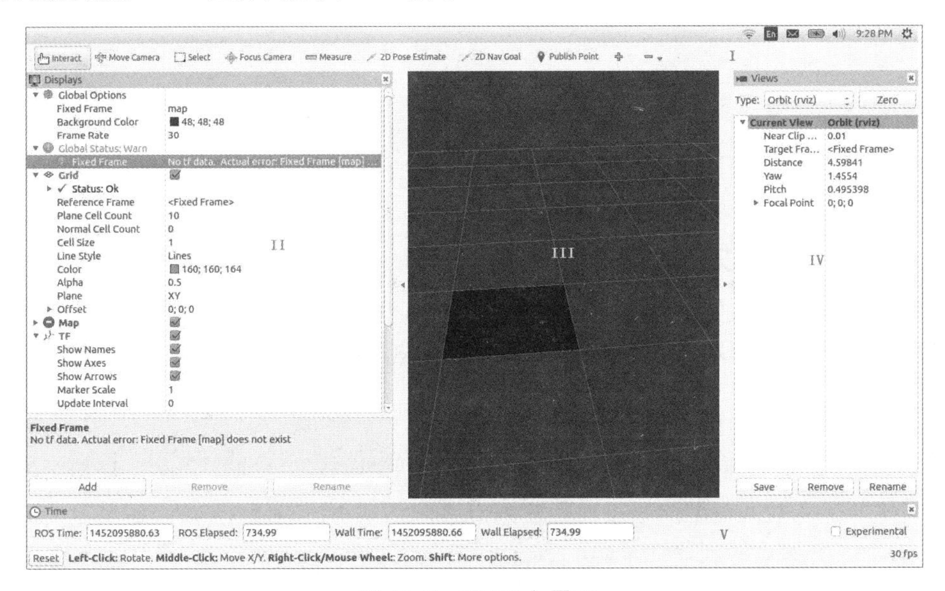

图 10-5　RVIZ 主界面

RVIZ 主界面主要包括以下部分。

I：工具栏，用于提供视角控制、目标设置、地点发布等工具。

II：显示项列表，用于显示当前选择的显示插件，可以配置每个插件的属性。

III：三维视图区，用于可视化显示数据，目前没有任何数据，所以显示黑色。

IV：视角设置区，用于选择多种观测视角。

V：时间显示区，用于显示当前的系统时间和 ROS 时间。

2）RVIZ 的操作

使用 RVIZ 实现数据可视化主要有以下几个步骤。

（1）设定相应的坐标系。

（2）指定需要显示的数据源，并完成相应的显示属性和状态的设置，选定相应的显示类型。

（3）设置相关选项，主要包括“Global Options”“Display”和相关属性，以及视角。

3）RVIZ 三维视图区的坐标系

在 RVIZ 三维视图区中主要涉及两种坐标系。

固定坐标系：相当于绝对坐标系，必须取相对世界坐标系静止的物体作为原点。

目标坐标系：用来提供基于观察者视角的坐标系，如果取 map 坐标系作为目标坐标系，则可以看到机器人在 map 坐标系中运动；如果取机器人坐标系作为目标坐标系，则看到的画面将以机器人为第一视角，呈现周围环境相对于机器人的运动。

4）RVIZ 中添加显示插件及设置属性

进入 RVIZ 主界面后，首先要对“Global Options”进行设置，“Global Options”中的参数是一些全局显示相关的参数。其中，“Fixed Frame”参数是全局显示区域依托的坐标系，我们知道机器人中有很多坐标系，坐标系之间有各自的变换关系，有些是静态关系，有些是动态关系，不同的“Fixed Frame”参数有不同的显示效果，在导航机器人应用中，一般将“Fixed Frame”参数设置为 map，也就是以 map 坐标系为全局坐标系。值得注意的是，在机器人的 TF 树里面必须要有 map 坐标系，否则会出现包错误。“Global Options”中的其他参数可以采用默认值。

进行数据可视化的前提是有数据。假设需要可视化的数据以对应的消息形式发布，那么我们在 RVIZ 中使用相应的插件订阅该消息即可实现显示。

首先需要添加显示数据的插件。单击 RVIZ 主界面左侧下方的“Add”按钮，RVIZ 会将默认支持的所有数据类型的显示插件罗列出来，如图 10-6 所示。

在图 10-6 的列表中选择需要的显示插件，然后在“Display Name”文本框中填入一个唯一的名称，用来识别显示的数据。例如，显示两个激光传感器的数据，可以分别添加两个 Laser Scan 类型的插件，命名为 laser_base 和 laser_head 进行显示。

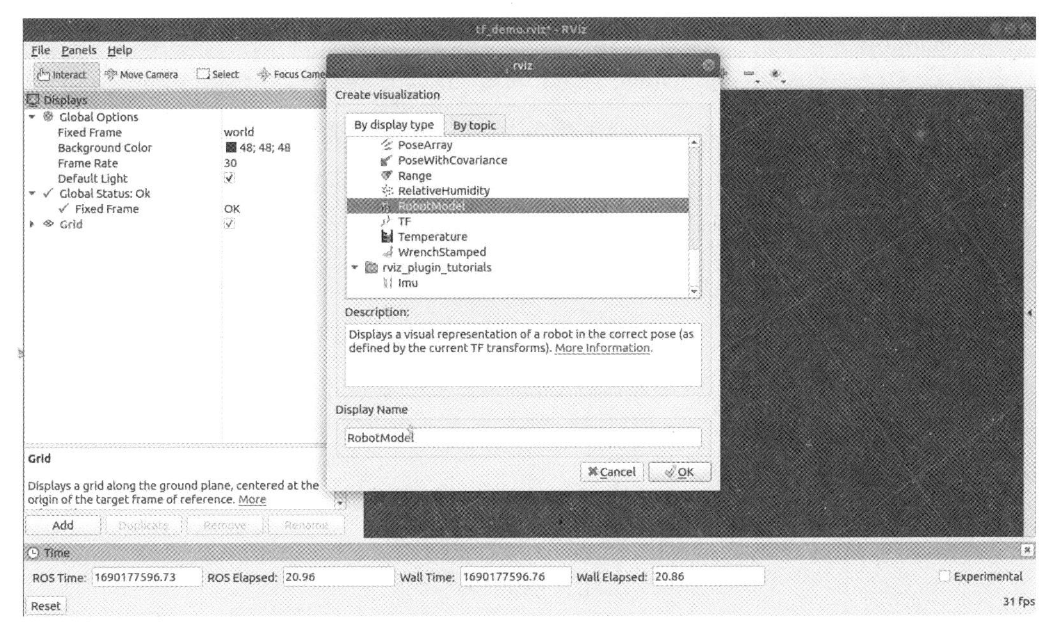

图 10-6　RVIZ 默认支持的所有数据类型的显示插件

添加插件完成后，RVIZ 左侧的“Displays”列表中会出现已经添加的显示插件。单击插件列表前的小三角，可以打开一个属性列表，根据需求设置属性。在一般情况下，“Topic”属性较为重要，用来声明该显示插件所订阅的数据来源。如果订阅成功，则在三维视图区会出现可视化后的数据，如图 10-7 所示。

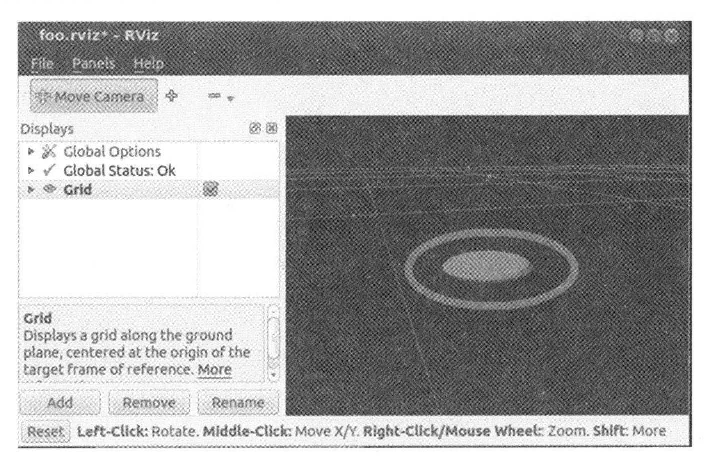

图 10-7　可视化后的数据

如果显示有问题，那么请检查属性区域的“Status”状态。“Status”有 4 种状态：“Ok”“Warn”“Error”“Disabled”。如果显示的状态不是“Ok”，那么请查看错误信息，并仔细检

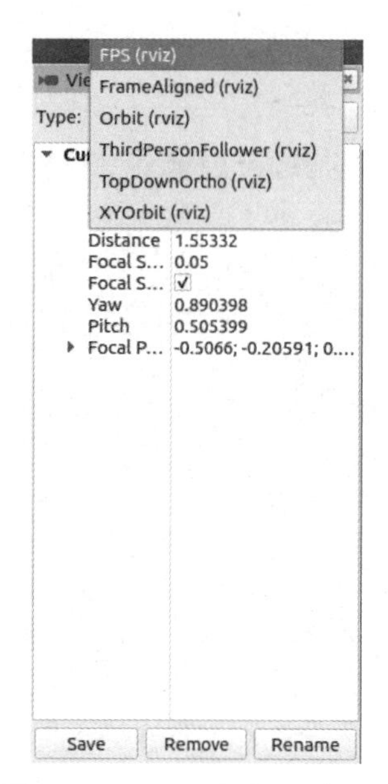

图 10-8 RVIZ 中的 5 种视角

查数据发布是否正常。

5）RVIZ 中视角的选择

RVIZ 提供了 Orbit、FPS、TopDownOrtho、XYOrbit 和 ThirdPersonFollower 共 5 种视角，如图 10-8 所示。

（1）Orbit 视角：相机围绕焦点旋转，同时始终注视着焦点。当移动相机时，焦点可视为小圆盘。

鼠标控制方式如下。

鼠标左键：单击并拖动以围绕焦点旋转。

鼠标中键：单击并拖动以移动相机向上矢量和向右矢量形成的平面中的焦点。移动的距离取决于焦点，如果焦点上有一个物体，单击其顶部，那么它将保持在光标下方。

鼠标右键：单击并拖动以放大/缩小焦点。向上拖动表示放大，向下拖动表示缩小。

滚轮：放大/缩小焦点。

（2）FPS（First-Person）视角：在此视角下旋转时就好像操作者正在以第一视角观看。

鼠标控制方式如下。

鼠标左键：单击并拖动以旋转。按住 Control 键并单击鼠标左键来选择光标下的对象并直接查看。

鼠标中键：单击并拖动以沿着相机的向上矢量和向右矢量形成的平面移动。

鼠标右键：单击并拖动以沿着相机的向前矢量移动。向上拖动表示向前移动，向下拖动表示向后移动。

滚轮：向前/向后移动。

（3）TopDownOrtho（自上而下正交）视角：相机总是沿着 z 轴向下看（在机器人框架中），并且是正交视图，这意味着随着相机越来越远，物体不会变小。

鼠标控制方式如下。

鼠标左键：单击并拖动以围绕 z 轴旋转。

鼠标中键：单击并拖动以沿 xy 平面移动相机。

鼠标右键：单击并拖动以放大/缩小图像。

滚轮：放大/缩小图像。

（4）XYOrbit 视角：与 Orbit 视角相同，但焦点限制在 xy 平面。

鼠标控制方式与 Orbit 视角中的鼠标控制方式相同。

（5）ThirdPersonFollower（第三人称追随者）视角：相机保持朝向目标帧的恒定视角。与 XYOrbit 视角相比，如果目标框架偏航，则相机会转动。如果操作者正在进行带角落的走廊的三维绘图，这种视角可能很方便。

鼠标控制方式与 Orbit 视角中的鼠标控制方式相同。

项目设计

智能机器人模型如图 10-9 所示，根据本工作任务的要求，需要完成两部分工作。

图 10-9　智能机器人模型

（1）使用 URDF 创建智能机器人模型，在这一部分的工作中要创建相应的功能包，并根据智能机器人模型编写 URDF 文件。

（2）在 RVIZ 中调用智能机器人模型，由于需要对相关属性进行设置，因此在这一部分的工作中，需要编写 launch 文件实现模型的调用。

项目实施

根据工作任务要求，具体的工作任务实施步骤如下。

（1）创建相应的功能包。前面的项目中已经指定 catkin_ws 为工作空间，在此仍然在此工作空间下创建功能包。

```
cd ~/catkin_ws/src
catkin_create_pkg urdf_demo
```

（2）创建 URDF 文件夹和 launch 文件夹。

```
cd urdf_demo
mkdir urdf
mkdir launch
```

（3）创建模型文件。

```
cd urdf
```

```
gedit transbot_base_01.urdf
```

编写的 URDF 文件可查看本书的 transbot_base_01.urdf 文件。

（4）创建带有纹理的模型文件。

```
cd urdf
gedit transbot_base_02.urdf
```

编写的 URDF 文件可查看本书的 transbot_base_02.urdf 文件。

（5）在 RIVZ 中调用模型文件。

由于在 RVIZ 中调用模型文件需要对多个属性进行设置，因此采用 launch 文件实现模型调用。

```
cd launch
gedit transbot_base_01.launch
```

编写的 launch 文件可查看本书的 transbot_base_01.launch 文件。

（6）启动 launch 文件，实现模型调用。

调用 transbot_base_01.urdf 模型：

```
roslaunch urdf_demo transbot_base_01.launch model:= transbot_base_01
```

调用 transbot_base_02.urdf 模型：

```
roslaunch urdf_demo transbot_base_01.launch model:= transbot_base_02
```

模型调用结果如图 10-10 所示。

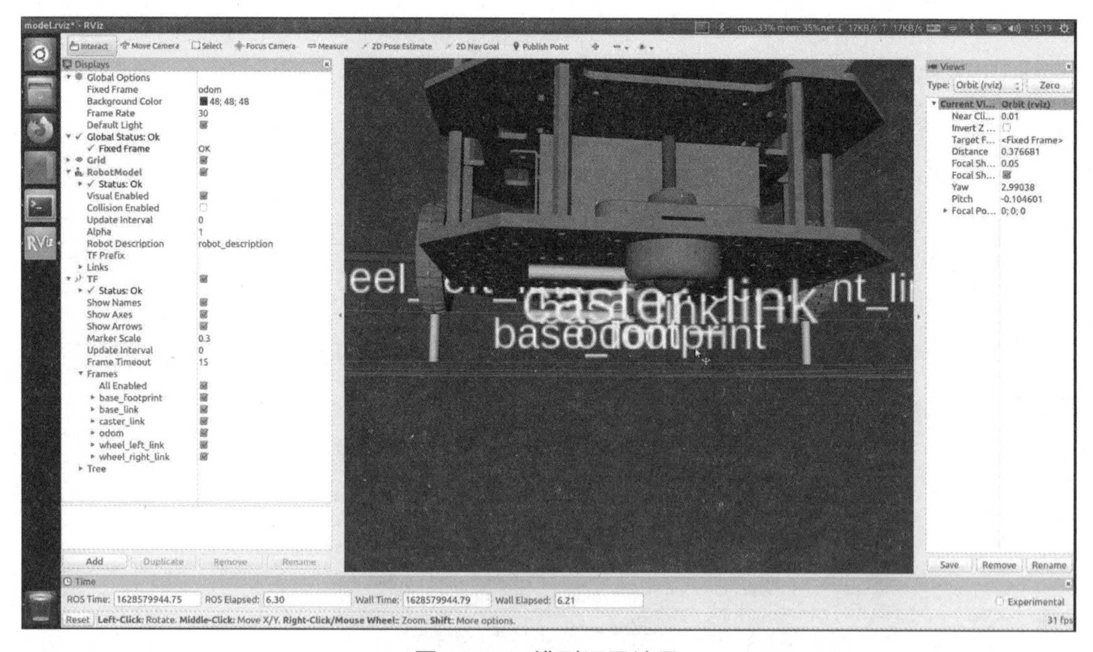

图 10-10　模型调用结果

项目评价

填写表 10-3 所示任务过程评价表。

表 10-3　任务过程评价表

任务实施人姓名________________学号__________________ 时间___________

<table>
<tr><th colspan="2">评价项目及标准</th><th>分值/分</th><th>小组评议</th><th>教师评议</th></tr>
<tr><td rowspan="6">技术能力</td><td>1．基本概念熟悉程度</td><td>10</td><td></td><td></td></tr>
<tr><td>2．URDF 基本语法</td><td>10</td><td></td><td></td></tr>
<tr><td>3．机器人模型属性设置</td><td>10</td><td></td><td></td></tr>
<tr><td>4．机器人 URDF 模型编写</td><td>10</td><td></td><td></td></tr>
<tr><td>5．使用 launch 文件启动 RVIZ</td><td>10</td><td></td><td></td></tr>
<tr><td>6．实验操作</td><td>10</td><td></td><td></td></tr>
<tr><td rowspan="4">执行能力</td><td>1．出勤情况</td><td>5</td><td></td><td></td></tr>
<tr><td>2．遵守纪律情况</td><td>5</td><td></td><td></td></tr>
<tr><td>3．是否主动参与，有无提问记录</td><td>5</td><td></td><td></td></tr>
<tr><td>4．有无职业意识</td><td>5</td><td></td><td></td></tr>
<tr><td rowspan="4">社会能力</td><td>1．能否有效沟通</td><td>5</td><td></td><td></td></tr>
<tr><td>2．能否使用基本的文明礼貌用语</td><td>5</td><td></td><td></td></tr>
<tr><td>3．能否与组员主动交流、积极合作</td><td>5</td><td></td><td></td></tr>
<tr><td>4．能否自我学习及自我管理</td><td>5</td><td></td><td></td></tr>
<tr><td colspan="2"></td><td>100</td><td></td><td></td></tr>
<tr><td colspan="5">评定等级：</td></tr>
<tr><td>评价意见</td><td></td><td>学习意见</td><td colspan="2"></td></tr>
<tr><td colspan="5">评定等级：A 为优，90 分<得分≤100 分；B 为好，80 分<得分≤90 分；C 为一般，60 分<得分≤80 分；D 为有待提高，0 分≤得分≤60 分</td></tr>
</table>

项目 11　智能机器人的仿真

项目要求

使用 Gazebo 对智能机器人进行仿真。利用空白场景、定位与导航测试场景、室内场景对智能机器人进行仿真，使用 RVIZ 监测仿真数据。

知识导入

1．Gazebo 简介

Gazebo 是一个功能强大的三维物理仿真平台，具备强大的物理引擎、高质量的图形渲染效果、方便的编程与图形接口，并且具备开源免费的特性。虽然 Gazebo 中的智能机器人模型与 RVIZ 中使用的模型相同，但是需要在模型中加入智能机器人和周围环境的物理属性，如质量、摩擦系数、弹性系数等。智能机器人的传感器信息可以通过插件的形式加入仿真环境，以可视化的方式进行显示。

2．Gazebo 的安装与 UI 界面

Gazebo 在 Ubuntu 或其他的 Linux 发行版中有着优良的工作性能，其安装方法与其他 ROS 功能包是基本一致的，主要分为两步。

（1）添加源。

```
sudo sh -c 'echo "deb  http://packages.osrfoundation.org/gazebo/ubuntu-stable `lsb_release -cs` main" > /etc/apt/sources.list.d/gazebo-stable.list'
wget http://packages.osrfoundation.org/gazebo.key -O - | sudo apt-key add -
```

（2）安装 Gazebo 功能包。

```
sudo apt-get update
sudo apt-get install gazebo9
sudo apt-get install libgazebo9-dev
```

安装成功后，在终端输入以下命令就可以启动 Gazebo 了。

```
roscore
rosrun Gazebo_ros gazebo
```

Gazebo 的 UI 界面如图 11-1 所示。

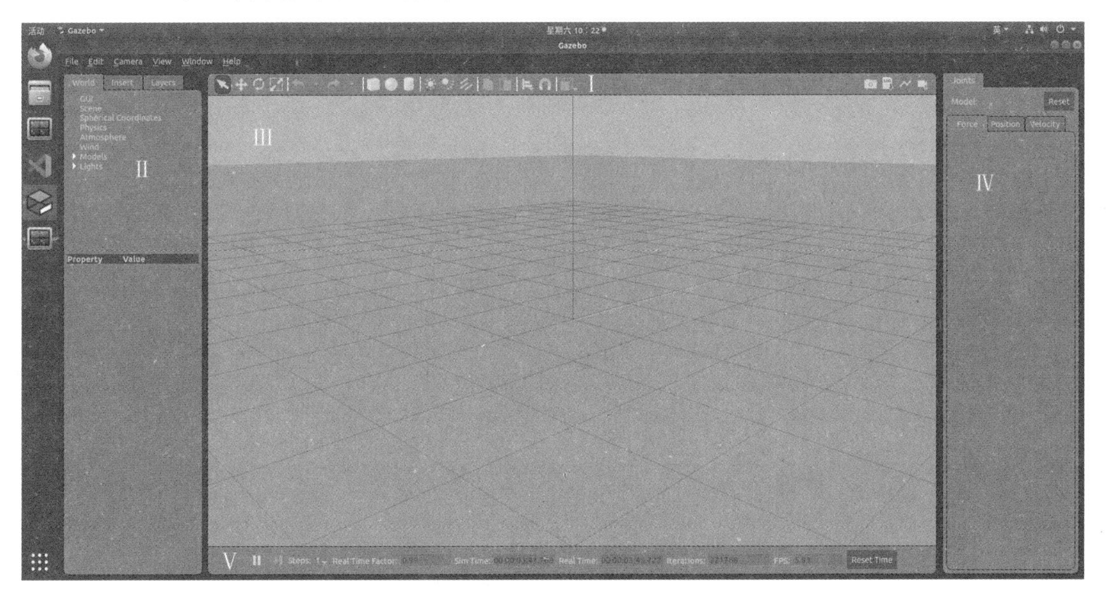

图 11-1　Gazebo 的 UI 界面

I：主工具栏，包括一些常用的与模拟器交互的按钮。三维实体操作按钮，包括移动、旋转和缩放对象等；三维实体创建按钮，包括立方体、球体、圆柱体等；光源模式选择按钮，包括日光、灯光等；几何操作按钮，包括对齐、捕捉、视角转换等。

II：左侧面板，主要包括 World、Insert、Layers 三个选项卡。

① World：世界选项卡，显示当前在场景中的模型，并允许用户查看和修改模型参数，还可以通过展开 GUI 选项并调整相机姿态来更改相机视角。

② Insert：插入选项卡，在仿真的工程项目中添加新对象或模型。通过单击小三角来展开文件夹就可以查看模型列表。

③ Layers：图层选项卡，在 Gazebo 的图层中可以包含一个或多个模型。Layers 选项卡用于组织和显示模拟器中可用的不同可视化组。

III：主显示区，这是 Gazebo UI 界面的主要组成部分，主要用来显示仿真模型及其仿真环境，操作者可以在这里操作仿真模型，使其与环境进行交互。

IV：右侧面板，单击并拖动右侧边框栏可以将其打开。右侧面板主要用于仿真模型的运动部件相关信息的交互，主要包括 Force、Position 和 Velocity 三个选项卡。如果未在主显示区中选中任何模型，则右侧面板中不会显示任何信息。

V：底部工具栏，主要提供有关时间的数据显示（模拟时间、实时时间、迭代次数等），以及仿真的执行与暂停按钮。

在 Gazebo 中，常用的操作方法是按“Shift 键+鼠标左键”转换视角，按“鼠标左键”平移视角，滚动“滚轮”缩放大小。

3. Gazebo 的建模

Gazebo 中有两种建模（创建仿真环境）的方法，一种是直接插入系统自带模型，另一种是通过 Building Editor 进行手动建模。

（1）直接插入系统自带模型。

在 Gazebo 左侧的模型列表中，罗列了所有可使用的模型。选择需要使用的模型，放置在主显示区中，就可以在仿真环境中添加智能机器人和外部物体等仿真实例了。图 11-2 所示为在 Gazebo 中直接插入 PR2 机器人模型。

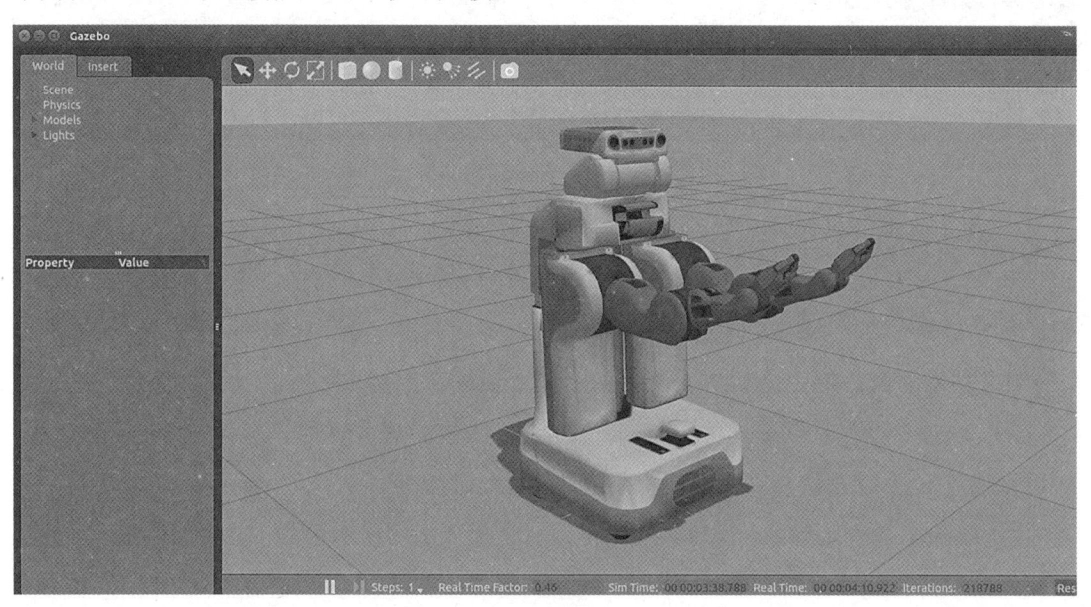

图 11-2　在 Gazebo 中直接插入 PR2 机器人模型

（2）通过 Building Editor 进行手动建模。

在 Gazebo 菜单栏中选择 Edit→Building Editor 选项，或者通过“Ctrl+B”快捷键，就可以打开 Building Editor 的界面。选择左侧的绘图面板，然后在绘图面板中选择需要导入的元素，对于已经导入的元素，可对元素参数进行编辑。

在上侧窗口中使用鼠标绘制，在下侧窗口中即可实时显示绘制的仿真环境。

仿真环境创建完成后，就可以加载智能机器人模型并进行仿真了，我们在后续的学习过程中会详细学习智能机器人模型仿真的过程，这里对 Gazebo 有一个整体的认识即可。

项目设计

根据工作任务要求，可以将本工作任务分解为空白场景、定位与导航测试场景、室内场景的调用操作和智能机器人的仿真控制操作。根据分解的任务内容，需要通过 launch 文件实现相关操作。

项目实施

1）启动 Gazebo

智能机器人功能包默认提供三个主要的仿真场景：空白场景、定位与导航测试场景和室内场景，用户可以仿照这三个场景在 Gazebo 上建立自己的场景。

第一次在 Gazebo 软件上打开场景时，软件会自动下载所需的标准模型库，这会占用比较多的时间。我们可以提前把所需的模型库下载好，然后放到远程计算机的目录~/.gazebo/models 下面。

2）仿真环境加载

（1）空白场景。

下面用 Gazebo 打开一个空白的虚拟仿真环境，这个仿真环境中只加载了一个智能机器人的本体。输入以下命令，在 Gazebo 中加载智能机器人和仿真环境。

```
export TRANSBOT_MODEL=normal
roslaunch transbot_gazebo transbot_empty_world.launch
```

Gazebo 是一款三维仿真平台，由于使用了物理引擎和图形渲染效果，因此会占用大量的 CPU、GPU 和 RAM 的资源。根据使用的计算机的规格，可能需要相当长的时间来加载。

运行上述文件，除会加载智能机器人本体外，还会同时运行 gazebo、gazebo_gui、mobile_base_nodelet_manager、robot_state_publisher 和 spawn_mobile_base 等节点，运行完成后，我们会看到智能机器人出现在 Gazebo 屏幕上。空白场景智能机器人加载如图 11-3 所示。

（2）定位与导航测试场景。

Gazebo 中的定位与导航测试场景由形状简单的立体图形组成，主要用于 SLAM 和 Navigation 等测试。输入以下命令，在 Gazebo 中加载智能机器人和定位与导航测试场景。

```
export TRANSBOT_MODEL=normal
roslaunch transbot_gazebo transbot_world.launch
```

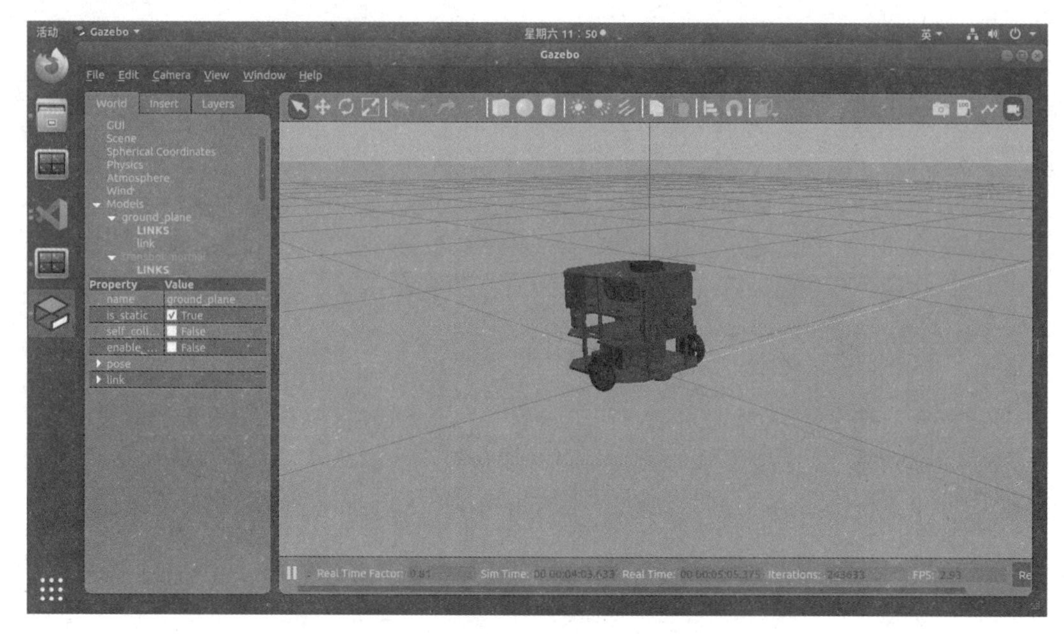

图 11-3　空白场景智能机器人加载

定位与导航测试场景智能机器人加载如图 11-4 所示。

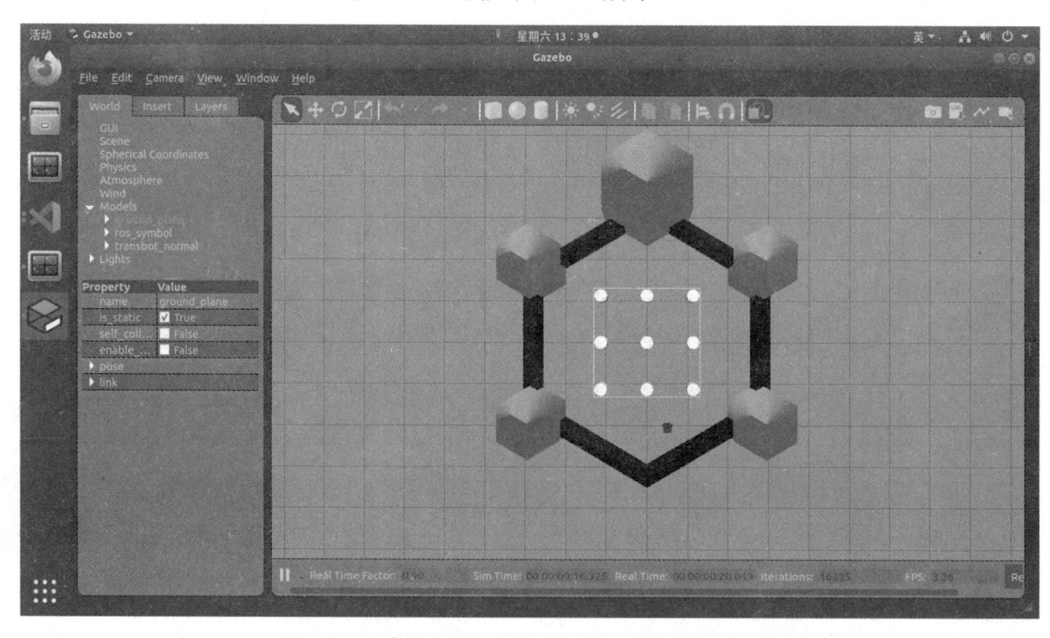

图 11-4　定位与导航测试场景智能机器人加载

（3）室内场景。

Gazebo 中的室内场景是按照一个房间的图纸制成的地图。它适用于复杂的智能机器人任务的相关测试。输入以下命令，在 Gazebo 中加载智能机器人和室内场景。

```
export TRANSBOT_MODEL=normal
roslaunch transbot_gazebo transbot_house.launch
```

如果室内场景为首次使用，则根据下载速度，下载场景文件将花费几分钟或更长时间。室内场景智能机器人加载如图 11-5 所示。

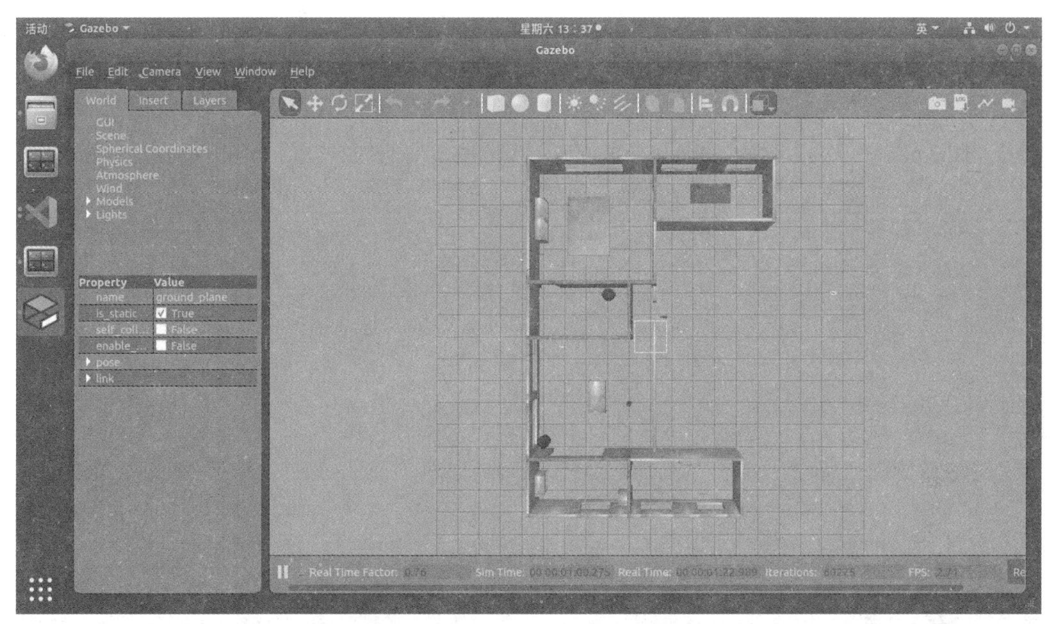

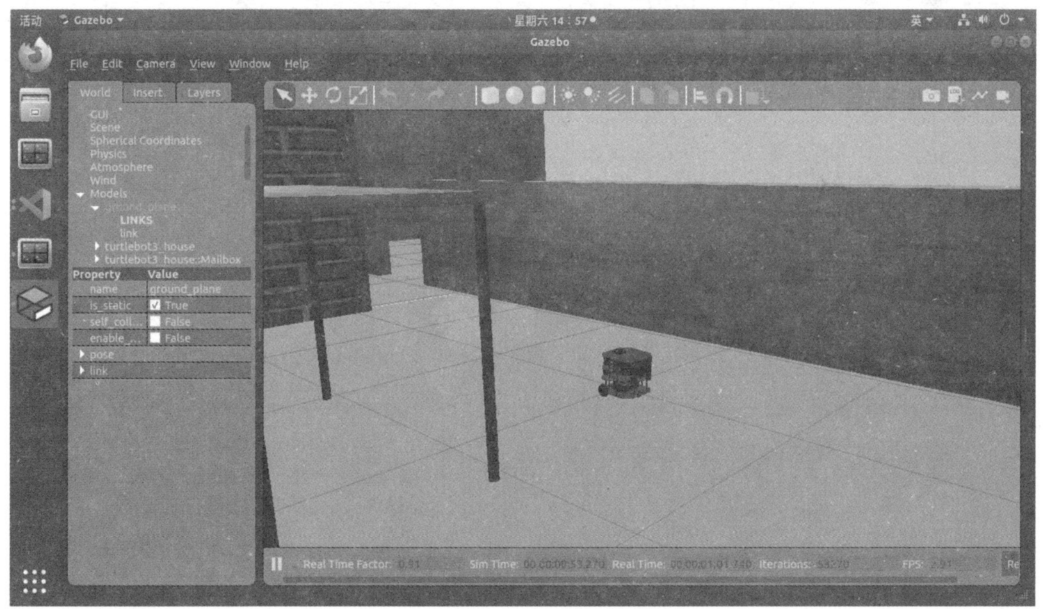

图 11-5　室内场景智能机器人加载

3）控制智能机器人移动

加载完不同的仿真环境之后，接下来的步骤就是在仿真环境下控制智能机器人的移动。

加载定位与导航测试场景和智能机器人模型。

```
export TRANSBOT_MODEL=normal
```

```
roslaunch transbot_gazebo transbot_world.launch
```

为了实现控制智能机器人移动的目的，需要打开键盘控制节点。

```
roslaunch transbot_teleop transbot_teleop_key.launch
```

这个时候，就可以在 Gazebo 仿真环境下通过键盘控制智能机器人移动了，如图 11-6 所示。

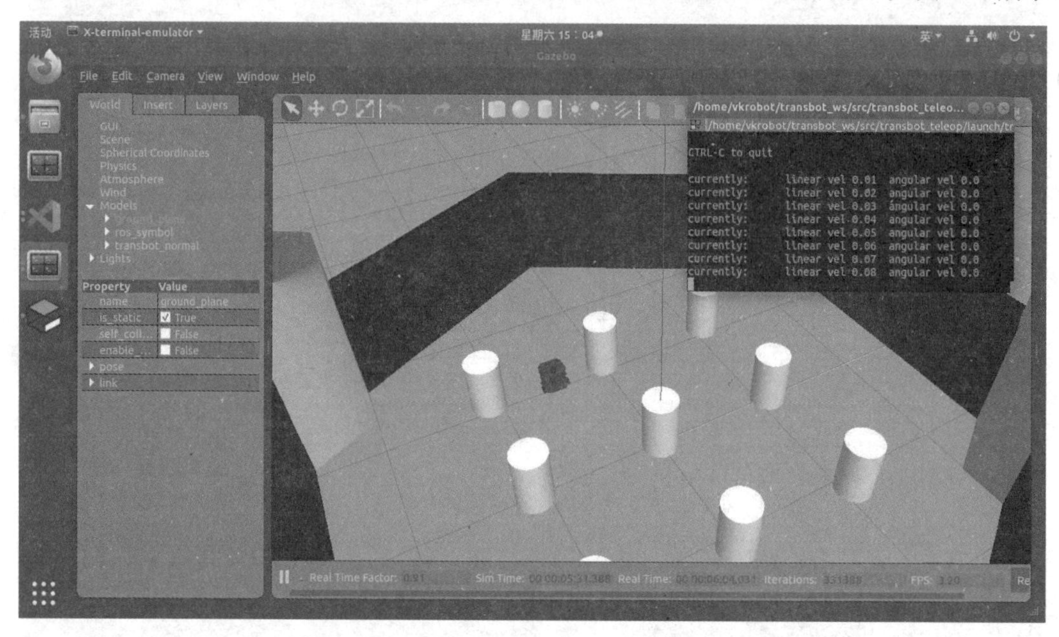

图 11-6　在 Gazebo 仿真环境下通过键盘控制智能机器人移动

4）Gazebo 中智能机器人自主仿真移动

到现在为止，Gazebo 中的仿真与项目 10 中介绍的使用 RVIZ 的仿真相同。然而，Gazebo 不仅可以提供虚拟智能机器人的外形，还可以检测机体的碰撞，并可以测量位置，同时能虚拟地使用 IMU 传感器和相机传感器。一个使用这些功能的例子是下面的启动文件。启动后，智能机器人在规定的环境中随机移动，如图 11-7 所示，以避免撞到障碍物或撞墙。这是学习 Gazebo 的一个很好的例子。

加载定位与导航测试场景和智能机器人模型。

```
export TRANSBOT_MODEL=normal
roslaunch transbot_gazebo transbot_world.launch
```

加载智能机器人驱动器。

```
export TRANSBOT_MODEL=normal
roslaunch transbot_gazebo transbot_simulation.launch
```

5）在 RVIZ 上检测仿真数据

加载定位与导航测试场景和智能机器人模型。

```
export TRANSBOT_MODEL=normal
roslaunch transbot_gazebo transbot_world.launch
```

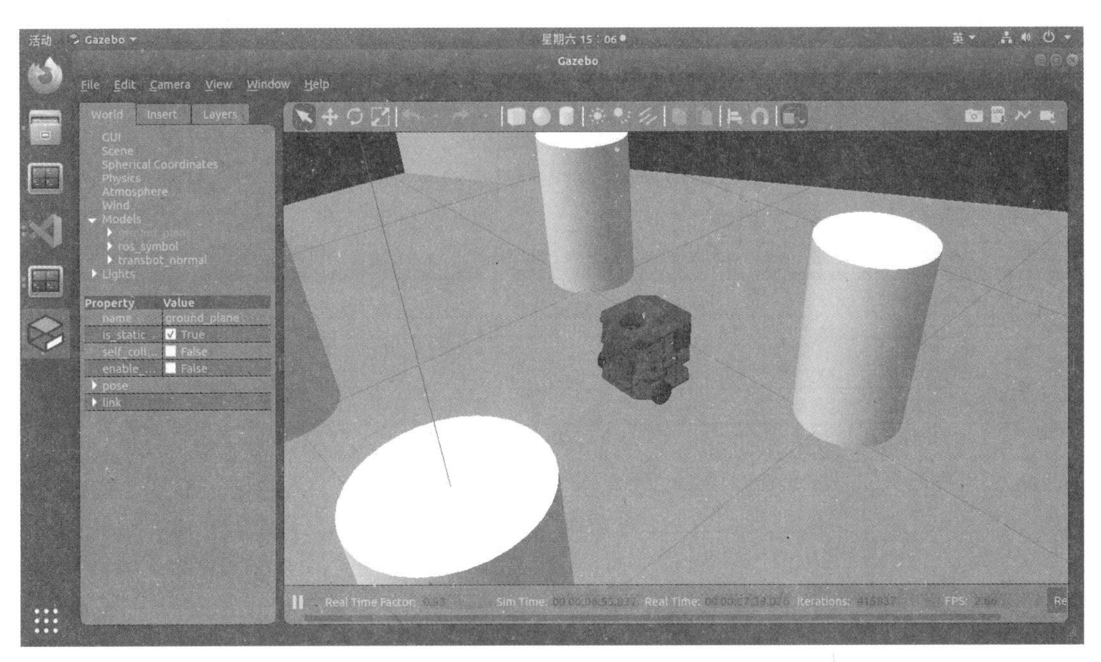

图 11-7　智能机器人在规定的环境中随机移动

当智能机器人在 Gazebo 仿真环境下运行时，我们可以通过 RVIZ 查看智能机器人的位置、与传感器的距离和相机图像等仿真环境数据，如图 11-8 所示。这与通过 RVIZ 观察真实机器人的状态是一样的，这样就可以让仿真环境下的调试尽量与真实环境下的调试保持一致。打开新的终端窗口，输入以下命令。

```
export TRANSBOT_MODEL=waffle
roslaunch transbot_gazebo transbot_gazebo_rviz.launch
```

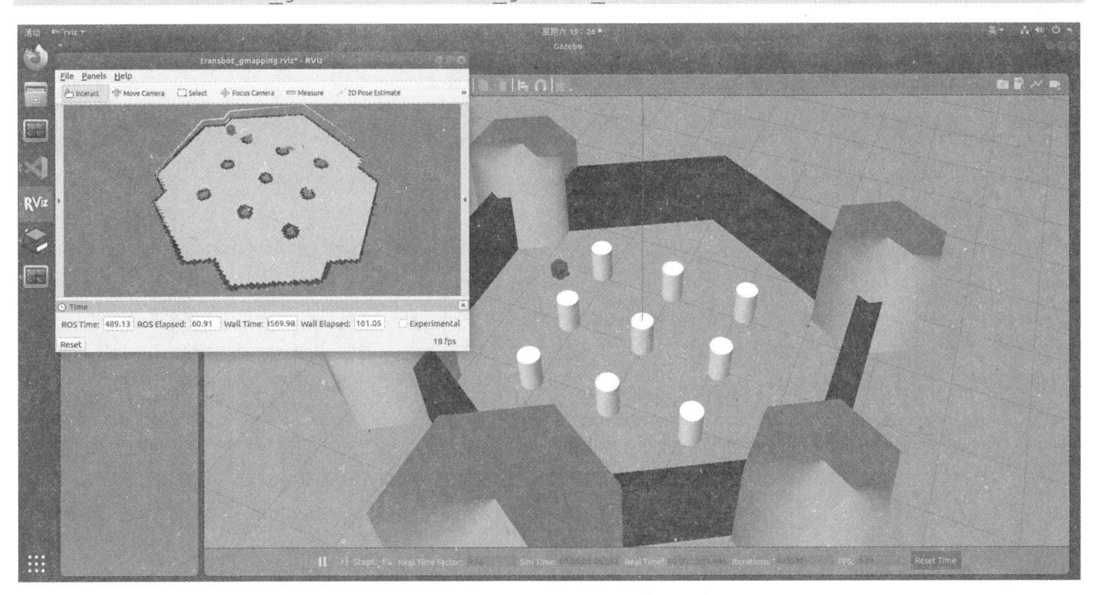

图 11-8　通过 RVIZ 查看 Gazebo 仿真环境数据

项目评价

填写表 11-1 所示任务过程评价表。

表 11-1　任务过程评价表

任务实施人姓名________________学号________________ 时间__________

评价项目及标准		分值/分	小组评议	教师评议
技术能力	1．基本概念熟悉程度	10		
	2．空白场景调用操作	10		
	3．定位与导航测试场景调用操作	10		
	4．室内场景调用操作	10		
	5．智能机器人移动控制操作	10		
	6．在 RVIZ 上查看仿真环境数据操作	10		
执行能力	1．出勤情况	5		
	2．遵守纪律情况	5		
	3．是否主动参与，有无提问记录	5		
	4．有无职业意识	5		
社会能力	1．能否有效沟通	5		
	2．能否使用基本的文明礼貌用语	5		
	3．能否与组员主动交流、积极合作	5		
	4．能否自我学习及自我管理	5		
		100		
评定等级：				
评价意见		学习意见		
评定等级：A 为优，90 分<得分≤100 分；B 为好，80 分<得分≤90 分；C 为一般，60 分<得分≤80 分；D 为有待提高，0 分≤得分≤60 分				

第 3 篇

智能机器人的开发

项目 12　智能机器人行走

项目要求

在 PC 端控制智能机器人以 0.3m 为半径做圆周运动。

知识导入

智能机器人是在机器人的基础上演进产生的一种新型的机器人种类。机器人是一种自动化装备，其主要通过人类事先编制好的工作程序完成特定的功能。随着人工智能技术的成熟，在传统机器人的基础上，将人工智能技术与机器人技术相结合，产生了智能机器人。此外，智能机器人的感知系统与传统的传感器有了本质的区别，具有了更接近于人类的感知系统，这为智能机器人实现自主智能控制提供了坚实的基础。下面以图 12-1 所示的智能机器人为例介绍智能机器人的移动实现。

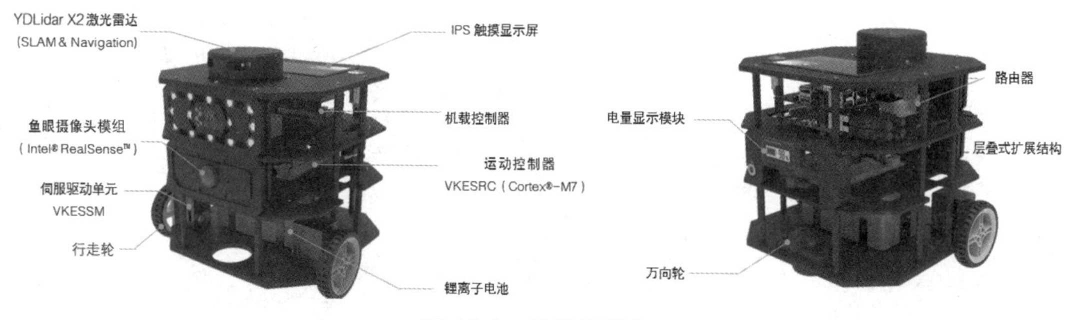

图 12-1　智能机器人

这里智能机器人的动力来源采用的是 VKESSM-A2 系列伺服驱动单元，该驱动单元具有体积小、简单易用、扩展灵活等特点。该智能机器人采用的运动控制器是 VKESRC。VKESRC 的主芯片采用的是 STM32F7 系列，开发环境是 Arduino IDE，界面非常友善。

在该智能机器人中配置了 160° 鱼眼摄像头模组，输出图像的分辨率最高可达 1080p，输出帧率最高可达 60 帧/秒。

在该智能机器人中配置了 EAI 公司的 YDLidar X2 激光雷达，它采用三角测距原理，并配以相关光学、电学、算法设计，实现高频高精度的距离测量，可以实现 360°扫描测距。

该智能机器人采用的内部传感器主要是编码器，通过检测智能机器人两个行走轮单位时间内转动的圈数，来检测智能机器人的速度、角度、里程等信息。编码器采用霍尔传感器，体积小，可直接安装到电动机上，信号线连接到主控板的编码器接口上。

该智能机器人采用了分布式控制系统，机载控制器和 PC 均安装了 ROS 系统。机载控制器采用的是 Raspberry Pi 4，它是基于 Linux 系统的微型计算机，这是理想的智能机器人控制器方案。

1. 基于 ROS 的智能机器人运动控制

智能机器人的运动控制是通过机载控制器和运动控制器实现的，机载控制器负责计算与功能应用，运动控制器负责智能机器人底盘的移动响应，机载控制器与运动控制器之间通过串口通信的方式进行数据传输。下面以一个具体的智能机器人为例，对智能机器人运动控制的实现进行介绍。

智能机器人的控制系统采用“分布式+上下位机”的系统架构，其中 PC 与智能机器人的 Raspberry Pi 4 机载控制器构成分布式控制系统，在这一分布式控制系统中，PC 和 Raspberry Pi 4 之间通过 Wi-Fi 进行数据通信；Raspberry Pi 4 机载控制器与 VKESRC 运动控制器之间通过串口进行数据通信。完整的智能机器人控制系统架构如图 12-2 所示。

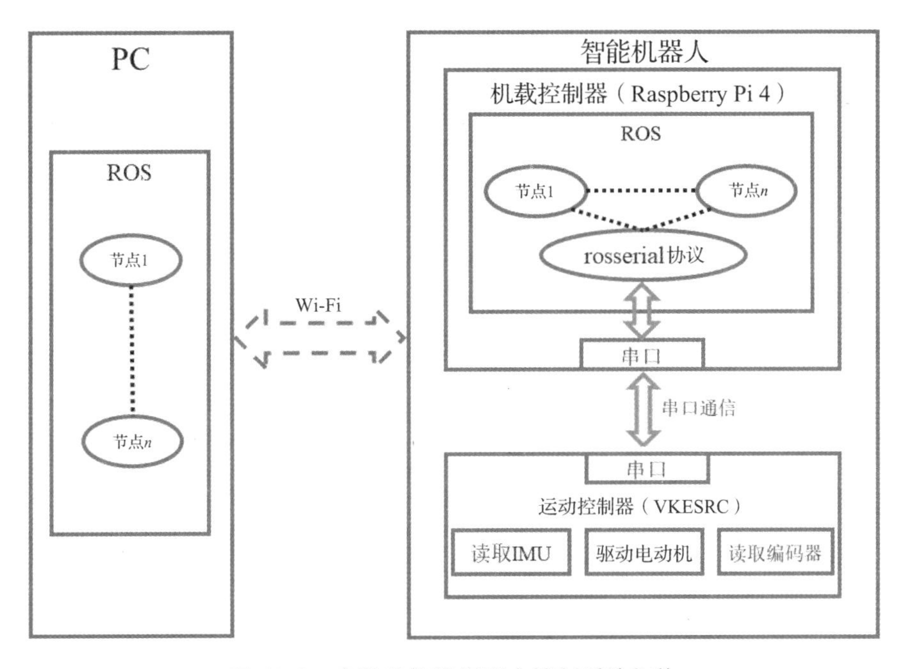

图 12-2　完整的智能机器人控制系统架构

智能机器人的 Raspberry Pi 4 机载控制器与 VKESRC 运动控制器之间通过串口进行数据通信，在 ROS 系统中需要对机载控制器的串口进行控制，ROS 系统提供了 rosserial 协议实现对串口的相关操作。rosserial 协议是用于非 ROS 设备与 ROS 设备进行通信的一种协议。它为非 ROS 设备的应用提供了 ROS 节点和话题的发布/订阅功能，使在非 ROS 环境中运行的应用能够通过串口或网络轻松地与 ROS 应用进行数据交互。rosserial 协议架构分为客户端和服务器两部分。rosserial 客户端运行在非 ROS 环境中，通过串口或网络与运行在 ROS 环境中的 rosserial 服务器连接，并通过服务器节点在 ROS 中发布/订阅话题。ROS 系统中的 rosserial 协议架构如图 12-3 所示。

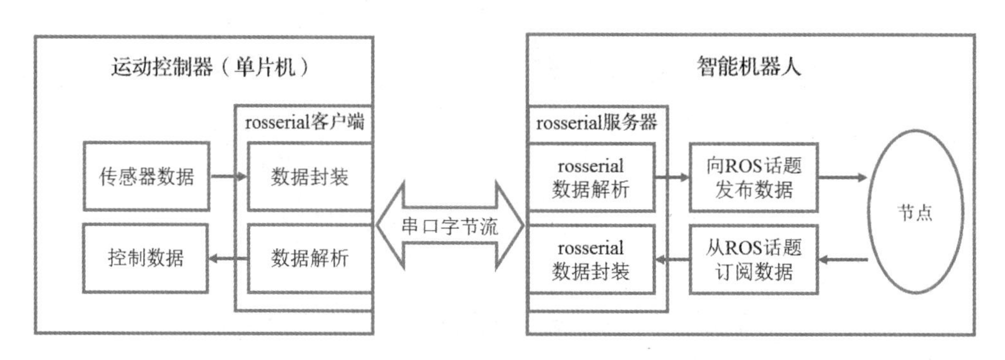

图 12-3　ROS 系统中的 rosserial 协议架构

1）rosserial 服务器

rosserial 服务器是运行在 ROS 设备中的一个节点，作为串行协议和 ROS 网络的连接部分。rosserial 服务器有 C++和 Python 两种语言的实现。

rosserial_python 功能包是一个基于 Python 的 rosserial 协议实现。它包含主机端 rosserial 连接的 Python 实现，能够自动处理所连接的支持 rosserial 协议的设备的配置、发布和订阅，值得注意的是，需要事先安装 pyserial 模块才能使用。

rosserial_python 功能包的 serial_node.py 节点，与启用了 rosserial 协议的设备通过串口通信。该节点根据存储在设备中的配置信息自动启动订阅节点和发布节点。要使节点以指定的波特率与指定的串口设备连接，如设备端口号为/dev/ttyACM1，则必须在命令行上指定参数。

```
rosrun rosserial_python serial_node.py _port:=/dev/ttyACM1 _baud:=115200
```

也可以通过 launch 文件指定以下参数。

```
<launch>
  <node pkg="rosserial_python" type="serial_node.py" name="serial_node">
    <param name="port" value="/dev/ttyACM1"/>
    <param name="baud" value="115200"/>
```

```
  </node>
</launch>
```

rosserial_server 功能包包含主机端 rosserial 连接的 C++实现。它会自动处理已连接的启用 rosserial 协议的设备的配置、发布和订阅。

这些节点使用 topic_tools/ShapeShifter 元消息来发布来自客户端的消息，而不必编译它们。这种方法的唯一缺点是服务器没有消息的完整文本定义（因为消息不是存储在客户端或部分 rosserial 协议中的）。这种方法使用 rosserial_python 功能包中的 message_info_service.py 节点提供的辅助服务，该服务允许 C++驱动程序查找消息定义和散列字符串，而这些消息定义和散列字符串在编译时是未知的，因此该服务可以完全发布来自微控制器的话题。

rosserial_server 功能包提供 serial_node 和 socket_node 两个节点，分别用于串口连接和网络套接字连接。rosserial_server 功能包提供了启动文件来启动串口连接。serial_node 节点的启动命令如下。

```
roslaunch rosserial_server serial.launch port:=/dev/ttyUSB0
```

可以使用 launch 文件启动 socket_node 节点，其默认监听端口为 11411 端口。

```
roslaunch rosserial_server socket.launch
```

2）rosserial 客户端

rosserial_client 功能包包含通用的 rosserial 客户端实现，它主要是为微控制器设计的，可以在具有 ANSI C++编译器及运行 ROS 的 PC 的串口连接的任何处理器上运行。当前，rosserial_client 功能包如下。

（1）rosserial_arduino。

（2）rosserial_embeddedlinux。

（3）rosserial_windowsrosserial_mbed。

（4）rosserial_tivac。

（5）rosserial_vex_v5。

（6）rosserial_vex_cortex。

（7）rosserial_stm32。

（8）ros-teensy。

2. 智能机器人的分布式控制实现

1）智能机器人的网络配置

ROS 系统是一种基于分布式计算的软件环境。ROS 系统可以包含分布在不同计算设备上的多个节点，只要对 ROS 系统的网络参数进行正确的配置，则任意节点可以在任意时间与任意其他节点进行通信。在 ROS 系统中，为了实现分布式计算，需要事先进行网络配置。完成网络配置后，在进行分布式计算之前需要进行网络登录。

前面介绍过智能机器人的控制系统包含远程 PC 和智能机器人机载控制器，它们之间是通过 Wi-Fi 和 ROS 系统通信机制联系在一起的。ROS 系统需要事先对远程 PC 和智能机器人机载控制器进行网络配置。

（1）智能机器人机载控制器的网络配置。

远程 PC 和智能机器人机载控制器需要连接到同一个局域网内，这一点可以通过智能机器人的机载无线路由器实现。在默认情况下，智能机器人机载控制器已经通过有线的方式连接到机载无线路由器上，IP 地址默认为 192.168.1.101。我们可以通过下面的命令查看智能机器人机载控制器的 IP 地址。

```
ipconfig
```

图 12-4 所示矩形框中的文本字符串是智能机器人机载控制器的 IP 地址。

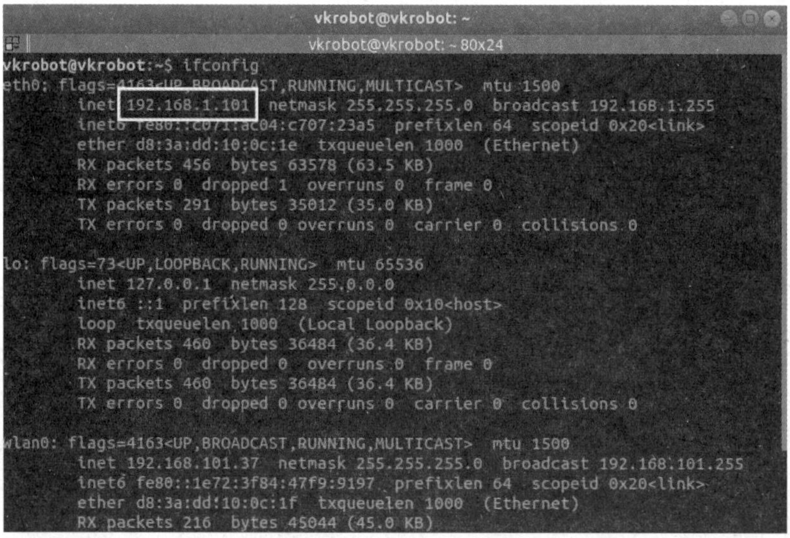

```
vkrobot@vkrobot: ~
vkrobot@vkrobot: ~ 80x24
vkrobot@vkrobot:~$ ifconfig
eth0: flags=4163<UP,BROADCAST,RUNNING,MULTICAST>  mtu 1500
        inet 192.168.1.101  netmask 255.255.255.0  broadcast 192.168.1.255
        inet6 fe80::c071:ac04:c707:23a5  prefixlen 64  scopeid 0x20<link>
        ether d8:3a:dd:10:0c:1e  txqueuelen 1000  (Ethernet)
        RX packets 456  bytes 63578 (63.5 KB)
        RX errors 0  dropped 1  overruns 0  frame 0
        TX packets 291  bytes 35012 (35.0 KB)
        TX errors 0  dropped 0 overruns 0  carrier 0  collisions 0

lo: flags=73<UP,LOOPBACK,RUNNING>  mtu 65536
        inet 127.0.0.1  netmask 255.0.0.0
        inet6 ::1  prefixlen 128  scopeid 0x10<host>
        loop  txqueuelen 1000  (Local Loopback)
        RX packets 460  bytes 36484 (36.4 KB)
        RX errors 0  dropped 0  overruns 0  frame 0
        TX packets 460  bytes 36484 (36.4 KB)
        TX errors 0  dropped 0 overruns 0  carrier 0  collisions 0

wlan0: flags=4163<UP,BROADCAST,RUNNING,MULTICAST>  mtu 1500
        inet 192.168.101.37  netmask 255.255.255.0  broadcast 192.168.101.255
        inet6 fe80::1e72:3f84:47f9:9197  prefixlen 64  scopeid 0x20<link>
        ether d8:3a:dd:10:0c:1f  txqueuelen 1000  (Ethernet)
        RX packets 216  bytes 45044 (45.0 KB)
```

图 12-4　智能机器人机载控制器的 IP 地址

首先，输入以下命令。

```
nano ~/.bashrc
```

在文档的末尾添加 ROS_MASTER_URI 和 ROS_HOSTNAME 两个全局变量的赋值语句，将 ROS_MASTER_URI 的 IP 地址设置成远程 PC 的 IP 地址，这里为 192.168.1.102，将 ROS_HOSTNAME 的 IP 地址设置成智能机器人机载控制器的 IP 地址，这里为 192.168.1.101，如图 12-5 所示。

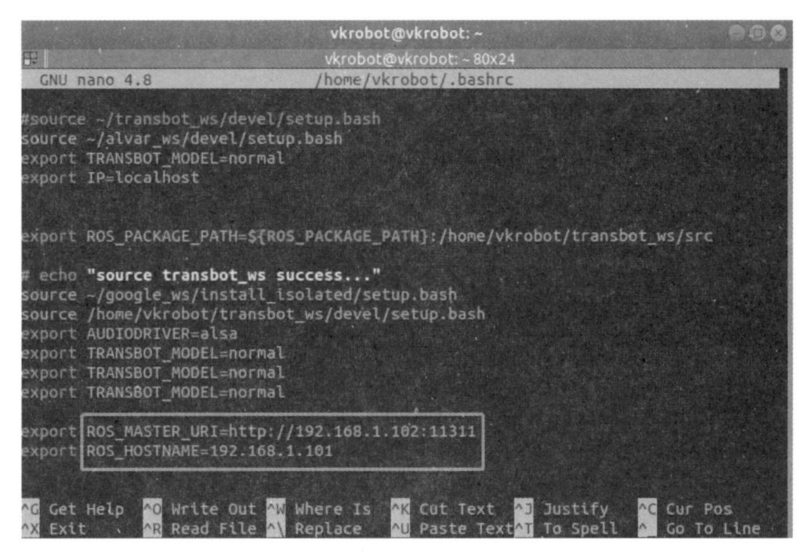

图 12-5　智能机器人机载控制器的网络配置

然后，使用以下命令使刚才修改的 bashrc 文件生效。

```
source ~/.bashrc
```

到这里，智能机器人机载控制器的网络配置已经完成。

（2）远程 PC 的网络配置。

单击远程 PC 桌面上的无线网络图标，连接智能机器人的机载无线路由器后，输入以下命令，查看远程 PC 的 IP 地址。

```
ipconfig
```

图 12-6 所示矩形框中的文本字符串是远程 PC 的 IP 地址。

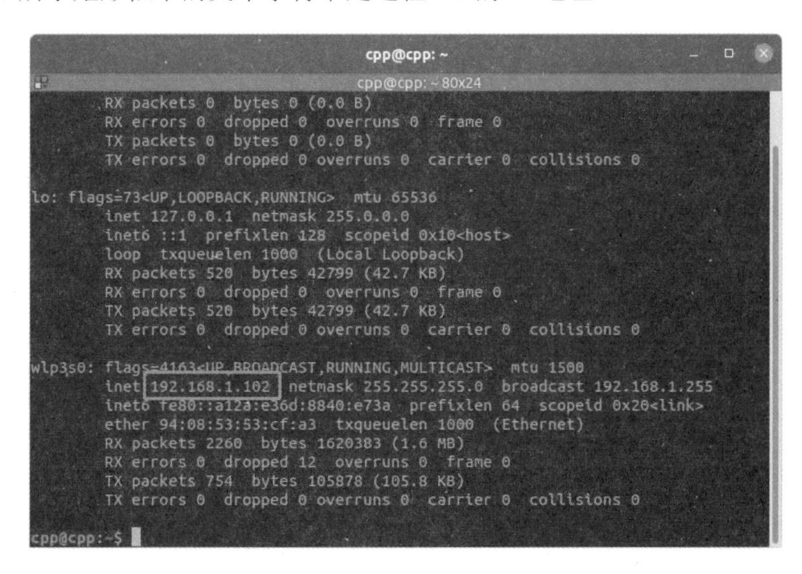

图 12-6　远程 PC 的 IP 地址

首先，输入以下命令。

```
sudo vim ~/.bashrc
```

在文档的末尾添加 ROS_MASTER_URI 和 ROS_HOSTNAME 两个全局变量的赋值语句，将 ROS_MASTER_URI 和 ROS_HOSTNAME 的 IP 地址均设置成远程 PC 的 IP 地址，其值为 192.168.1.102，如图 12-7 所示。

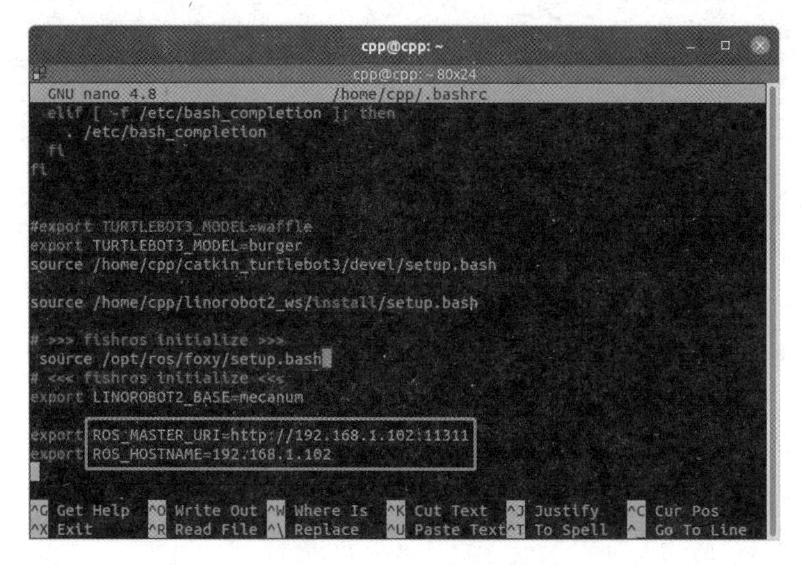

图 12-7　远程 PC 的网络配置

然后，使用以下命令使刚才修改的 bashrc 文件生效。

```
source ~/.bashrc
```

到这里，远程 PC 的网络配置已经完成。

2）智能机器人的远程登录

要在远程 PC 端实现对智能机器人的控制，除要事先配置好远程 PC 和智能机器人机载控制器的网络外，在进行操作控制之前，还需要通过网络在远程 PC 端登录智能机器人。在进行网络登录时，一般采用 SSH 登录方式。

SSH 是一种网络协议，用于 PC 之间的加密登录。如果一个用户从本地 PC，使用 SSH 登录一台远程 PC，就可以认为这种登录是安全的，即使信息被中途截获，密码也不会泄露。早期，互联网都是明文通信的，一旦信息被截获，内容就暴露无遗。1995 年，芬兰学者 Tatu Ylonen 设计了 SSH 协议，将登录信息全部加密，这成为互联网安全的一个基本解决方案，迅速在全世界获得推广，目前已经成为 Linux 系统的标准配置。

SSH 只是一种协议，存在多种实现，既有商业实现，又有开源实现。下面介绍在 Linux 系统中进行 SSH 登录的操作。

假定要以用户名 user，登录远程主机 host，那么只要一条简单命令就可以了。

```
ssh user@host
```

例如，ssh pika@192.168.0.111。

如果本地用户名与远程用户名一致，那么登录时可以省略用户名。

```
ssh host
```

SSH 协议的默认端口是 22 端口，也就是说，登录请求会送入远程主机的 22 端口。使用 p 参数，可以修改这个端口。

```
ssh -p 2222 user@host
```

上面这条命令表示，SSH 协议直接连接远程主机的 2222 端口。

如果是第一次登录对方主机，那么系统会出现下面的提示。

```
$ ssh user@host
The authenticity of host 'host (12.18.429.21)' can't be established.
RSA key fingerprint is 98:2e:d7:e0:de:9f:ac:67:28:c2:42:2d:37:16:58:4d.
Are you sure you want to continue connecting (yes/no)?
```

这是在提示无法确认 host 主机的真实性，只知道它的公钥，问是否继续连接。

很自然的一个问题就是，用户怎么知道远程主机的公钥应该是多少？回答是，没有好办法，远程主机必须在自己的网站上贴出公钥，以便用户自行核对。

假定经过风险衡量后，用户决定继续连接。

```
Are you sure you want to continue connecting (yes/no)? yes
```

那么系统会出现一句提示，表示 host 主机已经得到认可。

```
Warning: Permanently added 'host,12.18.429.21' (RSA) to the list of known
hosts.
```

之后，系统会要求输入密码。

```
Password: (enter password)
```

如果密码正确，就可以登录了。

登录成功后，远程主机的公钥就会被保存在文件$HOME/.ssh/known_hosts 之中。当下次连接这台主机时，系统就会认出它的公钥已经保存在本地了，从而跳过警告部分，直接提示输入密码。

项目设计

智能机器人用 Raspberry Pi 4 作为机载控制器（主控制器），任务要求使用远程 PC 控制智能机器人。根据智能机器人的控制系统架构，需要采用分布式控制系统，远程 PC 可以通过 SSH 协议远程登录智能机器人，实现对智能机器人的控制，因此需要对智能机器人机载控制器和远程 PC 进行网络配置。

根据智能机器人运动控制的机制，要实现智能机器人预定的运动，需要利用发布/订阅相应的话题来控制数据的发送，因此需要开发相应的控制节点代码。RVIZ 提供了一种十分方便的可视化验证途径，为了方便调试控制节点代码和验证运行结果，可以在 RVIZ 中调用智能机器人的模型，借助 RVIZ 的仿真环境进行代码调试。

项目实施

（1）启动远程 PC 和智能机器人。

将智能机器人上电，进入 Ubuntu 系统；按下智能机器人电源按钮，智能机器人机载控制器进入 Ubuntu 系统。

（2）对远程 PC 和智能机器人机载控制器的网络参数进行配置。

在远程PC端使用vim命令在bashrc文件中追加ROS_MASTER_URI和ROS_HOSTNAME两个全局变量，在智能机器人机载控制器端使用 nano 命令在 bashrc 文件中追加 ROS_MASTER_URI 和 ROS_HOSTNAME 两个全局变量，具体操作可以参看知识导入部分的介绍。

（3）在远程 PC 端的 catkin_ws 工作空间中创建 move_control 功能包。

```
cd ~/catkin_ws/src
catkin_create_pkg move_control rospy std_msgs
```

（4）在远程 PC 端建立 scripts 目录，编译工作空间。

```
cd move_control
mkdir scripts
cd ~/catkin_ws
catkin_make && source ./devel/setup.bash
```

（5）在远程 PC 端编写智能机器人圆周运动控制节点代码并进行编译。

在/catkin_ws /src/move_control/scripts 文件夹下编写 transbot_circle.py 代码文件，可查看本书的代码文件。

```
gedit transbot_circle.py
```

对该节点的代码文件进行编译，相关编译操作已在前面介绍，在此不再重复。

（6）在远程 PC 端启动 master 节点。

在远程 PC 端输入以下命令，启动 ROS 系统的 master 节点。

```
roscore
```

（7）在远程 PC 端登录到智能机器人机载控制器。

通过 SSH 协议远程登录到智能机器人机载控制器，这里需要输入机载控制器在局域网中的用户名和 IP 地址，用户名默认为 transbot，IP 地址为 192.168.1.101，然后根据提示输入密码，密码默认为 vkrobot。当成功登录到机载控制器时，命令窗口输入栏的用户名会变为 transbot。

在远程 PC 端输入以下命令。

```
ssh transbot@192.168.1.101
```

（8）运行智能机器人的启动节点。

这里主要是启动智能机器人上相关传感器的功能包，涉及的传感器主要包括 IMU、激光雷达、USB 摄像头等，由于这里涉及的传感器较多，因此将相关传感器的启动操作进行集成，编写成 launch 文件，从而提高操作效率。编写的 launch 文件可参见本书提供的 transbot_robot.launch。

在智能机器人机载控制器端输入以下命令。

```
roslaunch transbot_bringup transbot_robot.launch
```

如果不希望启动全部的传感器，那么可以单独启动对应的 launch 文件。

（9）在远程 PC 端的 RVIZ 中加载智能机器人模型。

在远程 PC 端启动 robot_state_publisher 节点并运行 RVIZ。在远程 PC 端打开一个终端窗口，输入以下命令。

```
export TRANSBOT_MODEL=normal
roslaunch transbot_bringup transbot_remote.launch
```

因为智能机器人支持不同的驱动方式，包括差速轮驱动、麦克纳姆轮驱动、全向轮驱动和舵轮驱动 4 种，所以在加载智能机器人模型之前，必须指定智能机器人的具体驱动方式。智能机器人通过环境变量 TRANSBOT_MODEL 设置所要使用的驱动方式，该环境变量对应的值有 normal、mecanum、omni 和 helm，分别对应差速轮驱动、麦克纳姆轮驱动、全向轮驱动和舵轮驱动，默认值是 normal。

为了以后不需要每次都设置 TRANSBOT_MODEL 环境变量，可以通过下面的命令将其设置到 bashrc 文件里面，这样在每次打开新的终端窗口时，都会自动完成设置。

```
echo " export TRANSBOT_MODEL=normal" >> ~/.bashrc
```

通过 transbot_remote.launch 文件启动 robot_state_publisher 节点，该节点由 ROS 官方提供，它将智能机器人的状态发布到 TF 树。一旦状态发布，则系统中同时使用 TF 树的所有组件都可以使用该状态。robot_state_publisher 功能包以智能机器人的关节角度为输入，利用智能机器人的 TF 树来确定智能机器人连杆的三维姿态。该功能包既可以用作库，又可以用作 ROS 节点。这个软件包经过了多次测试，代码很稳定。

在远程 PC 端打开一个新的终端窗口，输入以下命令。

```
rosrun rviz rviz -d `rospack find transbot_description`/rviz/model.rviz
```

命令执行后，打开 RVIZ，加载智能机器人模型，同时会可视化显示激光雷达等传感器的数据，具体如图 12-8 所示。

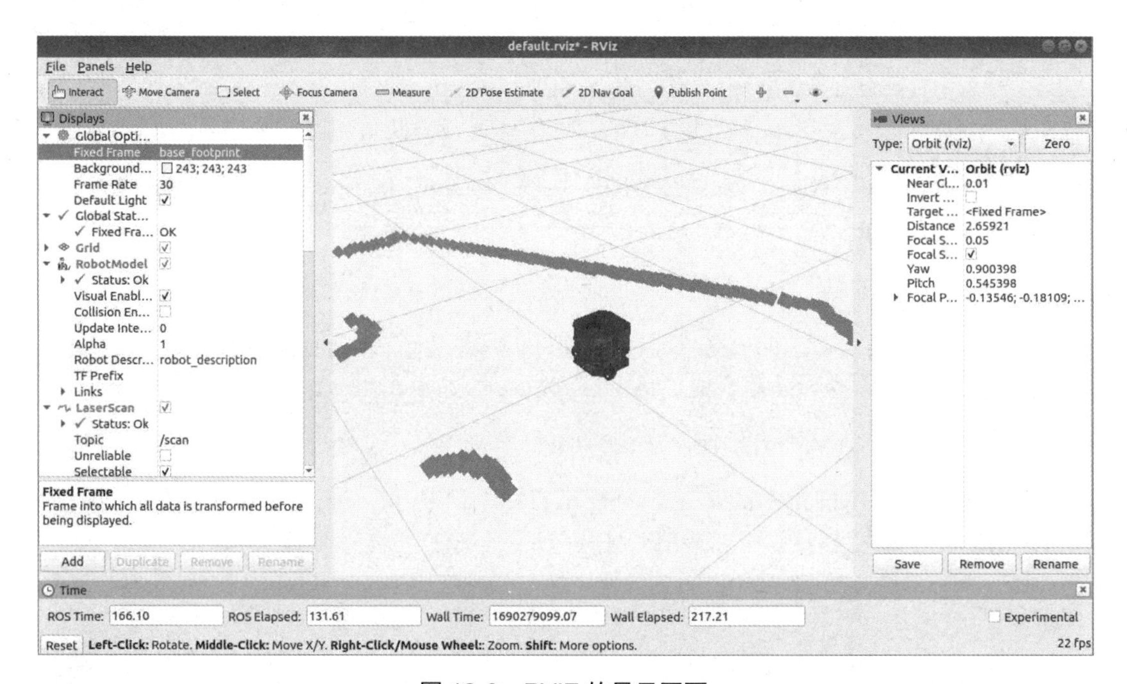

图 12-8　RVIZ 的显示画面

（10）在远程 PC 端运行 transbot_circle 节点，控制智能机器人做圆周运动。

在远程 PC 端打开一个新的终端窗口，输入以下命令。

```
rosrun transbot_circle.py
```

智能机器人将以 0.3m 为半径做圆周运动。

项目评价

填写表 12-1 所示任务过程评价表。

表 12-1　任务过程评价表

任务实施人姓名________________学号__________________时间__________

评价项目及标准		分值/分	小组评议	教师评议
技术能力	1．基本概念熟悉程度	10		
	2．远程 PC 和智能机器人机载控制器网络配置操作	10		
	3．网络登录操作	10		
	4．智能机器人运动控制代码编写	10		
	5．智能机器人运动控制代码调试	10		
	6．RVIZ 检测仿真操作	10		
执行能力	1．出勤情况	5		
	2．遵守纪律情况	5		
	3．是否主动参与，有无提问记录	5		
	4．有无职业意识	5		
社会能力	1．能否有效沟通	5		
	2．能否使用基本的文明礼貌用语	5		
	3．能否与组员主动交流、积极合作	5		
	4．能否自我学习及自我管理	5		
		100		
评定等级：				
评价意见		学习意见		
评定等级：A 为优，90 分<得分≤100 分；B 为好，80 分<得分≤90 分；C 为一般，60 分<得分≤80 分；D 为有待提高，0 分≤得分≤60 分				

项目 13　智能机器人装上慧眼

项目要求

在 PC 端远程调用智能机器人上的摄像头，显示实时图像，并截取图像画面。

知识导入

1. ROS 的视觉驱动安装

ROS 驱动与 Linux 驱动的意义完全不同。Linux 驱动在内核模式下获取硬件信息并反馈给用户。ROS 驱动则不同，它完全处于用户模式下，从 Linux 层面获取数据，并通过话题发送信息。

usb_cam 就是一个典型的 ROS 驱动，它并非 Linux 传统意义上的驱动，其实只是一个应用程序，通过 V4L2 接口设置摄像头并获取数据，利用 ROS 接口发布话题，供其他节点使用。

在 ROS 系统中，想要使用 USB 摄像头需要安装相应的驱动程序。其中，常用的摄像头功能包有 usb_cam 和 uvc_camera 两个。UVC（USB Video Class）即 USB 视频类，是一种为 USB 视频捕获设备定义的协议标准，ROS 系统中的 uvc_camera 功能包是针对该协议的摄像头驱动。usb_cam 功能包是针对 V4L2 视频采集框架的视觉采集设备驱动功能包。V4L2 是一个专门针对 Linux 系统下的驱动程序框架及设备输出 API，本书中将主要使用 usb_cam 功能包。要使用这个功能包，首先需要进行安装。

在前面的项目中已经指定 catkin_ws 为工作空间，这里仍然在此工作空间中安装 usb_cam 功能包。

usb_cam 功能包安装的主要步骤如下。

（1）进入工作空间，在工作空间下新建 usb_cam 文件夹，并在其下新建 src 文件夹。

```
cd ~/catkin-ws/
mkdir -p usb_cam/src
```

（2）进入 src 文件夹，使用 git 工具下载 usb_cam 功能包源代码。

```
cd usb_cam/src
git clone https://github.com/bosch-ros-pkg/usb_cam.git
```

（3）下载完成后，返回上一级文件夹 usb_cam，运行 catkin_make 对功能包进行编译，并配置环境变量。

```
cd ..
catkin_make
source ~/catkin-ws/devel/setup.bash
```

（4）进入 usb_cam 文件夹，测试 usb_cam 功能包是否配置好了。

```
roscd usb_cam
```

2. usb_cam 功能包简介

usb_cam 功能包的功能主要是通过节点中的相关话题进行数据传递，以及依靠相关参数的配置，对相关功能进行配置。usb_cam 功能包的核心节点是 usb_cam_node，相关的话题和参数配置如下。

（1）话题。

表 13-1 所示为 usb_cam 功能包中的话题。

表 13-1　usb_cam 功能包中的话题

	名称	类型	功能
话题	~<camera_name>/image	sensor_msgs/Image	发布图像数据

（2）参数。

表 13-2 所示为 usb_cam 功能包中的参数。

表 13-2　usb_cam 功能包中的参数

参数	类型	默认值	功能
~video_device	string	“dev/video0”	摄像头设备号
~image_width	int	640p	图像横向分辨率
~image_height	int	480p	图像纵向分辨率
~pixel_format	string	“mjpeg”	像素编码，可选值为 mjpeg、yuyv、uyvy
~io_method	string	“mmap”	I/O 通道，可选值为 mmap、read、userptr
~camera_frame_id	string	“head_camera”	摄像头坐标系
~framerate	int	30Hz	帧率
~brightness	int	32	亮度，0~255
~saturation	int	32	饱和度，0~255
~contrast	int	32	对比度，0~255
~sharpness	int	22	清晰度，0~255
~autofocus	bool	false	自动对焦

续表

参数	类型	默认值	功能
~focus	int	51	焦点（非自动对焦状态下才有效）
~camera_info_url	string	—	摄像头校准文件路径
~camera_name	string	"head_camera"	摄像头名称

3. PC 端直接调用摄像头

方式 1：运行 usb_cam 功能包中的 usb_cam_node 节点。

```
rosrun usb_cam usb_cam_node
```

这里只能看到摄像头指示灯打开，但并不会在 PC 端看到图像。如果想要看到当前的图像，那么可以使用 image_view 功能包中的 image_view 节点。使用 usb_cam 功能包默认发布/usb_cam/image_raw 话题，命令如下。

```
rosrun image_view image_view image:=/usb_cam/image_raw
```

这时就可以在 PC 端屏幕上看到一个摄像头的实时视频窗口了，如图 13-1 所示。

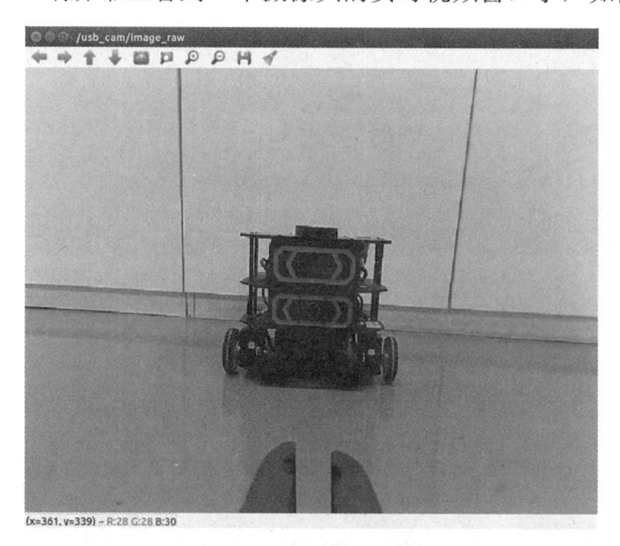

图 13-1 实时视频窗口

方式 2：使用自定义 launch 文件设置摄像头。

usb_cam 功能包提供了一个默认的 launch 文件（在如下目录中）。

```
~/catkin-ws/usb_cam/src/usb_cam/launch/usb_cam-test.launch
```

如果需要自定义一个 launch 文件，则可以复制这个文件并进行命名，如 usb_cam.launch，然后打开这个文件。

```
<launch>
  <node name="usb_cam" pkg="usb_cam" type="usb_cam_node" output="screen" >
    <param name="video_device" value="/dev/video0" />
    <param name="image_width" value="640" />
```

```
    <param name="image_height" value="480" />
    <param name="pixel_format" value="yuyv" />
    <param name="camera_frame_id" value="usb_cam" />
    <param name="io_method" value="mmap"/>
  </node>
  <node name="image_view" pkg="image_view" type="image_view" respawn="false" 
output="screen">
    <remap from="image" to="/usb_cam/image_raw"/>
    <param name="autosize" value="true" />
  </node>
</launch>
```

其中，/dev/video0 表示这是第一个摄像头，如果有多个摄像头，则可以将此改为/dev/video1 等。如果需要查看当前连接设备，那么使用如下命令即可。

```
ls /dev/video*
```

关于该功能包的其他参数，可以参照 ROS 文档的说明。

修改好后运行以下文件。

```
roslaunch usb_cam usb_cam.launch
```

方式 3：ROS 系统的 qt 工具箱中包含一个图像显示的工具（rqt_image_view），可以通过以下命令运行这个工具。

```
rqt_image_view
```

命令运行后，很快就会出现图 13-2 所示的界面，目前没有订阅图像消息，所以界面内没有任何显示。

图 13-2　rqt_image_view 工具界面

单击该界面左上角的下拉菜单，可以看到当前系统中所有可显示的图像话题列表。选择列表中的摄像头原始图像/camera/image_raw 话题，就可以看到图像了，如图 13-3 所示。此外，工具栏中还有截屏选项。

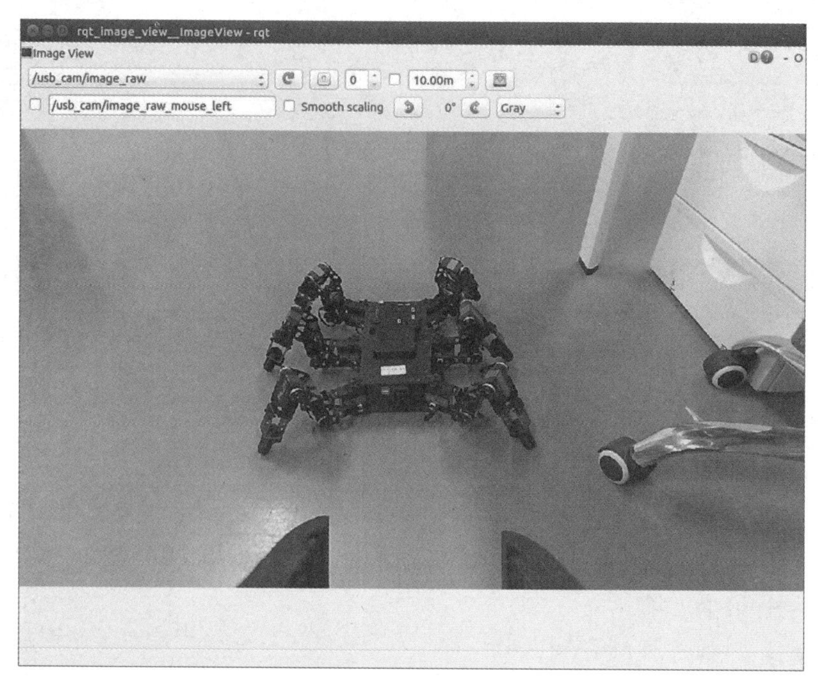

图 13-3　rqt_image_view 中显示的图像

智能机器人的主控制器，如 Raspberry Pi 4，也可以直接调用摄像头，其调用方式与 PC 端直接调用摄像头的方式一致。

4. PC 端远程调用摄像头

除直接调用摄像头外，PC 端还可以采用分布式控制的方式，通过智能机器人的主控制器远程调用摄像头。在智能机器人中，摄像头通常直接安装在智能机器人本体上，与智能机器人的主控制器直接相连。图像识别等操作对设备的计算能力要求较高，可以在 PC 端进行，因此 PC 端需要远程调用摄像头。

PC 端远程调用摄像头与 PC 端远程进行运动控制的原理类似，要通过远程登录方式，实现 PC 端与智能机器人主控制器的连接，进而通过 ROS 系统节点之间的通信机制实现 PC 端、主控制器和摄像头的数据通信。

在这种调用方式下，摄像头同样可以使用 usb_cam 功能包进行驱动。Raspberry Pi 4 上安装 usb_cam 功能包后，在 PC 端运行 master 节点。

```
roscore
```

同时在 Raspberry Pi 4 上运行 usb_cam_node 节点。

```
rosrun usb_cam usb_cam_node
```

运行成功后，在 PC 端使用 rostopic list 命令查看话题列表，如图 13-4 所示。

```
vkrobot@vkrobot:~$ rostopic list
/rosout
/rosout_agg
/usb_cam/camera_info
/usb_cam/image_raw
/usb_cam/image_raw/compressed
/usb_cam/image_raw/compressed/parameter_descriptions
/usb_cam/image_raw/compressed/parameter_updates
/usb_cam/image_raw/compressedDepth
/usb_cam/image_raw/compressedDepth/parameter_descriptions
/usb_cam/image_raw/compressedDepth/parameter_updates
/usb_cam/image_raw/theora
/usb_cam/image_raw/theora/parameter_descriptions
/usb_cam/image_raw/theora/parameter_updates
```

图 13-4　话题列表

可以看到摄像头启动成功，并且已经开始发布图像数据。使用 rqt_image_view 工具将图像数据可视化。

```
rqt_image_view
```

订阅/usb_cam/image_raw 话题后，就可以在界面中看到图像了，rqt_image_view 中显示的图像截屏如图 13-5 所示。

图 13-5　rqt_image_view 中显示的图像截屏

由于 PC 端和 Raspberry Pi 4 之间通过无线网络传输数据，所以根据网络状况，可能会存在图像反应慢的现象。

为了便于参数的配置与修改，可以使用 launch 文件在 Raspberry Pi 4 上控制摄像头，只需要对 usb_cam-test.launch 进行简单的修改，去掉图像显示部分 image_view 节点的启动即可。摄像头启动文件 mrobot_bringup/launch/usb_cam.launch 的详细内容如下。

```
<launch>
   <node name="usb_cam" pkg="usb_cam" type="usb_cam_node" output="screen" >
      <param name="video_device" value="/dev/video1" />
      <param name="image_width" value="640" />
      <param name="image_height" value="480" />
      <param name="pixel_format" value="yuyv" />
      <param name="camera_frame_id" value="usb_cam" />
      <param name="io_method" value="mmap" />
    </node>
<launch>
```

项目设计

PC 端通过智能机器人主控制器远程调用摄像头，需要采用网络远程登录的方式实现 PC 端与智能机器人端的连接。实现两者的网络连接之后，就需要在 PC 端和智能机器人端分别启动相应的节点，实现 PC 端对摄像头的远程调用，并显示图像。

项目实施

（1）在 PC 端启动 master 节点，输入以下命令。

```
roscore
```

（2）在 PC 端远程登录智能机器人，输入以下命令。

```
ssh transbot@192.168.1.100
```

（3）在智能机器人端启动摄像头节点，输入以下命令。

```
rosrun usb_cam usb_cam_node _video_device:=/dev/video0 _pixel_format:=mjpeg
_camera_frame_id:=camera
```

（4）在 PC 端启动 rqt_image_view 节点，输入以下命令。

```
rqt_image_view /usb_cam/image_raw
```

（5）利用 rqt_image_view 节点进行截屏。

任务评价

填写表 13-3 所示任务过程评价表。

表 13-3　任务过程评价表

任务实施人姓名________________学号__________________ 时间___________

<table>
<tr><th colspan="2">评价项目及标准</th><th>分值/分</th><th>小组评议</th><th>教师评议</th></tr>
<tr><td rowspan="6">技术能力</td><td>1．基本概念熟悉程度</td><td>10</td><td></td><td></td></tr>
<tr><td>2．PC 端和智能机器人端登录操作</td><td>10</td><td></td><td></td></tr>
<tr><td>3．智能机器人端的节点启动</td><td>10</td><td></td><td></td></tr>
<tr><td>4．PC 端的节点启动</td><td>10</td><td></td><td></td></tr>
<tr><td>5．订阅/usb_cam/image_raw 话题</td><td>10</td><td></td><td></td></tr>
<tr><td>6．图像截屏操作</td><td>10</td><td></td><td></td></tr>
<tr><td rowspan="4">执行能力</td><td>1．出勤情况</td><td>5</td><td></td><td></td></tr>
<tr><td>2．遵守纪律情况</td><td>5</td><td></td><td></td></tr>
<tr><td>3．是否主动参与，有无提问记录</td><td>5</td><td></td><td></td></tr>
<tr><td>4．有无职业意识</td><td>5</td><td></td><td></td></tr>
<tr><td rowspan="4">社会能力</td><td>1．能否有效沟通</td><td>5</td><td></td><td></td></tr>
<tr><td>2．能否使用基本的文明礼貌用语</td><td>5</td><td></td><td></td></tr>
<tr><td>3．能否与组员主动交流、积极合作</td><td>5</td><td></td><td></td></tr>
<tr><td>4．能否自我学习及自我管理</td><td>5</td><td></td><td></td></tr>
<tr><td colspan="2"></td><td>100</td><td></td><td></td></tr>
<tr><td colspan="5">评定等级：</td></tr>
<tr><td>评价意见</td><td></td><td>学习意见</td><td colspan="2"></td></tr>
<tr><td colspan="5">评定等级：A 为优，90 分<得分≤100 分；B 为好，80 分<得分≤90 分；C 为一般，60 分<得分≤80 分；D 为有待提高，0 分≤得分≤60 分</td></tr>
</table>

项目 14　智能机器人认脸识主人

项目要求

在 ROS 中使用 OpenCV 对人脸进行识别，将识别出的人脸用红色圆标出，将识别出的眼睛用蓝色圆标出。

知识导入

1. ROS 中的图像数据封装

ROS 中对摄像头的操作主要是通过 usb_cam 功能包完成的，该功能包主要依靠 sensor_msgs/Image 消息向其他节点发布图像相关的数据。

在 ROS 中，可以启动 usb_cam 功能包中的 usb_cam_node 节点，从而实现 sensor_msgs/Image 消息的发布。在 ROS 官方提供的 usb_cam 功能包中，包含用于启动 usb_cam_node 节点的 launch 文件，在启动 master 节点的条件下，输入以下命令。

```
roslaunch usb_cam usb_cam-test.launch
```

通过 rostopic 命令查看该话题的消息类型，运行结果如图 14-1 所示。

```
rostopic info /usb_cam/image_raw
```

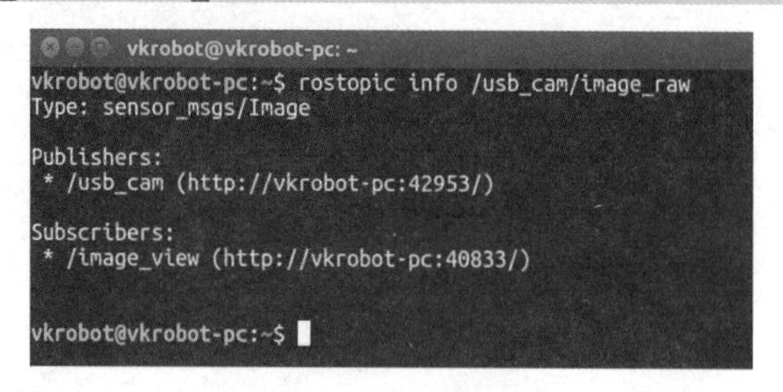

图 14-1　运行结果

从运行结果中可以看到，图像的话题名为/usb_cam/image_raw，消息类型是 sensor_msgs/Image，这是 ROS 定义的一种摄像头原始图像的消息类型，可以使用以下命令查看该图像消息的详细定义。

```
rosmsg show sensor_msgs/Image
```

sensor_msgs/Image 消息的详细定义如图 14-2 所示。

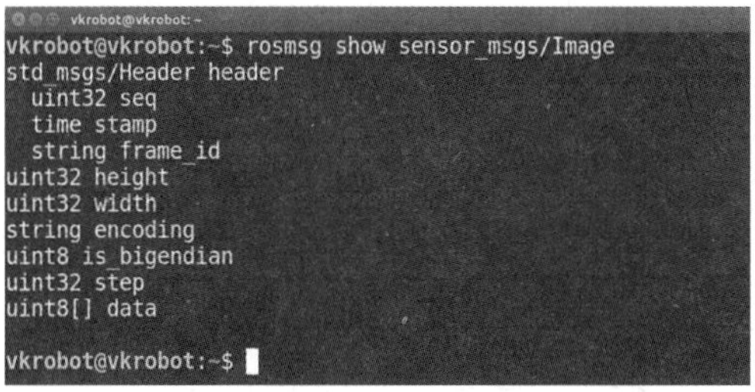

```
vkrobot@vkrobot:~$ rosmsg show sensor_msgs/Image
std_msgs/Header header
  uint32 seq
  time stamp
  string frame_id
uint32 height
uint32 width
string encoding
uint8 is_bigendian
uint32 step
uint8[] data

vkrobot@vkrobot:~$
```

图 14-2　sensor_msgs/Image 消息的详细定义

该类型图像消息的具体内容如下。

（1）header：消息头，包含图像的序号、时间戳和绑定坐标系。

（2）height：图像的纵向分辨率，即图像包含多少行像素点，这里使用的摄像头的纵向分辨率为 720 像素。

（3）width：图像的横向分辨率，即图像包含多少列像素点，这里使用的摄像头的横向分辨率为 1280 像素。

（4）encoding：图像的编码格式，包含 RGB、YUV 等常用格式，不涉及图像压缩编码。

（5）is_bigendian：图像数据的大小端存储模式。

（6）step：一行图像数据的字节数量，作为数据的步长参数，这里使用的摄像头的 step 为 width × 3 = 1280 × 3 = 3840 字节。

（7）data：存储图像数据的数组，大小为 step × height 字节，根据该公式可以算出这里使用的摄像头产生一帧图像的数据大小是 3840 × 720 = 2764800 字节。

2. ROS 进行视觉标定

由于镜头在加工、装配过程中难免存在一些误差，因此摄像头成像系统中不可避免地会引入镜头畸变。镜头畸变破坏了理想的成像关系，导致成像点偏离理想的位置，成像发生形变。在通常情况下，镜头畸变可分为三类，即径向畸变、切向畸变、薄棱镜畸变。

要使用摄像头对物体进行测量与识别，就需要获得摄像头的内、外参数，以及畸变参数，而在一般情况下，使用者难以事先知道这些参数，这就需要进行摄像头标定来获得这些参数。

ROS 作为一个机器人控制平台，在进行机器视觉操作之前需要进行视觉标定。ROS 中专门提供了可以用于双目摄像头和单目摄像头标定的功能包：camera_calibration。

使用以下命令安装摄像头标定功能包 camera_calibration。

```
sudo apt-get install ros-kinetic-camera-calibration
```

标定需要用到图 14-3 所示的棋盘格图案的标定板。

图 14-3　棋盘格图案的标定板

将 USB 摄像头的 USB 接口插到主机上，在启动 master 节点的条件下，打开一个新的终端窗口，输入下面的命令启动摄像头。

```
roslaunch usb_cam usb_cam-test.launch
```

启动成功后，将会出现图像信息。启动摄像头画面如图 14-4 所示。

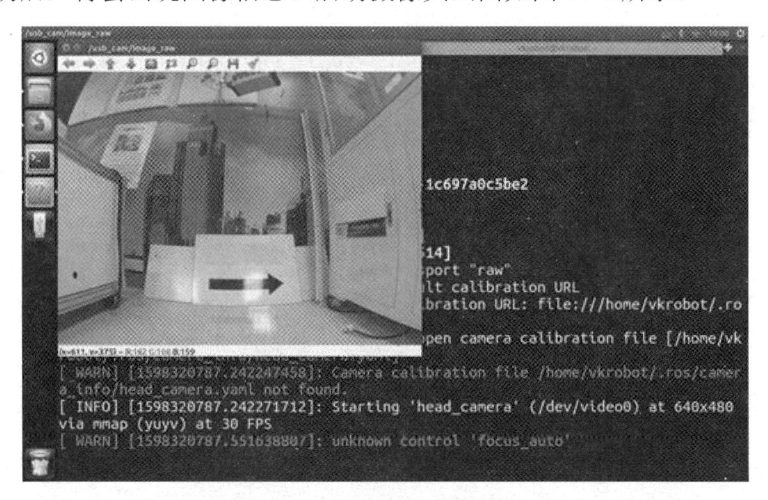

图 14-4　启动摄像头画面

如果首次启动摄像头且没有进行过标定，则会出现 Camera calibration file not found（无法找到标定文件）的警告信息。这是正常的。

摄像头启动完成以后，运行下面的命令启动标定程序。

```
rosrun camera_calibration cameracalibrator.py
--size 8x6 --square 0.024 image:=/usb_cam/image_raw camera:=/usb_ca
```

这里需要解释输入参数的含义。其中，size 指定标定板棋盘格内部角点一共几行几列。这里使用的标定板为 8×6；square 指定每个棋盘格的大小，单位为 m；image 和 camera 用于设置摄像头发布的图像话题。启动标定功能包画面如图 14-5 所示。

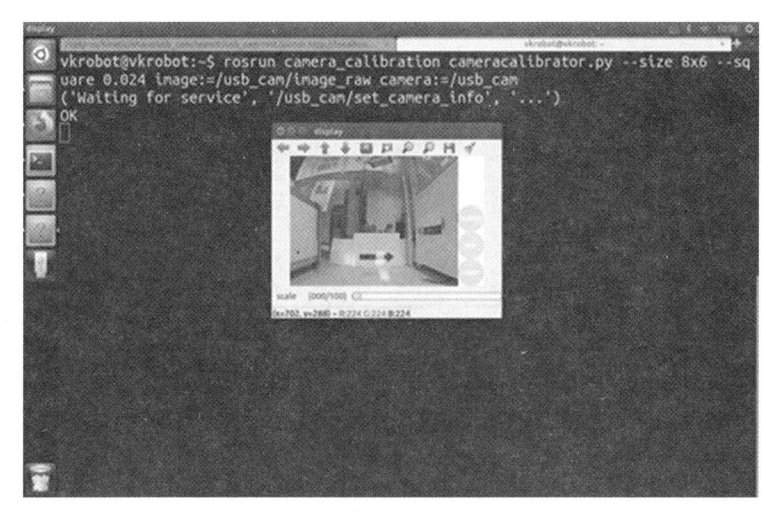

图 14-5　启动标定功能包画面

获取标定图像如图 14-6 所示，将出现的标定程序放大后，用手托着进行测试的标定板进入摄像头视野范围。屏幕上出现“X”“Y”“Size”“Skew”的指示信息。“X”表示标定板在视野中的左右移动，“Y”表示上下移动，“Size”表示前后移动，“Skew”表示倾斜移动。

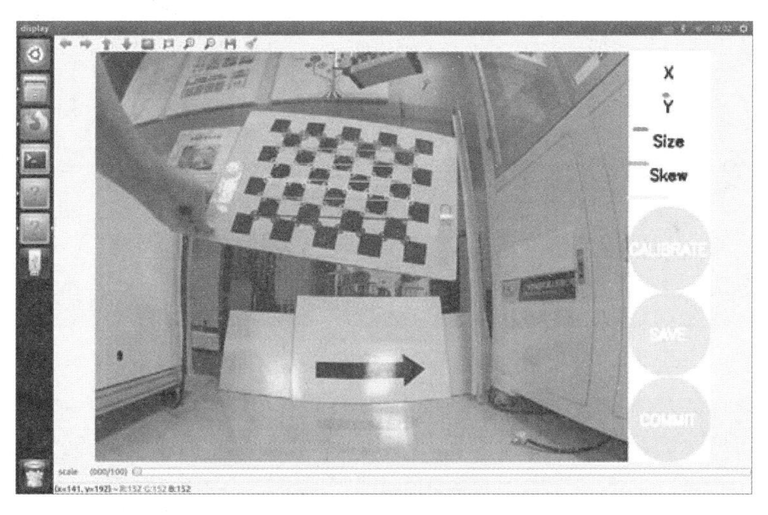

图 14-6　获取标定图像

不断在视野中移动标定板，直到“CALIBRATE”按钮变成绿色，这表示标定程序所需要的参数已经采集完成，如图 14-7 所示。

单击“CALIBRATE”按钮，界面会变成灰色无响应状态，此时程序正在计算标定参数，请不要关闭，如图 14-8 所示。

参数计算完成后，界面恢复正常，同时在终端上输出标定结果，如图 14-9 所示。单击界面中的“SAVE”按钮，标定结果会保存到默认的文件夹下。单击“COMMIT”按钮，提交数据并退出程序。

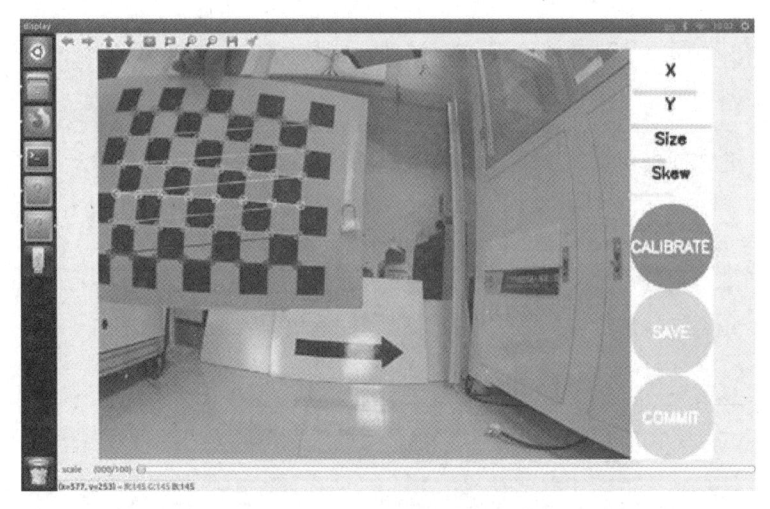

图 14-7　标定参数采集完成

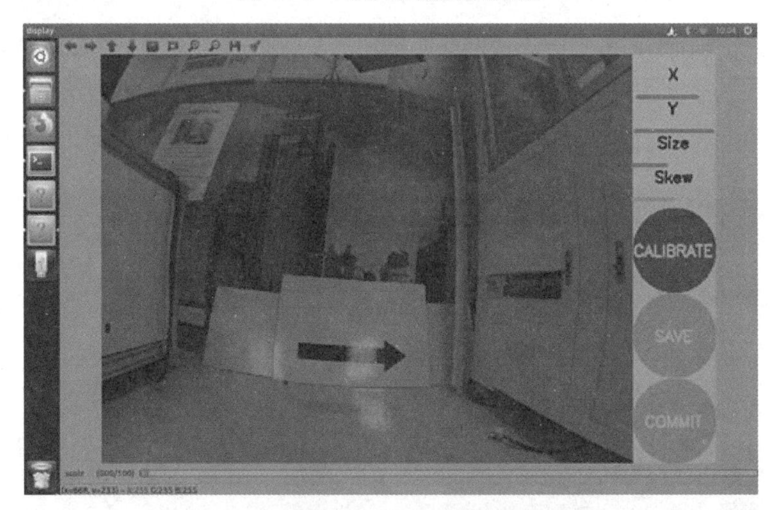

图 14-8　标定参数计算过程

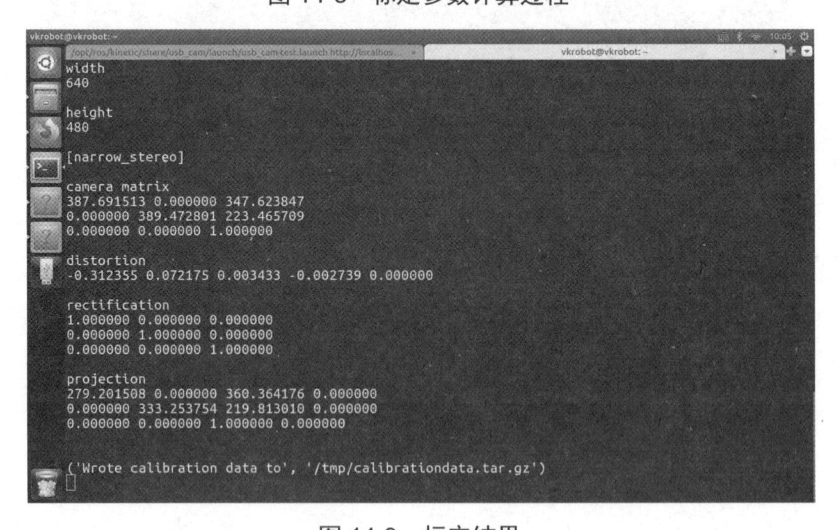

图 14-9　标定结果

关闭上面所有启动的节点，重新启动摄像头。此时发现不再出现“无法找到标定文件”的警告信息，标定后的图像如图 14-10 所示。

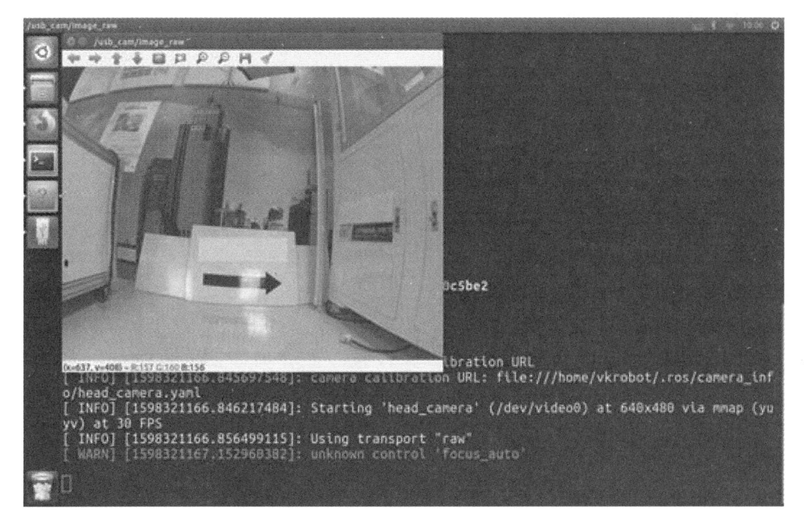

图 14-10　标定后的图像

3. ROS 中的 OpenCV

OpenCV（Open Source Computer Vision Library）是一个基于 BSD 许可证发行的跨平台开源计算机视觉库，可以运行在 Linux、Windows 和 Mac OS 等操作系统上。

基于 OpenCV，开发人员可以快速开发机器视觉资源方面的应用，而且 ROS 中已经集成了 OpenCV 和相关的接口功能包，使用以下命令即可安装。

```
sudo apt-get install ros- melodic-vision-opencv libopencv-dev python-opencv
```

ROS 自身通过 sensor_msgs/Image 消息指定传送图像的格式，但 ROS 缺乏相关的图像处理能力，无法完成进一步的图像处理与识别工作。OpenCV 作为十分成熟的图像处理库，提供了强大稳定的图像处理功能，因此 ROS 用户倾向于使用 OpenCV 进行图像处理。ROS 为开发人员提供了与 OpenCV 接口的功能包 cv_bridge。cv_bridge 功能包示意图如图 14-11 所示。

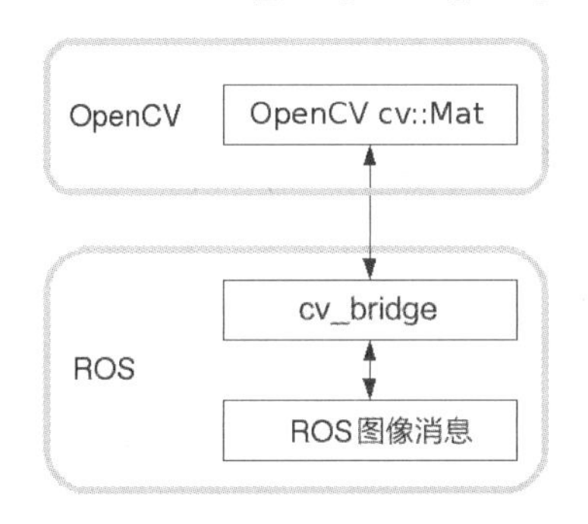

图 14-11　cv_bridge 功能包示意图

下面通过一个简单的例子了解如何使用 cv_bridge 功能包完成 ROS 与 OpenCV 之间的图像转换。在对应例程中，一个 ROS 节点首先订阅摄像头驱动发布的图像消息，然后将其转换成 OpenCV 图像格式进行显示，最后将该 OpenCV 格式的图像数据转换成 ROS 图像消息进行发布并显示。

通过以下命令启动该例程。

```
roslaunch usb_cam usb_cam-test.launch
rosrun robot_vision cv_bridge_test.py
rqt_image_view
```

要实现上述操作，主要涉及 ROS 图像消息的发布与订阅、ROS 图像消息转换为 OpenCV 图像数据、OpenCV 图像数据转换为 ROS 图像消息，以及将 ROS 图像消息发布出去。

例程运行效果如图 14-12 所示，其中左边是通过 cv_bridge 功能包将 ROS 图像消息转换为 OpenCV 图像数据后的显示效果，使用 OpenCV 在图像左上角绘制了一个红色的圆；右边是将 OpenCV 图像数据通过 cv_bridge 功能包转换为 ROS 图像消息后的显示效果，左右两幅图像应该完全一致。

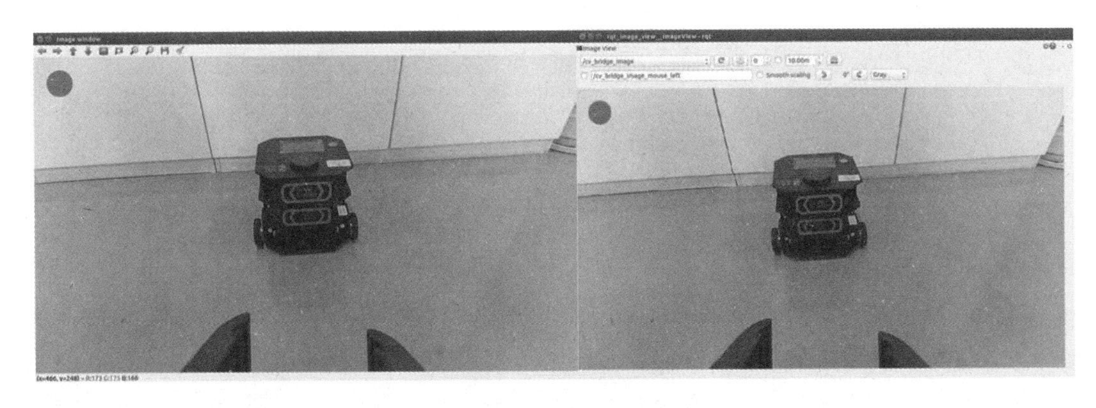

图 14-12　例程运行效果

实现该例程的源代码文件 robot_vision/scripts/cv_bridge_test.py 的内容如下。

```
import rospy
import cv2
from cv_bridge import CvBridge, CvBridgeError
from sensor_msgs.msg import Image

class image_converter:
    def_init_(self):
    # 创建 cv_bridge 功能包，声明图像的发布者和订阅者
      self.image_pub=rospy.Publisher("cv_bridge_image",Image,queue_size=1)
      self.bridge = CvBridge()
      self. image_sub = rospy. subscriber("/usb_cam/image_raw",Image,self.callback)
```

```
    def callback(self,data):
    # 使用 cv_bridge 功能包将 ROS 图像消息转换为 OpenCV 格式的图像
      try:
        cv_image = self.bridge.imgmsg_to_cv2 (data,"bgr8")
      except CvBridgeError as e:
        print e

    # 在 OpenCV 的显示窗口中绘制一个圆作为标记
      (rows,cols,channels) =cv_image.shape
      if cols >60 and rows >60:
        cv2.circle(cv_image,(60,60),30,(0,0,255),-1)

    # 显示 OpenCV 格式的图像
      cv2.imshow("Image window", cv_image)
      cv2.waitKey(3)

    #将 OpenCV 格式的图像转换为 ROS 图像消息并发布
      try:
        self.image_pub.publish(self.bridge.cv2_to_imgmsg(cv_image,"bgr8"))
      except CvBridgeError as e:
        print e

if _name_ == '_main_':
  try:
    # 初始化 ROS 节点
    rospy.init_node("cv_bridge_test")
    rospy. loginfo("Starting cv_bridge_test node")
    image_converter()
    rospy.spin()
    except KeyboardInterrupt:
      print "Shutting down cv_bridge_test node."
      cv2.destroyAllWindows()
```

下面针对程序中的代码进行相关解释。

```
import cv2
from cv_bridge import CvBridge, CvBridgeError
```

要调用 OpenCV，必须导入 OpenCV 模块，还应导入 cv_bridge 功能包所需要的一些模块。

```
self.image_pub=rospy.Publisher("cv_bridge_image",Image,queue_size=1)
self.bridge = CvBridge()
self. image_sub = rospy.
subscriber("/usb_cam/image_raw",Image,self.callback)
```

在 image_converter 类中定义_init_方法，在该方法中，发布了名为 cv_bridge_image 的话题，该话题的消息类型为 Image；订阅了名为/usb_cam/image_raw 的话题，通过该话题订阅的消息为 Image，订阅该话题的回调函数为 self.callback；初始化 CvBridge 类的对象为 bridge。

```
try:
  cv_image = self.bridge.imgmsg_to_cv2 (data,"bgr8")
except CvBridgeError as e:
  print e
```

在回调函数中先完成从 ROS 图像消息到 OpenCV 图像数据的转换，再将 OpenCV 图像数据转换为 ROS 图像消息。在这里使用了 CvBridge 类中的 imgmsg_to_cv2 方法，该方法的功能是将 ROS 图像消息转换为 OpenCV 图像数据，该方法有两个输入参数：第一个参数指向图像消息流，第二个参数用来定义转换的图像数据格式，转换后的图像数据被赋值给 cv_image。

```
(rows,cols,channels) =cv_image.shape
 if cols >60 and rows >60:
      cv2.circle(cv_image,(60,60),30,(0,0,255),-1)
```

通过 cv_image 的 shape 方法获取转换后图像的行数、列数和通道数，在行数、列数符合条件的情况下，在指定位置画出红色的圆。

```
cv2.imshow("Image window", cv_image)
 cv2.waitKey(3)
```

将由 ROS 图像消息转换为 OpenCV 格式的图像显示出来，延时时长为 3ms。

```
try:
   self.image_pub.publish(self.bridge.cv2_to_imgmsg(cv_image,"bgr8"))
 except CvBridgeError as e:
       print e
```

使用 CvBridge 类中的 cv2_to_imgmsg 方法，将 cv_image 转换为 ROS 图像消息，该方法同样要求输入图像数据流和图像数据格式这两个参数，转换完后将得到的 ROS 图像消息通过 rospy 中的 publish 类的 publish 方法发布出去。

从这个例程来看，ROS 中调用 OpenCV 的方法并不复杂，将 ROS 图像消息转换为 OpenCV 图像数据之后，就可以使用 OpenCV 中的相应函数接口进行处理了。将 ROS 图像消息转换为 OpenCV 图像数据是通过 imgmsg_to_cv2 方法实现的，而 cv2_to_imgmsg 方法可以将 OpenCV 图像数据转换为 ROS 图像消息。

4. ROS 进行人脸识别

图像识别是智能机器人完成相关功能的重要方式与途径，人脸识别是图像识别中较为典型和成熟的应用，可以用于生物特征识别、视频监听、人机交互等应用中。人脸识别主要是指在输入的图像中确定人脸（如果存在）的位置、大小和姿态。

人脸识别与图像识别的处理过程基本一致，主要包括图像预处理、图像规范化、图像特征提取和输出识别结果 4 个基本阶段，如图 14-13 所示。图像识别算法是整个处理过程的核心，目前有多种算法可以实现图像识别的功能，其中 Haar 分类是较为成熟的一种算法，应用较为广泛。

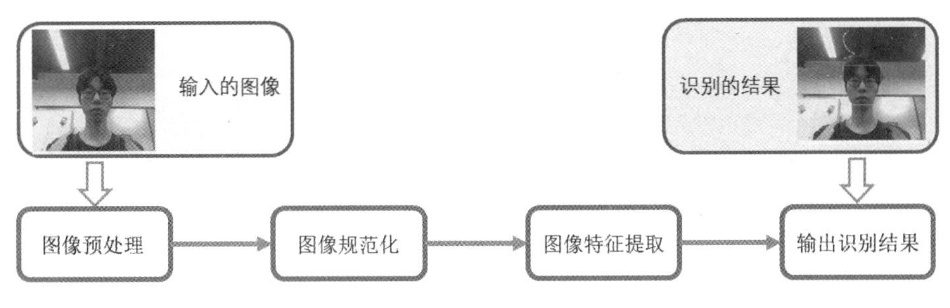

图 14-13　人脸识别的处理过程

在 ROS 系统中调用 OpenCV 进行人脸识别，主要涉及两个操作，一是将 ROS 图像消息转换为 OpenCV 图像数据，二是对 OpenCV 图像数据进行人脸识别。对于第一个操作，前文已经介绍，通过 CvBridge 类中的转换方法即可实现；对于第二个操作，则需要使用 OpenCV 中提供的专用图像处理函数来实现。OpenCV 已经集成了人脸识别算法，所以我们不需要重新开发该算法，只需要调用 OpenCV 中相应的接口就可以实现人脸识别的功能。

以下是在 ROS 系统中通过 OpenCV 实现人脸识别的一个例程，该例程的名字为 face_detect.py。

```
#coding=utf8
from cv_bridge.core import CvBridgeError
import rospy
from cv_bridge import CvBridge
from sensor_msgs.msg import Image
import cv2  as cv
import os

bridge = CvBridge()
img = None
img_topic="/usb_cam/image_raw"

cwd = os.getcwd()
face_cascade_name ='/haarcascade_frontalface_alt.xml'
eyes_cascade_name ='/haarcascade_eye_tree_eyeglasses.xml'
face_cascade = cv.CascadeClassifier()
eyes_cascade = cv.CascadeClassifier()
```

```
if not eyes_cascade.load(cwd + eyes_cascade_name):
    print('--(!)Error loading eyes cascade')
    exit(0)

if not face_cascade.load(cwd + face_cascade_name):
    print('--(!)Error loading face cascade')
    exit(0)

def shutdown():
    cv.destroyAllWindows()
    rospy.loginfo('bye')
    rospy.sleep(1.0)


def img_cb(data):
    global img
    try:
        img = bridge.imgmsg_to_cv2(data, desired_encoding='bgr8')
        detectAndDisplay(img)
        cv.waitKey(1)
    except CvBridgeError as e:
        print(e)
        pass

# docs.opencv.org/master/db/d28/tutorial_cascade_classifier.html
def detectAndDisplay(frame):
    global face_cascade
    frame_gray = cv.cvtColor(frame, cv.COLOR_BGR2GRAY)
    frame_gray = cv.equalizeHist(frame_gray)
    #-- Detect faces
    faces = face_cascade.detectMultiScale(frame_gray)
    for (x,y,w,h) in faces:
        center = (x + w//2, y + h//2)
        frame = cv.ellipse(frame, center, (w//2, h//2), 0, 0, 360, (255, 0,
255), 4)
        faceROI = frame_gray[y:y+h,x:x+w]
        #-- In each face, detect eyes
        eyes = eyes_cascade.detectMultiScale(faceROI)
        for (x2,y2,w2,h2) in eyes:
            eye_center = (x + x2 + w2//2, y + y2 + h2//2)
            radius = int(round((w2 + h2)*0.25))
            frame = cv.circle(frame, eye_center, radius, (255, 0, 0 ), 4)
    cv.imshow("face detection", frame)

if __name__ == "__main__":
    rospy.init_node('face_detec',anonymous=False)
```

```
    rospy.on_shutdown(shutdown)
    rospy.subscriber(img_topic,Image,callback=img_cb)
    rospy.spin()
```

在上述例程中，先通过订阅 ROS 系统中的/usb_cam/image_raw 话题的 Image 消息，利用回调函数，将订阅的 ROS 图像消息转换为 OpenCV 图像数据，再通过在回调函数中嵌套 detectAndDisplay 函数，实现对人脸的识别与显示功能。

项目设计

摄像头安装在智能机器人上，为了方便代码编写，需要在 PC 端进行开发，因此需要在 PC 端通过智能机器人主控制器远程调用摄像头。OpenCV 中提供了人脸识别的相关处理函数和接口，而智能机器人是在 ROS 系统下进行控制的，因此需要将 ROS 图像消息转换为 OpenCV 图像数据，并使用 OpenCV 中的人脸识别函数进行识别。根据识别结果，利用 OpenCV 的绘图函数，完成相应的绘图操作，并将图像显示出来。

具体的实现过程主要如下：采用远程登录的方式实现 PC 端与智能机器人端的网络连接。实现两者的网络连接之后，就需要在 PC 端和智能机器人端分别启动相应的节点，实现 PC 端对摄像头的远程调用，创建相应的功能包并编写相应的节点代码，在节点中将 ROS 图像消息转换为 OpenCV 图像数据，并使用 OpenCV 中的函数实现人脸识别，同时进行图像显示。

项目实施

（1）在 PC 端的 ROS 系统中安装 OpenCV。

使用以下命令安装 OpenCV 功能包。

```
sudo apt-get install ros- melodic-vision-opencv libopencv-dev python-opencv
```

（2）在 PC 端的 catkin_ws 工作空间中创建 face_recog 功能包。

```
cd ~/catkin_ws/src
catkin_create_pkg face_recog rospy std_msgs usb_cam cv_bridge
```

（3）在 PC 端建立 scripts 目录，编译工作空间。

```
cd face_recog
mkdir scripts
cd ~/catkin_ws
catkin_make && source ./devel/setup.bash
```

（4）在 PC 端根据 OpenCV 进行人脸识别操作，编写相应的代码。

在/catkin_ws /src/face_recog/scripts 文件夹下编写 face_detect.py 代码文件，可查看本书

的代码文件。

```
gedit face_detect.py
```

对上述代码文件进行编译，相关编译操作已在前面介绍，在此不再重复。

（5）在 PC 端启动 master 节点。

在 PC 端输入以下命令，启动 ROS 系统的 master 节点。

```
roscore
```

（6）在 PC 端登录到智能机器人主控制器。

通过 SSH 协议远程登录到智能机器人主控制器，这里需要输入主控制器在局域网中的用户名和 IP 地址，用户名默认为 transbot，IP 地址为 192.168.1.101。根据提示输入密码，默认为 vkrobot，当成功登录到主控制器时，命令窗口输入栏的用户名会变为 transbot。

在 PC 端输入以下命令。

```
ssh transbot@192.168.1.101
```

（7）在智能机器人端启动摄像头节点。

在智能机器人端输入以下命令。

```
rosrun usb_cam usb_cam_node _video_device:=/dev/video0 _pixel_format:=mjpeg
_camera_frame_id:=camera
```

（8）在 PC 端运行人脸识别节点。

在 PC 端输入以下命令。

```
rosrun face_recog face_detect.py
```

（9）观察运行效果。

运行效果如图 14-14 所示。

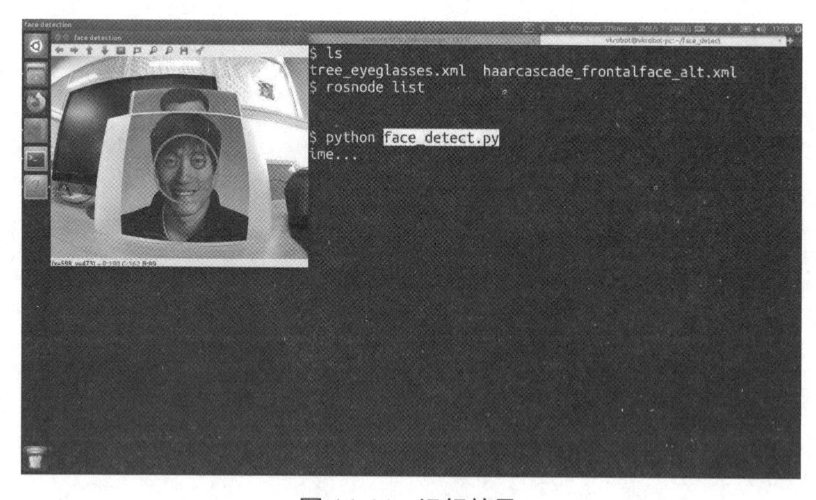

图 14-14　运行效果

项目评价

填写表 14-1 所示任务过程评价表。

表 14-1　任务过程评价表

任务实施人姓名＿＿＿＿＿＿＿＿学号＿＿＿＿＿＿＿＿＿时间＿＿＿＿＿

评价项目及标准		分值/分	小组评议	教师评议
技术能力	1. 基本概念熟悉程度	10		
	2. PC 端和智能机器人端登录操作	10		
	3. OpenCV 图像转换代码实现	10		
	4. 人脸识别代码实现	10		
	5. OpenCV 图像绘制代码实现	10		
	6. 人脸识别节点运行操作	10		
执行能力	1. 出勤情况	5		
	2. 遵守纪律情况	5		
	3. 是否主动参与，有无提问记录	5		
	4. 有无职业意识	5		
社会能力	1. 能否有效沟通	5		
	2. 能否使用基本的文明礼貌用语	5		
	3. 能否与组员主动交流、积极合作	5		
	4. 能否自我学习及自我管理	5		
		100		
评定等级：				
评价意见		学习意见		
评定等级：A 为优，90 分<得分≤100 分；B 为好，80 分<得分≤90 分；C 为一般，60 分<得分≤80 分；D 为有待提高，0 分≤得分≤60 分				

项目 15　智能机器人的探路先锋 1

项目要求

智能机器人处于一个四周封闭的环境中，环境中有两个圆形障碍物，智能机器人通过搭载的激光雷达对障碍物进行探测。

知识导入

1．激光雷达的安装

智能机器人在环境中获取障碍物的具体位置、房间的内部轮廓等信息是非常必要的，这些信息是智能机器人创建地图、进行导航的基础数据。激光雷达是智能机器人获取周围环境信息的一种十分重要的方式，也是目前智能机器人对室内环境建立地图最为成熟的方式。

激光雷达是通过发射激光束来探测目标的位置、速度等特征量的雷达系统。其工作原理是首先向目标发射探测信号（激光束），然后将接收到的从目标反射回来的信号（目标回波）与发射信号进行比较，进行适当处理后，即可获得目标的有关信息，如目标距离、方位、高度、速度、姿态，甚至形状等参数。

本项目的智能机器人配备了 EAI 公司的 YDLidar X2 激光雷达，这款雷达适合室内移动机器人使用，测距频率可达 3kHz，扫描频率最大可达 8Hz，可检测 360° 范围内的障碍物信息，最远检测距离为 8m。

要使用激光雷达，首先要将激光雷达与智能机器人的主控制器或 PC 端进行连接。先将转接板和 YDLidar X2 激光雷达接好，再将 USB 线接到转接板和 PC 端的 USB 接口上。注意：USB 线的 Type-C 接口接 USB 转接板的 USB_DATA，且 YDLidar X2 激光雷达上电后进入空闲模式，电动机不转。如果 USB 接口的驱动电流偏弱，那么 YDLidar X2 激光雷达需要接入+5V 的辅助供电电源，否则雷达工作会出现异常。

EAI 公司为 YDLidar X2 激光雷达提供了 ROS 系统下的驱动功能包 ydlidar_ros_driver，与摄像头驱动类似，该功能包提供了在 ROS 系统下使用该型号激光雷达的相关操作。ydlidar_ros_driver 功能包取决于 YDLidar-SDK 库。如果 ROS 系统从未安装过 YDLidar-SDK 库，或者 YDLidar-SDK 库已过期，则必须首先安装 YDLidar-SDK 库，具体操作可以查阅 EAI 公司提供的技术文档。

安装完成之后，将激光雷达从主控制器上拔出，然后重新接入主控制器就可以使用了。

首先，使用 launch 文件运行 ydlidar_ros_driver 功能包。

```
roslaunch ydlidar_ros_driver X2.launch
```

然后，运行 launch 文件，打开 RVIZ 查看激光雷达扫描结果，如图 15-1 所示。

```
roslaunch ydlidar_ros_driver lidar_view.launch
```

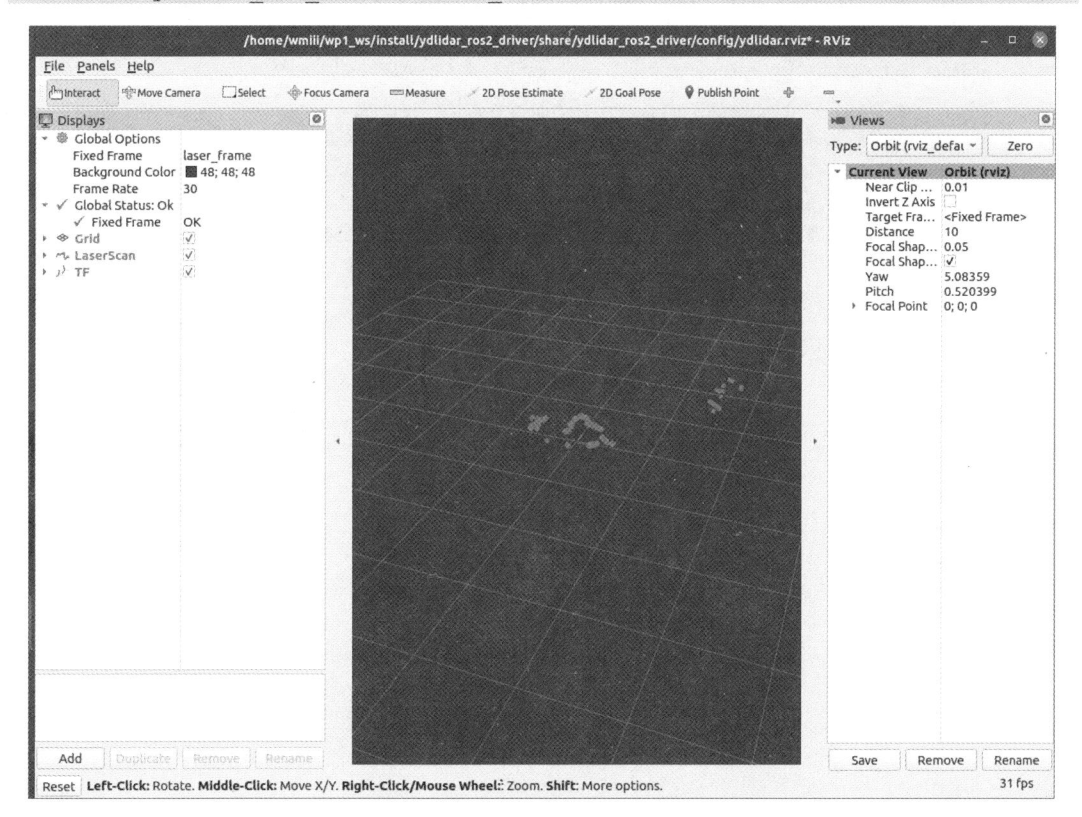

图 15-1　激光雷达扫描结果

运行上述 launch 文件可以看到扫描数据，默认显示的是 360°（一圈）的数据，若要修改扫描显示角度范围，则需要修改该 launch 文件内的配置参数，具体操作如下。

```
vim X2.launch
```

切换到该 launch 文件所在的目录下，对该 launch 文件进行编辑，其内容如图 15-2 所示。

```
<launch>
  <node name="ydlidar_lidar_publisher"  pkg="ydlidar_ros_driver"  type="ydlidar_ros_driver_node" output="
screen" respawn="false" >
    <!-- string property -->
    <param name="port"         type="string" value="/dev/ydlidar"/>
    <param name="frame_id"     type="string" value="laser_frame"/>
    <param name="ignore_array"     type="string" value=""/>

    <!-- int property -->
    <param name="baudrate"         type="int" value="115200"/>
    <!-- 0:TYPE_TOF, 1:TYPE_TRIANGLE, 2:TYPE_TOF_NET -->
    <param name="lidar_type"       type="int" value="1"/>
    <!-- 0:YDLIDAR_TYPE_SERIAL, 1:YDLIDAR_TYPE_TCP -->
    <param name="device_type"         type="int" value="0"/>
    <param name="sample_rate"         type="int" value="3"/>
    <param name="abnormal_check_count"         type="int" value="4"/>

    <!-- bool property -->
    <param name="resolution_fixed"    type="bool"   value="true"/>
    <param name="auto_reconnect"    type="bool"   value="true"/>
    <param name="reversion"    type="bool"   value="false"/>
    <param name="inverted"    type="bool"   value="true"/>
    <param name="isSingleChannel"    type="bool"   value="true"/>
    <param name="intensity"    type="bool"   value="false"/>
    <param name="support_motor_dtr"    type="bool"   value="true"/>
    <param name="invalid_range_is_inf"    type="bool"   value="false"/>

    <!-- float property -->
    <param name="angle_min"    type="double" value="-180" />
    <param name="angle_max"    type="double" value="180" />
    <param name="range_min"    type="double" value="0.1" />
    <param name="range_max"    type="double" value="12.0" />
    <!-- frequency is invalid, External PWM control speed -->
    <param name="frequency"    type="double" value="10.0"/>
  </node>
  <node pkg="tf" type="static_transform_publisher" name="base_link_to_laser4"
    args="0.0 0.0 0.2 0.0 0.0 0.0 /base_footprint /laser_frame 40" />
</launch>
```

图 15-2　launch 文件内容

YDLidar X2 激光雷达坐标在 ROS 系统内遵循右手定则，角度范围为[-180°,180°]，“angle_min”是开始角度，“angle_max”是结束角度。具体角度范围根据实际使用需求进行修改。YDLidar X2 激光雷达坐标角度定义如图 15-3 所示。

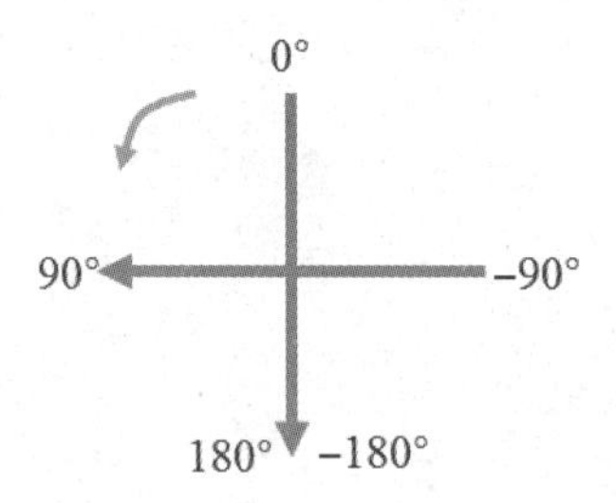

图 15-3　YDLidar X2 激光雷达坐标角度定义

2. ydlidar_ros_driver 功能包

EAI 公司针对 YDLidar X2 激光雷达，专门开发了面向 ROS 系统的驱动功能包：ydlidar_ros_driver，该功能包在 ROS 系统中实现了对 YDLidar X2 激光雷达的运行控制、数据获取、外部通信等功能。ydlidar_ros_driver 功能包主要是通过相关话题、服务、参数实现这些功能的。

（1）ydlidar_ros_driver 功能包的话题。

表 15-1 所示为 ydlidar_ros_driver 功能包发布的话题。

表 15-1　ydlidar_ros_driver 功能包发布的话题

话题名	消息类型	功能
scan	sensor_msgs/LaserScan	发布激光雷达数据
point_cloud	sensor_msgs/PointCloud	发布激光雷达点云数据

在 ROS 上正确地发布传感器获取的数据对导航功能包集的安全运行很重要。目前 ROS 系统中的导航功能包集只接收使用 sensor_msgs/LaserScan 或 sensor_msgs/PointCloud 消息类型发布的传感器数据。

sensor_msgs/LaserScan 和 sensor_msgs/PointCloud 主要包括 TF 帧和与时间相关的信息。为了标准化发送信息，这些信息均包含 header。header 中的 seq 字段对应一个标识符，随着消息被发布，seq 的值会自动增加。stamp 字段存储着与数据相关的时间信息。以激光扫描为例，stamp 字段可能对应每次扫描开始的时间。frame_id 字段存储着与数据相关的 TF 帧信息。以激光扫描为例，frame_id 字段是激光数据所在 TF 帧。ydlidar_ros_driver 功能包的消息类型如图 15-4 所示。

```
vkrobot@vkrobot:~$ rosmsg show LaserScan
[sensor_msgs/LaserScan]:
std_msgs/Header header
  uint32 seq
  time stamp
  string frame_id
float32 angle_min
float32 angle_max
float32 angle_increment
float32 time_increment
float32 scan_time
float32 range_min
float32 range_max
float32[] ranges
float32[] intensities
```

（a）sensor_msgs/LaserScan 消息

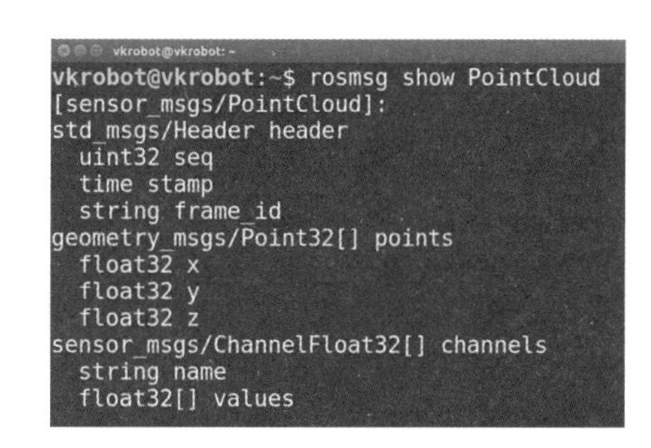

（b）sensor_msgs/PointCloud 消息

图 15-4　ydlidar_ros_driver 功能包的消息类型

（2）ydlidar_ros_driver 功能包的服务。

表 15-2 所示为 ydlidar_ros_driver 功能包中的服务。

表 15-2　ydlidar_ros_driver 功能包中的服务

服务名	服务类型	功能
stop_scan	std_srvs/Empty	停止旋转电动机
start_scan	std_srvs/Empty	开始旋转电动机

（3）ydlidar_ros_driver 功能包的参数。

表 15-3 所示为 ydlidar_ros_driver 功能包中的部分参数。

表 15-3　ydlidar_ros_driver 功能包中的部分参数

参数名	数据类型	功能
port	string	设置激光雷达的串口地址 可设置为/dev/ttyUSB0、192.168.1.11 等 默认值：/dev/ydlidar
frame_id	string	激光雷达 TF 坐标系名 默认值：laser_frame
ignore_array	string	激光雷达滤波角度范围 示例：-90°、-80°、30°、40°
baudrate	int	激光雷达波特率 默认值：230400
lidar_type	int	设置激光雷达类型 0 为 TOF 测距型 1 为三角测距型 2 为 TOF 网络型 默认值：1
device_type	int	设置设备类型 0 为 YDLidar 串口通信型 1 为 YDLidar TCP 通信型 2 为 YDLidar UDP 通信型 默认值：0
sample_rate	int	设置激光雷达采样率 默认值：9Hz
abnormal_check_count	int	设置异常数据允许范围 默认值：4
angle_min	float	最小有效角度 默认值：-180°
angle_max	float	最大有效角度 默认值：180°
range_min	float	最小有效范围 默认值：0.1m
range_max	float	最大有效范围 默认值：16m
frequency	float	设置扫描频率 默认值：10Hz
invalid_range_is_inf	bool	当为无效范围时，是否取无穷大 true 为取 inf false 为取 0.0 默认值：false

项目设计

在 ROS 系统中要通过激光雷达探测周围的环境，必须要通过激光雷达提供的功能包获取相关数据，主要通过订阅功能包提供的话题消息，来实现数据的获取。

项目实施

（1）在 PC 端的 catkin_ws 工作空间中创建 transbot_find_obj 功能包。

```
cd ~/catkin_ws/src
catkin_create_pkg transbot_find_obj rospy std_msgs LaserScan
```

（2）在 PC 端建立 scripts 目录，编译工作空间。

```
cd transbot_find_obj
mkdir scripts
cd ~/catkin_ws
catkin_make && source ./devel/setup.bash
```

（3）在 PC 端根据工作任务要求和 ydlidar_ros_driver 功能包的调用规则，编写相应的代码。

在/catkin_ws /src/transbot_find_obj/scripts 文件夹下编写 find_obj.py 代码文件，可查看本书的代码文件。

在 PC 端打开一个新的终端窗口，并输入以下命令。

```
gedit find_obj.py
```

对代码文件进行编译，相关编译操作已在前面介绍，在此不再重复。

（4）在 PC 端启动 master 节点。

输入以下命令，启动 ROS 系统的 master 节点。

```
roscore
```

（5）在 PC 端登录到智能机器人主控制器。

通过 SSH 协议远程登录到智能机器人主控制器，这里需要输入主控制器在局域网中的用户名和 IP 地址，用户名默认为 transbot，IP 地址为 192.168.1.101。根据提示输入密码，默认为 vkrobot，当成功登录到主控制器时，命令窗口输入栏的用户名会变为 transbot。

输入的命令如下。

```
ssh transbot@192.168.1.101
```

（6）在智能机器人端启动智能机器人节点，并将智能机器人放入实验场景中。

使用无线键盘连接到智能机器人的主控制器，在智能机器人主控制器端打开一个新的终端窗口，并输入以下命令。

```
roslaunch transbot_bringup transbot_robot.launch
```

（7）在 PC 端对智能机器人相关参数进行设置，并启动 robot_state_publisher 节点。

在 PC 端打开一个新的终端窗口，输入以下命令。

```
roslaunch transbot_bringup transbot_remote.launch
```

（8）在 PC 端启动 RVIZ 仿真环境。

在 PC 端打开一个新的终端窗口，输入以下命令。

```
rosrun rviz rviz -d `rospack find transbot_description`/rviz/model.rviz
```

（9）在 PC 端启动激光雷达探测节点，控制智能机器人在实验场景中移动，通过 RVIZ 观察智能机器人激光雷达获得的实时探测结果，如图 15-5 所示。

在 PC 端打开一个新的终端窗口，输入以下命令。

```
rosrun transbot_find_obj find_obj.py
```

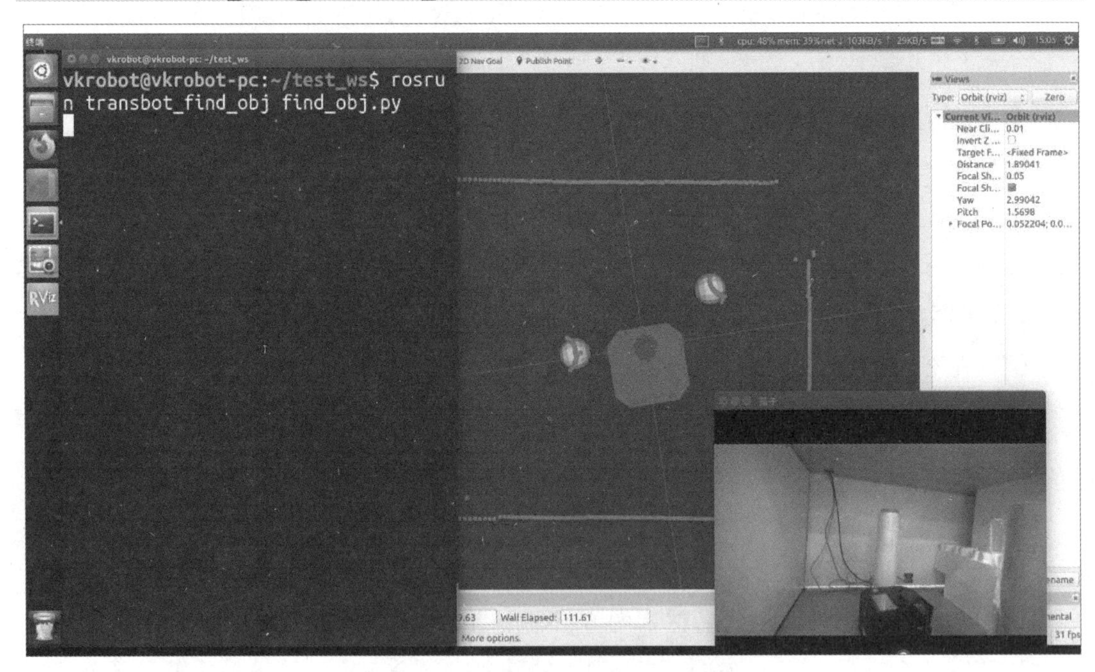

图 15-5　激光雷达实时探测结果

项目评价

填写表 15-4 所示任务过程评价表。

表 15-4 任务过程评价表

任务实施人姓名________________学号__________________ 时间___________

评价项目及标准		分值/分	小组评议	教师评议
技术能力	1. 基本概念熟悉程度	10		
	2. PC 端和智能机器人端登录操作	10		
	3. 激光雷达功能包的安装	10		
	4. 激光雷达数据的获取	10		
	5. 激光雷达探测节点代码实现	10		
	6. 激光雷达探测节点运行操作	10		
执行能力	1. 出勤情况	5		
	2. 遵守纪律情况	5		
	3. 是否主动参与，有无提问记录	5		
	4. 有无职业意识	5		
社会能力	1. 能否有效沟通	5		
	2. 能否使用基本的文明礼貌用语	5		
	3. 能否与组员主动交流、积极合作	5		
	4. 能否自我学习及自我管理	5		
		100		
评定等级：				
评价意见		学习意见		
评定等级：A 为优，90 分<得分≤100 分；B 为好，80 分<得分≤90 分；C 为一般，60 分<得分≤80 分；D 为有待提高，0 分≤得分≤60 分				

项目 16　智能机器人的探路先锋 2

项目要求

智能机器人处于一个真实的室内环境中，基于 ROS 系统，智能机器人使用 gmapping 算法，对真实的室内环境进行 SLAM 建图。

1．SLAM 技术

1）SLAM 的基本原理

定位与建图是智能机器人实现自主导航的必要条件，起初，智能机器人的定位与建图是两个单独的问题，直到 Hugh Durrant-Whyte 和 John J.Leonard 等学者提出了 SLAM（Simultaneous Localization And Mapping，即时定位与建图）这一概念，从此，智能机器人的定位与建图共同称为 SLAM，它被用来解决智能机器人的同步定位与地图构建的问题。

SLAM 技术是智能机器人自主化能力的基本指标之一。经过多年的发展，SLAM 技术发展出了许多类型的方案，既有使用滤波的方法，又有很多基于优化的方法。根据环境和要求的不同，可以选用不同的传感器组合，目前用得较多的传感器是激光雷达，因为它的精度较高，数据量比视觉传感器少，容易实现 SLAM。

智能机器人在未知环境中，既要创建周围环境的地图，又要进行定位，这两个任务处于互相依赖、相辅相成的状态，必须同步进行。SLAM 问题是指智能机器人在未知环境中估计位姿并创建地图的过程。智能机器人要想完成定位，就需要知道所处环境的特征信息；智能机器人要想完成建图，就需要知道它自身所在的位置。

SLAM 包括以下几个部分。

（1）进行相关初始化工作，先对智能机器人系统模型与观测模型初始化，并将初始位置的子地图初始化为全局地图。

（2）控制智能机器人移动到新位置，并扫描周围的环境信息，对数据进行预处理，制作出当前位置下的环境子图。

（3）将从传感器数据中获得的特征信息和全局特征信息进行匹配，通过位姿求解算法求解出智能机器人的估计位姿。

（4）根据所得位姿，将新探测到的环境子图更新到全局地图中。

（5）通过智能机器人的移动，不断获取新的扫描数据，并回到第（2）步，进入下一轮的 SLAM。

2）SLAM 的地图

地图是用来表示环境的主要方式。目前针对智能机器人自主绘制的地图主要包括栅格地图、几何特征地图和拓扑地图。在智能机器人的开发中，通常根据智能机器人所处环境的实际情况、SLAM 算法的适用条件和智能机器人的需求来选择地图的表示方式。选择合适的地图表示方式不仅可以满足建图的需求，还有利于在建图的基础上开展其他工作，如导航避障等。

（1）栅格地图。

栅格地图是最基础的地图表示方式，其主要思想是，将环境分为若干个相同大小的格子。对于二维栅格地图，每个格子都有两种状态：被障碍物占用和未被障碍物占用。栅格地图如图 16-1 所示。

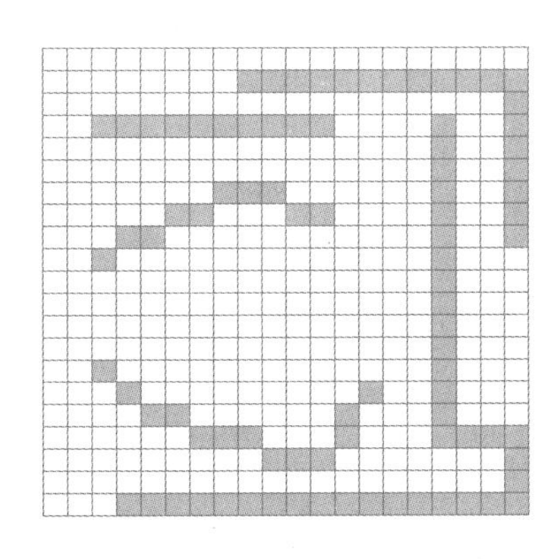

图 16-1　栅格地图

（2）几何特征地图。

几何特征地图提取几何特征（如点、线、面）并使用全局坐标来描述环境，方法简洁，适用于结构化的环境信息描述，如图 16-2 所示。对于非结构化的环境，使用点、线、面等特征难以描述，无法有效地表现细节部分。几何特征地图用几何模型描述障碍物环境，减少特征数量，数据存储和运算量较小；但是，在环境复杂或缺乏特征的情况下不易描述，并且需要对全局地图进行更新维护，维护成本较高。因此，几何特征地图的优点是数据存储和运算量相对较小，不足之处是地图创建维护相对困难。

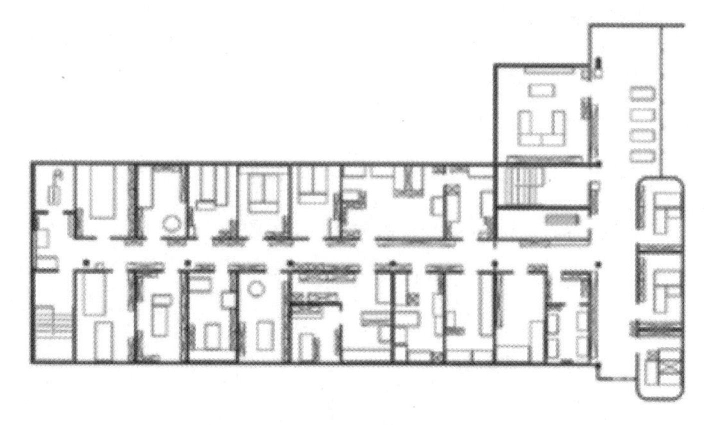

图 16-2　几何特征地图

几何特征地图的优点在于易于识别，尤其是环境中物体的位置信息，一目了然，同时对于内存的占用不是很大。但是这种表示方式存在一个很大的问题：数据关联问题，在进行地图创建时，需要将局部地图与全局地图相对应的环境特征进行关联匹配，它要求所提取的环境特征具备一定的精度，这样才可以保证地图的一致性。数据关联问题会影响环境特征和全局地图的匹配，从而对智能机器人的位姿估计造成影响。同时，物体特征的提取是一个难点，对于室内结构化的环境，物体特征较简单，大多是点、线、面等，易于提取，但是对于室外非结构化的环境，很难用简单特征去描述，因此几何特征地图更适合室内环境。

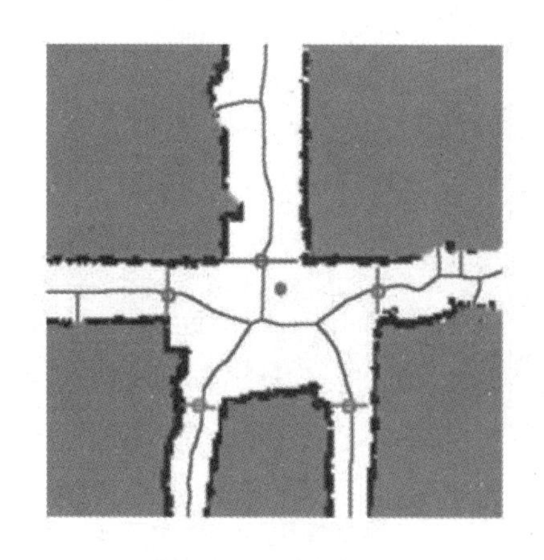

图 16-3　拓扑地图

（3）拓扑地图。

拓扑地图把环境中某些空间抽象为一些节点，把空间之间的通道抽象为边。例如，出入口、十字路口、拐角等可以表示成节点，通道、走廊则可以表示成边，如图 16-3 所示。拓扑地图的典型应用是公交、地铁线路图。这种地图最适合路径规划，特征清晰、结构明确，路径规划的健壮性非常好，而且不占用计算机资源。但是这种地图信息量少，当遇到可运动环境比较小的情况时，还需要别的算法提供足够的环境信息用于导航。

3）SLAM 算法

智能机器人定位与环境建模密不可分。在未知环境中，智能机器人依靠创建的环境地图进行定位，环境地图的准确性又依赖于定位精度。智能机器人在处于未知环境时，往往由于缺乏参照物而难以定位。基于定位的环境建模与基于地图的定位都是比较容易实现的，但抛开其一单独进行都会提高实现 SLAM 技术的难度。在 SLAM 算法中，比较常见的算法有基于卡尔曼滤波（Kalman Filter，KF）的 SLAM 算法、基于粒子滤波（Particle Filter，PF）的 SLAM 算法，以及基于图优化的 SLAM 算法。

基于卡尔曼滤波的 SLAM 算法可分为预测与更新两个过程，该算法的核心思想是递归求解。经典的卡尔曼滤波适用于线性系统，对于非线性系统，衍生出了扩展卡尔曼滤波（Extended Kalman Filter，EKF）。采用 EKF 实现 SLAM 的算法叫作 EKF-SLAM 算法。

粒子滤波是用大量随机样本来估计系统状态变量的，随着粒子逐渐逼近准确的状态值，可以统计这些粒子所代表的状态，形成系统概率密度函数。理论上，当样本数量足够多时，粒子滤波可以估计出任何形式的系统状态变量的准确概率分布。粒子滤波相比于卡尔曼滤波，优越性在于可以用在任何形式的状态空间模型上，其局限性比卡尔曼滤波要小得多。

基于图优化的 SLAM 算法将智能机器人的位姿及其观测数据表示成图结构的形式，然后不断去优化图的配置，最终的图配置即 SLAM 问题的解。一般的图优化框架分为前端和后端。前端负责创建图结构，后端负责优化图配置。

在 EKF-SLAM 算法和基于粒子滤波的 SLAM 算法的基础上，产生了在实际应用中得到广泛认可的 FastSLAM 算法，该算法采用 EKF-SLAM 算法递归估计智能机器人的位姿，得到相应的估计均值和方差，利用估计均值和方差构建一个高斯分布函数，作为粒子的重要性函数。这个重要性函数加入了智能机器人位姿的历史信息，并按照重要性对粒子进行重采样，从而很好地解决了粒子退化问题，提高了算法的精度。

gmapping 算法是基于栅格地图的 FastSLAM 算法的具体实现，该算法通过加入最新的传感器探测信息，来计算高精度的提议分布，根据有效样本数量大小进行自适应重采样，减少粒子滤波重采样的次数，降低粒子退化的风险。这不仅提高了建图的精度，还减小了估计的误差。

2．gmapping 功能包

ROS 开源社区中汇集了多种 SLAM 算法，可以直接使用或进行二次开发，其中最为常用和成熟的是 gmapping 算法。

gmapping 功能包在 ROS 系统中实现了 gmapping 算法，gmapping 算法继承了 Rao-Blackwellized 粒子滤波算法。gmapping 功能包为开发人员隐去了复杂的内部实现，开发人员只需要通过使用该功能包就可以实现 gmapping 算法，这大大降低了智能机器人的开发难度。gmapping 功能包订阅智能机器人的深度信息、IMU 信息和里程计信息，同时完成一些必要参数的配置，即可创建并输出基于概率的二维栅格地图。

gmapping 功能包基于 OpenSLAM 社区的开源 SLAM 算法。

在 ROS 的软件源中已经集成了 gmapping 功能包的相关二进制安装文件，可以使用如下命令进行安装。

```
sudo apt-get install ros-melodic-gmapping
```

gmapping 功能包向用户开放的接口如下。

（1）gmapping 功能包中可供配置的话题和服务如表 16-1 所示。

表 16-1 gmapping 功能包中可供配置的话题和服务

	话题（服务）名	msg（srv）类型	功能
话题订阅	tf	tf/tfMessage	用于激光雷达坐标系、基坐标系、里程计坐标系之间的变换
	scan	sensor_msgs/LaserScan	激光雷达扫描数据
话题发布	map_metadata	nav_msgs/MapMetaData	发布地图 Meta 数据
	map	nav_msgs/OccupancyGrid	发布地图栅格数据
	~entropy	std_msgs/Float64	发布智能机器人位姿分布熵的估计
服务	dynamic_map	nav_msgs/GetMap	获取地图数据

（2）gmapping 功能包中可供配置的参数如表 16-2 所示。

表 16-2 gmapping 功能包中可供配置的参数

参数名	数据类型	默认值	功能
~throttle_scans	int	1	每接收到该数量帧的激光数据后，只处理其中的一帧数据，默认每接收到一帧数据就处理一次
~base_frame	string	“base_link”	智能机器人基坐标系
~map_frame	string	“map”	地图坐标系
~odom_frame	string	“odom”	里程计坐标系
~map_update_interval	float	5.0s	地图更新频率，该值越低，计算负载越大
~maxUrange	float	80.0m	激光雷达可探测的最大范围
~sigma	float	0.05	端点匹配的标准差
~kernelSize	int	1	在对应的内核中进行查找
~lstep	float	0.05	平移过程中的优化步长
~astep	float	0.05	旋转过程中的优化步长
~iterations	int	5	扫描匹配的迭代次数
~lsigma	float	0.075	似然计算的激光雷达标准差
~ogain	float	3.0	似然计算时同于平滑重采样效果
~lskip	int	0	每次扫描跳过的光束数
~minimumScore	float	0.0	扫描匹配结果的最小值。当使用有限范围（如 5m）的激光雷达时，可以避免在大开放空间中跳跃姿势的估计
~srr	float	0.1m	平移函数（rho/rho），平移时的里程误差

续表

参数名	数据类型	默认值	功能
~srt	float	0.2m	旋转函数（rho/theta），平移时的里程误差
~str	float	0.1m	平移函数（theta/rho），旋转时的里程误差
~stt	float	0.2m	旋转函数（theta/theta），旋转时的里程误差
~linearUpdate	float	1.0m	智能机器人每平移该距离后处理一次扫描数据
~angularUpdate	float	0.5rad	智能机器人每旋转该弧度后处理一次扫描数据
~temporalUpdate	float	−1.0	如果最新扫描处理的速度比更新的速度慢，则处理一次扫描数据。当该值为负数时，关闭基于时间的更新
~resampleThreshold	float	0.5	基于 Neff 的重采样阈值
~particles	int	30	滤波器中的粒子数目
~xmin	float	−100.0	地图 x 向初始最小尺寸
~ymin	float	−100.0	地图 y 向初始最小尺寸
~xmax	float	100.0	地图 x 向初始最大尺寸
~ymax	float	100.0	地图 y 向初始最大尺寸
~delta	float	0.05	地图分辨率
~llsamplerange	float	0.01	似然计算的平移采样距离
~llsamplestep	float	0.01	似然计算的平移采样步长
~lasamplerange	float	0.005	似然计算的旋转采样距离
~lasamplestep	float	0.005	似然计算的旋转采样步长
~transform_publish_period	float	0.05	TF 变换发布的时间间隔
~occ_thresh	float	0.25	栅格地图占用率的阈值
~maxRange(float)	float	—	传感器的最大探测范围

（3）gmapping 功能包中的 TF 变换如表 16-3 所示。

表 16-3　gmapping 功能包中的 TF 变换

	TF 变换	功能
必需的 TF 变换	<scan frame>→base_link	激光雷达坐标系与基坐标系之间的变换，一般由 robot_state_publisher 或 static_transform_publisher 发布
	base_link→odom	基坐标系与里程计坐标系之间的变换，一般由里程计节点发布
发布的 TF 变换	map→odom	地图坐标系与里程计坐标系之间的变换，用于估计智能机器人在地图中的位姿

3. 智能机器人的 SLAM 实现

1）分布式系统的时间同步

智能机器人的控制实现方式主要有两种，一种是单独选用嵌入式系统的本地控制方式，另一种是“主控制器+PC”的分布式控制方式。如果采用本地控制方式，在 SLAM 实现中，则可以直接运行 SLAM 相关节点和命令；如果采用分布式控制方式，则首先需要进行 PC 和智能机器人主控制器之间的时间同步设置。

在进行导航操作之前，必须要保证智能机器人的主控制器的时间与远程 PC 的时间是同步的，否则会出现数据错误。在 ROS 系统中进行时间同步设置的具体方法有两种：一种是通过配置文件实现，另一种是通过网络配置界面实现。

（1）通过配置文件实现时间同步设置。

通过配置文件实现时间同步设置的具体操作包括以下几个步骤。

① 在远程 PC 端打开 ntp 配置文件。

```
sudo vim /etc/ntp.conf
```

如图 16-4 所示，在 ntp 配置文件的末尾增加下面几句，其中 IP 地址是指智能机器人主控制器的 IP 地址，默认为 192.168.1.101，增加这几句是为了让位于同一个局域网的其他设备能与远程 PC 进行时间同步。

```
restrict 192.168.1.101 mask 255.255.255.0 nomodify notrap
server 127.127.1.0
fudge 127.127.1.0 stratum 10
```

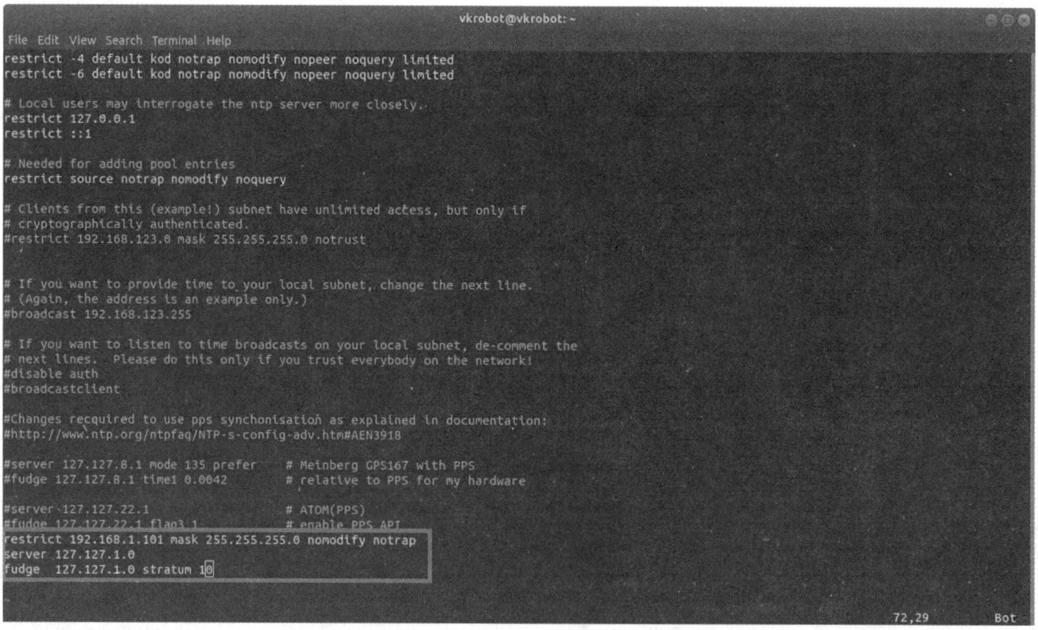

图 16-4　修改 ntp 配置文件

② 在远程 PC 端创建时间同步设置脚本文件（sh 文件）。

用户可以自由命名时间同步设置脚本文件，在这里命名为 sync_time_with_ip.sh。

（a）创建时间同步设置脚本文件，输入以下命令。

```
touch sync_time_with_ip.sh
```

（b）编辑时间同步设置脚本文件，输入以下命令。

```
vi sync_time_with_ip.sh
```

在该脚本文件中输入以下内容。

```
#! /bin/bash
sudo /etc/init.d/ntp stop
sudo /usr/sbin/ntpdate 192.168.1.102
```

（c）保存时间同步设置脚本文件。

按下“ESC”键，键入:wq 保存退出，将时间同步设置脚本文件复制到智能机器人主控制器的指定文件中。

（d）在智能机器人端给时间同步设置脚本文件赋予可执行权限。

在智能机器人主控制器相应的文件夹下，输入以下命令。

```
chmod +x test.sh
```

③ 在智能机器人端打开时间同步设置脚本文件所在的目录，运行该脚本文件，输入以下命令。

```
./sync_time_with_ip.sh
```

注意：如果进行时间同步的时候出现“No server suitable for synchronization found”的报错信息，那么可以尝试同时重启远程 PC 和智能机器人，然后重复上面同步时间的步骤。

④ 在远程 PC 端和智能机器人端分别确认是否完成时间同步。

在远程 PC 端和智能机器人端分别运行以下命令。

```
date
```

对比打印出来的时间，确认是否已经完成时间同步。

（2）通过网络配置界面实现时间同步设置。

远程 PC 和智能机器人主控制器使用 Wi-Fi 或有线方式连接到外部网络，设置操作系统中的时间设置界面，使能同步网络时间，具体操作如图 16-5 所示。

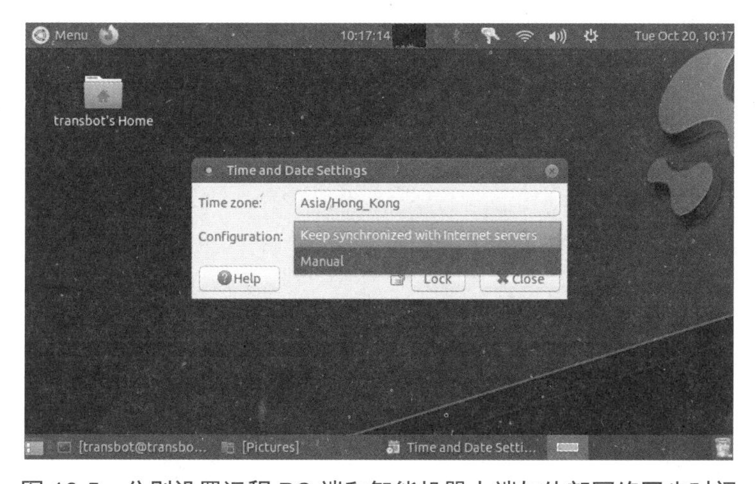

图 16-5　分别设置远程 PC 端和智能机器人端与外部网络同步时间

2）gmapping 功能包中节点的配置与运行

对于智能机器人的开发人员来说，需要合理地使用 gmapping 功能包的相关节点、话题、参数等软件接口，掌握如何借助其提供的接口实现相应的功能。

为了完整地介绍关于 gmapping 功能包的参数配置，这里通过 launch 文件说明具体的参数配置过程。该 launch 文件可以参见本书提供的代码文件 transbot_gmapping.launch。

```
<launch>
  <!-- Arguments -->
  <arg name="model" default="$(env TRANSBOT_MODEL)" doc="model type [normal, mecanum, omni, helm]"/>
  <arg name="configuration_basename" default="transbot_lds_2d.lua"/>
  <arg name="set_base_frame" default="base_footprint"/>
  <arg name="set_odom_frame" default="odom"/>
  <arg name="set_map_frame"  default="map"/>

  <!-- Gmapping -->
  <node pkg="gmapping" type="slam_gmapping" name="transbot_slam_gmapping" output="screen">
    <param name="base_frame" value="$(arg set_base_frame)"/>
    <param name="odom_frame" value="$(arg set_odom_frame)"/>
    <param name="map_frame"  value="$(arg set_map_frame)"/>
    <param name="map_update_interval" value="2.0"/>
    <param name="maxUrange" value="3.0"/>
    <param name="sigma" value="0.05"/>
    <param name="kernelSize" value="1"/>
    <param name="lstep" value="0.05"/>
    <param name="astep" value="0.05"/>
    <param name="iterations" value="5"/>
    <param name="lsigma" value="0.075"/>
    <param name="ogain" value="3.0"/>
    <param name="lskip" value="0"/>
    <param name="minimumScore" value="50"/>
    <param name="srr" value="0.1"/>
    <param name="srt" value="0.2"/>
    <param name="str" value="0.1"/>
    <param name="stt" value="0.2"/>
    <param name="linearUpdate" value="1.0"/>
    <param name="angularUpdate" value="0.2"/>
    <param name="temporalUpdate" value="0.5"/>
    <param name="resampleThreshold" value="0.5"/>
    <param name="particles" value="100"/>
    <param name="xmin" value="-10.0"/>
    <param name="ymin" value="-10.0"/>
    <param name="xmax" value="10.0"/>
    <param name="ymax" value="10.0"/>
    <param name="delta" value="0.05"/>
```

```
    <param name="llsamplerange" value="0.01"/>
    <param name="llsamplestep" value="0.01"/>
    <param name="lasamplerange" value="0.005"/>
    <param name="lasamplestep" value="0.005"/>
  </node>
</launch>
```

在启动 gmapping 功能包的同时，需要配置较多 gmapping 节点的参数。这些参数都有默认值，大部分时候使用默认值或使用 ROS 系统中相似智能机器人的配置即可。这些参数都与 SLAM 算法有着紧密的联系，要熟练地使用这些参数，就需要掌握 SLAM 算法的原理。在智能机器人开发过程中，可以先采用这些参数的默认值，在 SLAM 功能实现之后，再进行参数优化。

在这些参数中需要重点检查两个参数的输入和配置。

（1）里程计坐标系的配置，odom_frame 参数需要和智能机器人本身的里程计坐标系一致。

（2）激光雷达的话题名，gmapping 功能包订阅的激光雷达话题名是“/scan”，如果与智能机器人发布的激光雷达话题名不一致，则需要使用<remap>进行重映射。

项目设计

智能机器人的控制实现方式主要有两种，因此智能机器人实现 SLAM 的方式也有两种，其中在分布式控制系统上实现 SLAM 的操作相对复杂一些，而采用本地控制方式实现 SLAM 的操作可以参考分布式控制方式。

采用 gmapping 算法在分布式控制系统上进行智能机器人的 SLAM 建图，主要的操作如下。第一，要启动智能机器人必要的功能包和节点；第二，启动 gmapping 功能包；第三，启动 RVIZ 仿真工具；第四，控制智能机器人在真实场景中移动，使智能机器人在移动过程中使用激光雷达完成对周围环境的感知，完成 SLAM 建图。

项目实施

分布式控制系统的智能机器人实现 SLAM 的操作过程主要包括以下几个步骤。

（1）在 PC 端启动 master 节点。

在 PC 端输入以下命令，启动 ROS 系统的 master 节点。

```
roscore
```

（2）在 PC 端登录到智能机器人主控制器。

通过 SSH 协议远程登录到智能机器人主控制器，这里需要输入主控制器在局域网中的用户名和 IP 地址，用户名默认为 transbot，IP 地址为 192.168.1.101。根据提示输入密码，默认为 vkrobot，当成功登录到主控制器时，命令窗口输入栏的用户名会变为 transbot。

在远程 PC 端输入的命令如下。

```
ssh transbot@192.168.1.101
```

（3）运行智能机器人的启动节点。

在智能机器人端输入的命令如下。

```
roslaunch transbot_bringup transbot_robot.launch
```

（4）在远程 PC 端启动 gmapping 功能包。

在远程 PC 端打开一个新终端，并在该终端中输入以下命令。

```
export TRANSBOT_MODEL=normal
roslaunch transbot_slam transbot_gmapping.launch
```

（5）在远程 PC 端对智能机器人的相关参数进行设置。

在远程 PC 端打开一个新终端，并在该终端中输入以下命令。

```
roslaunch transbot_bringup transbot_remote.launch
```

（6）在远程 PC 端打开 RVIZ 仿真工具。

在远程 PC 端打开一个新终端，并在该终端中输入以下命令。

```
rosrun rviz rviz -d `rospack find transbot_slam`/rviz/ transbot_gmapping.rviz
```

（7）启动智能机器人的键盘控制节点，控制智能机器人在场景中移动，完成 SLAM 建图。

在远程 PC 端打开一个新终端，并在该终端中输入以下命令。

```
roslaunch transbot_teleop transbot_teleop_key.launch
```

如果键盘控制节点启动成功，则显示信息如图 16-6 所示。

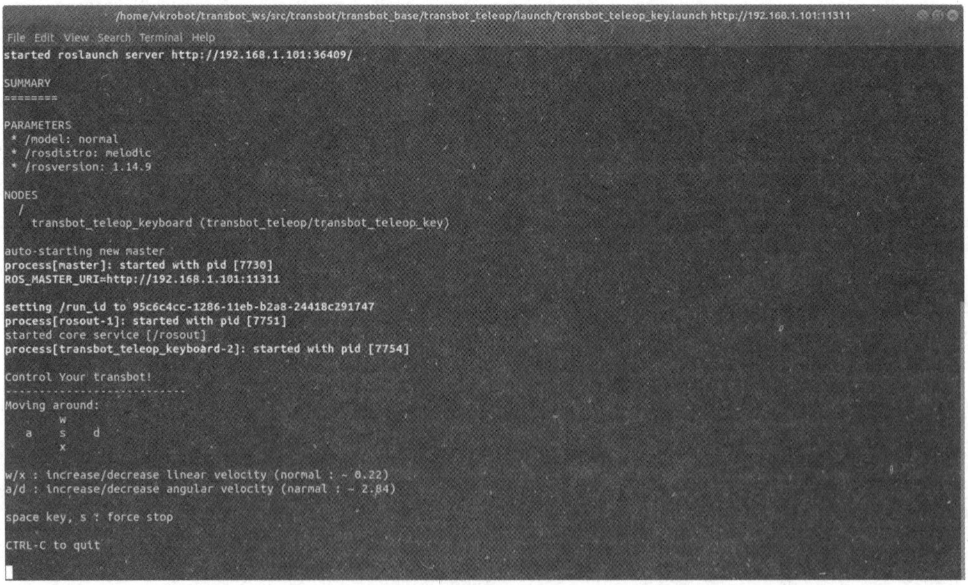

```
/home/vkrobot/transbot_ws/src/transbot/transbot_base/transbot_teleop/launch/transbot_teleop_key.launch http://192.168.1.101:11311
File Edit View Search Terminal Help
started roslaunch server http://192.168.1.101:36409/

SUMMARY
========

PARAMETERS
 * /model: normal
 * /rosdistro: melodic
 * /rosversion: 1.14.9

NODES
  /
    transbot_teleop_keyboard (transbot_teleop/transbot_teleop_key)

auto-starting new master
process[master]: started with pid [7730]
ROS_MASTER_URI=http://192.168.1.101:11311

setting /run_id to 95c6c4cc-1286-11eb-b2a8-24418c291747
process[rosout-1]: started with pid [7751]
started core service [/rosout]
process[transbot_teleop_keyboard-2]: started with pid [7754]

Control Your transbot!
---------------------------
Moving around:
        w
   a    s    d
        x

w/x : increase/decrease linear velocity (normal : ~ 0.22)
a/d : increase/decrease angular velocity (narmal : ~ 2.84)

space key, s : force stop

CTRL-C to quit
```

图 16-6　显示信息

控制智能机器人移动，让它遍历整个需要建图的区域，这样对应的 SLAM 算法就会自动对地图进行创建，同时能在创建出来的地图上看到智能机器人的位置。SLAM 建图结果如图 16-7 所示。

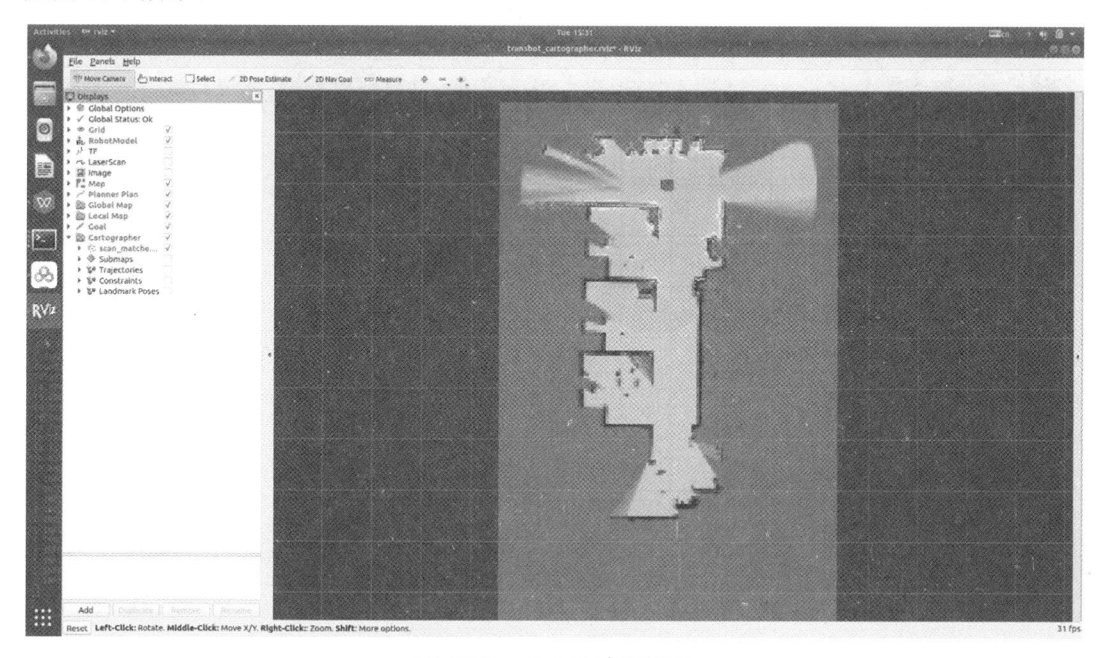

图 16-7　SLAM 建图结果

（8）在远程 PC 端保存创建完成的地图。

map_server 提供了一个 ROS 节点，该节点通过一个 ROS 服务来提供地图数据，同时提供了一个命令行程序来动态地将生成的地图保存到文件中。这些操作依赖一些库，特别需要注意的是 sdl-image（用来加载地图图片）、yaml-cpp（配置中会用到许多 YAML 文件）和 tf。

如果没有在远程 PC 端安装 map_server，则首先需要进行安装操作。在远程 PC 端新建一个终端后，输入以下命令。

```
sudo apt-get install ros-melodic-map-server
```

如果在远程 PC 端已经安装 map_server，则可直接进行地图保存操作。一般来讲，如果涉及地图操作，则在智能机器人的功能包中单独建立一个 map 文件夹，用来保存地图文件。在远程 PC 端新建一个终端，进入需要保存地图的文件夹后，输入以下命令。

```
rosrun map_server map_saver -f mymap
```

也可以直接指定路径进行地图保存。

```
rosrun map_server map_saver -f  ~/catkin_ws/src/hypharos_minicar/launch/
map/mymap
```

项目评价

填写表 16-4 所示任务过程评价表。

表 16-4　任务过程评价表

任务实施人姓名________________学号__________________时间___________

评价项目及标准		分值/分	小组评议	教师评议
技术能力	1．基本概念熟悉程度	10		
	2．gmapping 功能包参数配置	10		
	3．gmapping 算法参数调整	10		
	4．智能机器人启动操作	10		
	5．智能机器人 SLAM 建图操作	10		
	6．智能机器人 SLAM 建图质量	10		
执行能力	1．出勤情况	5		
	2．遵守纪律情况	5		
	3．是否主动参与，有无提问记录	5		
	4．有无职业意识	5		
社会能力	1．能否有效沟通	5		
	2．能否使用基本的文明礼貌用语	5		
	3．能否与组员主动交流、积极合作	5		
	4．能否自我学习及自我管理	5		
		100		
评定等级：				
评价意见		学习意见		
评定等级：A 为优，90 分<得分≤100 分；B 为好，80 分<得分≤90 分；C 为一般，60 分<得分≤80 分；D 为有待提高，0 分≤得分≤60 分				

项目 17　智能机器人自主导航

项目要求

利用项目 16 中通过 SLAM 创建的地图，实现智能机器人从初始位置到目标位置的自主导航。

知识导入

1. 智能机器人的定位

智能机器人要能够自主地从初始位置到目标位置，主要涉及三个关键问题：第一个是如何对外部环境创建出准确的地图；第二个是智能机器人自身的实时定位问题；第三个是智能机器人根据地图进行导航规划的问题。对于第一个问题，智能机器人通过 SLAM 技术解决，在前面已进行了介绍，这里主要针对后两个问题进行介绍。

1）智能机器人定位的典型模型

对于智能机器人的定位问题，根据面向的场景不同，可以分为局部定位（Local Location）、全局定位（Global Location）、机器人绑架问题（Kidnapped Robot Problem）三种。目前，这三种定位问题的解决主要依靠概率仿真的方法。

在 SLAM 中，智能机器人一般是通过里程计提供的运动参数解决定位问题的。但在实际中，里程计提供的相关数据存在一定的误差，特别是运动过程中出现打滑等现象，将使智能机器人的定位结果出现较大的误差，此外里程计的误差会随着持续运动进行累积，因此这种定位方式只适合在初期建图时使用，而无法在导航过程中提供精确的、实时的定位信息。为此，需要健壮性更好的定位算法来满足智能机器人自主导航的需要。

2）AMCL 定位算法

AMCL（Adaptive Monte Carlo Localization，自适应蒙特卡罗定位）算法是一种基于概率的定位算法，可以实现智能机器人在二维环境中有效定位。它采用自适应（或 KLD 采样）蒙特卡洛方法进行定位，并且使用粒子滤波对智能机器人在已知的地图中进行位姿跟踪。

AMCL 定位算法在计算粒子权值时需要额外监控两种数据，即粒子权值的长期变化均值 ω_{slow} 和短期变化均值 ω_{fast}，根据已经设定好的长期变化率 α_{slow} 和短期变化率 α_{fast} 对这两种均值进行维护，按照下式进行更新。

$$\begin{cases}\omega_{slow}=\omega_{slow}+\alpha_{slow}(\omega_{avg}-\omega_{slow})\\ \omega_{fast}=\omega_{fast}+\alpha_{fast}(\omega_{avg}-\omega_{fast})\end{cases} \tag{17-1}$$

根据下式确定加入随机粒子的概率和重要性采样的概率。

$$\max\{0,1-\frac{\omega_{fast}}{\omega_{slow}}\} \tag{17-2}$$

在 AMCL 定位算法的最后，通过进行 KLD 采样实现将当前位姿定位所需的粒子数目同粒子集与地图状态相对应。AMCL 定位算法可以根据需要动态地调节需要的粒子集大小，所以可以有效地降低计算资源的损耗，缩短计算时间，更加高效地利用粒子。AMCL 定位算法中计算粒子集对应粒子数目的方法如下。

$$M_{top}=\frac{k-1}{2\alpha}[1-\frac{2}{9(k-1)}+\sqrt{\frac{2}{9(k-1)}}\beta]^3 \tag{17-3}$$

2．导航规划原理

导航规划就是路径规划，路径规划算法经常被认为是一种图形搜索算法，智能机器人要进行路径规划必须首先完成对工作环境的建模，即路径规划的第一步是建图。建图完成后，第二步则是规划。

智能机器人的环境地图常见的描述方式主要有栅格地图、可视地图等。栅格地图（Occupancy Grid Map）将智能机器人所处的工作环境进行栅格化。栅格地图将环境按照一定的长度划分为一个个栅格，用栅格的状态表示环境信息的可通过（栅格未被占用）或不可通过（栅格被占用）。

可视地图首先将环境中的障碍物进行凸多边形建模表示，然后将凸多边形的各个顶点相互连接，对每条连线进行判断，根据智能机器人是否可以安全通过，赋予每条连线不同的权值，如图 17-1 所示。

除以上两种方式外，还有四叉树分解法、Voronoi 图等描述方式。

智能机器人的全局路径规划是基于对环境的先验地图在运动空间内利用某种评价方法寻找到最优路径（不一定是最短路径）的过程。最优路径的首要条件是保证安全，即智能机器人运动时与障碍物无碰撞。常见的全局路径规划算法主要有 Dijkstra 算法、A*算法、蚁群算法、人工势场法等，以及对这些算法的改进。

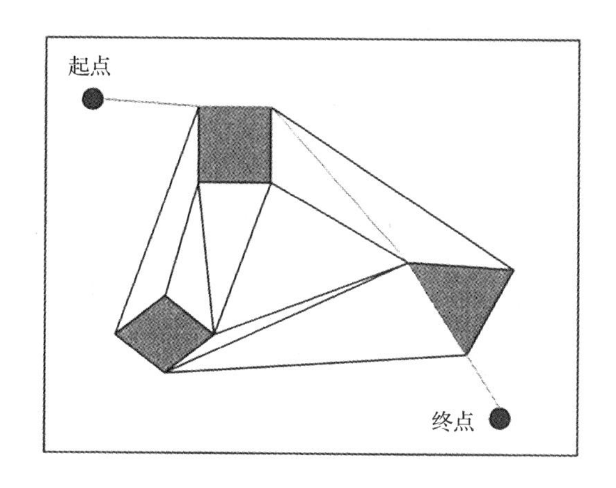

图 17-1　可视地图

1）Dijkstra 算法

Dijkstra 算法是一种经典的求解最短路径的算法，该算法于 1959 年，由荷兰计算机科学家 Edsger Wybe Dijkstra 提出。Dijkstra 算法是一种广度优先的搜索算法，用于计算一个节点去往其他各个不相关节点的最小移动代价。此算法的思想是把图中出现的所有节点分为两组，第 1 组存放被准确认定是最短路径点的节点，第 2 组存放待检查的不确定的节点。根据最小移动代价逐渐增大的顺序，逐个将第 2 组待检查的节点经过检查后加入第 1 组中，从起点开始，智能机器人所前往的所有最短路径点均被收纳于第 1 组中。

2）A*算法

A*算法是启发式搜索算法，用于在静态二维空间中计算最优路径。它结合了经典的 Dijkstra 算法和启发式最佳搜索（BFS）算法。A*算法依据成本评价函数进行搜索，将搜索到的满足成本评价函数的点作为下一次要搜索的点，并重复此过程，直到找到目标点，形成最优路径，其成本评价函数如下。

$$f(n)=g(n)+h(n) \tag{17-4}$$

式中，$f(n)$为当前位置 n 的成本评价函数；$g(n)$为智能机器人从初始位置到当前位置 n 的实际成本；$h(n)$为智能机器人从当前位置 n 到目标位置的估计成本。$h(n)$的选择直接影响到 A*算法的成功率和准确率，其值越接近实际值，搜索效率越高。

3）导航中的代价地图

智能机器人在仅含有布尔信息的栅格地图中运动并不十分安全，为了改善路径规划的环境而对原始地图进行加工生成的新地图称为代价地图（Costmap）。对于图 17-2 所示的智能机器人路径规划问题，在智能机器人运动过程中，传感器测得空间中存在影响智能机器人运动的障碍物。此时，首先将障碍物的信息在代价地图中进行标注；然后根据智能机器人的实际半径，对障碍物周围的栅格进行膨胀并告诉智能机器人这是不能通过的危险区域；

最后智能机器人可以在标注空间信息的代价地图中实施路径规划，并有条不紊地控制自身进行循迹。

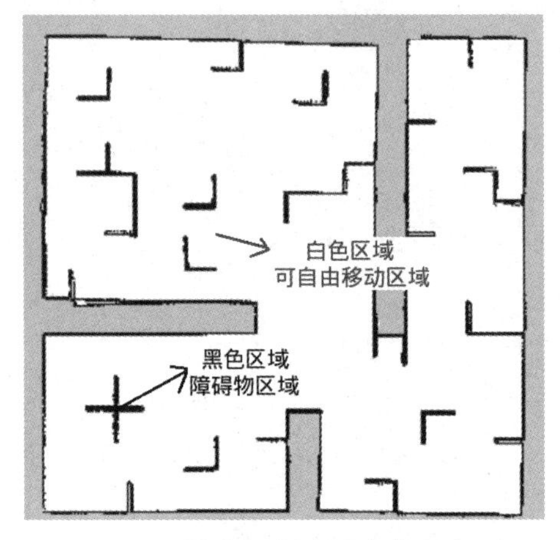

图 17-2　智能机器人路径规划问题

按照构造方式的不同，代价地图可以分为单源代价地图和多层代价地图。单源代价地图将所有的静态地图和传感器的数据都存储在一个单元格中，所有路径规划的信息在同一张代价地图上进行。多层代价地图借助每个子层有规律地协同维护一个层级列表，追踪与本层有关的特定功能的数据，将相关的数据进行更新后，存储在本层私有的代价地图中，然后按照特定的顺序和方式将本层的子层代价地图整合到主代价地图中。

3．ROS 系统的导航功能包

从导航功能实现的空间范围来讲，导航可以分为二维空间导航和三维空间导航，目前较为成熟的是二维空间导航。ROS 系统主要提供了针对二维空间的导航功能包，其基本原理是根据输入的里程计等传感器的信息流和智能机器人的全局位置，通过导航算法，计算得出安全可靠的智能机器人速度控制命令。在实践应用中，导航功能包的功能实现是一项较为复杂的工程。

在 ROS 系统中，进行导航需要使用的三种功能包如下。

（1）SLAM 功能包：根据不同算法，ROS 系统提供不同的 SLAM 功能包，根据激光数据（或深度数据）建立地图。

（2）move_base 功能包：根据参照的消息进行路径规划，使智能机器人到达指定的位置。

（3）amcl 功能包：根据已有的地图进行定位。

ROS 系统的导航功能框架如图 17-3 所示。

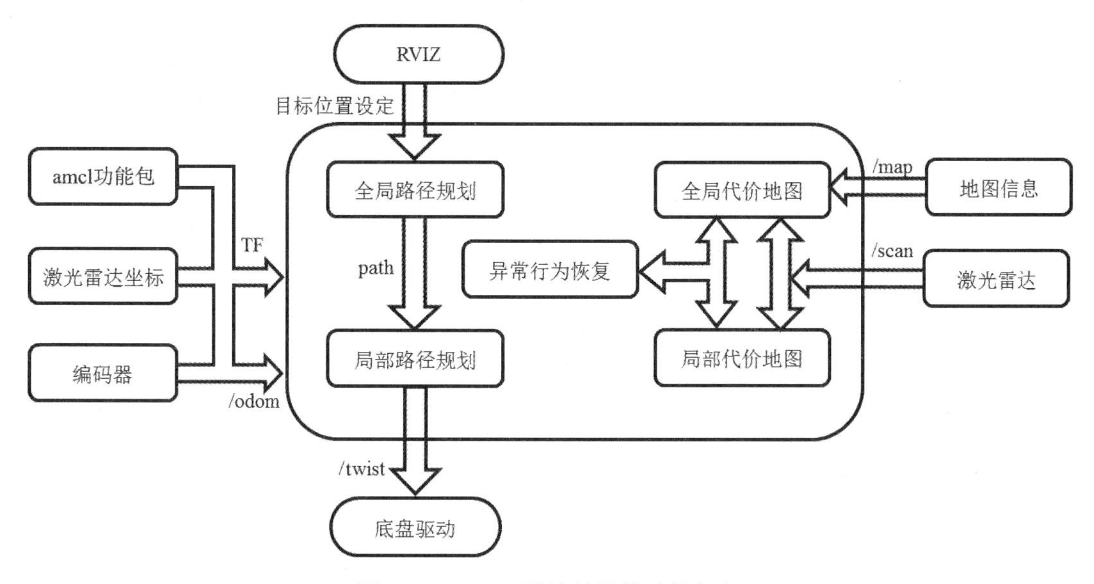

图 17-3　ROS 系统的导航功能框架

智能机器人将传感器数据和导航的目标位置信息发送到 ROS 系统，ROS 系统通过相应的计算，将其转换为实时的运动控制信号，实现智能机器人的自主导航。在 ROS 系统中，move_base 功能包提供导航的主要运行、交互接口。为了保障导航路径的准确性，ROS 系统还需要使用 amcl 功能包实现对智能机器人自身位置的精确定位。

ROS 系统涉及多个与导航功能相关的功能包，可以通过以下命令直接按照 ROS 系统的导航功能框架，实现多个功能包的安装。

```
sudo apt-get install ros-melodic-navigation
```

SLAM 功能包已在前面进行介绍，接下来将重点介绍 amcl 功能包和 move_base 功能包。

1）amcl 功能包

ROS 系统中基于 AMCL 定位算法提供了 amcl 功能包，该功能包可以实现智能机器人在任意状态下推算自己在地图中的定位。接下来介绍 amcl 功能包的接口。

（1）amcl 功能包中的话题和服务。

amcl 功能包中的话题如表 17-1 所示。

表 17-1　amcl 功能包中的话题

	话题名	msg 类型	功能
话题发布	amcl_pose	geometry_msgs/PoseWithCovarianceStamped	智能机器人在地图中的位姿估计，带有协方差信息
	particlecloud	geometry_msgs/PoseArray	粒子滤波器维护的位姿估计集合
	tf	tf/tfMessage	发布从 odom 坐标系（可以使用参数~odom_frame_id 进行重映射）到 map 坐标系的变换

续表

	话题名	msg 类型	功能
话题订阅	scan	sensor_msgs/LaserScan	激光雷达数据
	tf	tf/tfMessage	坐标变换信息
	initipose	geometry_msgs/PoseWithCovarianceStamped	用来初始化粒子滤波器位姿的均值和协方差
	map	nav_msgs/OccupancyGrid	当配置 use_map_topic 参数时，订阅 map 话题以获取地图数据，用于激光定位

amcl 功能包中的服务如表 17-2 所示。

表 17-2　amcl 功能包中的服务

	服务名	srv 类型	功能
服务器服务	global_localization	std_srvs/Empty	初始化全局位置，所有粒子被随机撒在地图上的空闲区域
	request_nomotion_update	std_srvs/Empty	手动执行更新并发布更新的粒子
客户端服务	static_map	nav_msgs/GetMap	调用该服务来获取地图数据

（2）amcl 功能包中的参数。

amcl 功能包中的参数如表 17-3 所示。

表 17-3　amcl 功能包中的参数

参数名	数据类型	默认值	功能
总体滤波器参数			
~min_particles	int	100	最小粒子数目
~max_particles	int	5000	最大粒子数目
~kld_err	double	0.01	真实分布与估计分布之间的最大误差
~kld_z	double	0.99	(1−p)的上标准正常分位数，其中 p 是估计分布误差小于 kld_eer 的概率
~update_min_d	double	0.2m	执行一次滤波器更新所需的平移距离
~update_min_a	double	π/6rad	执行一次滤波器更新所需的旋转角度
~resample_interval	int	2	重采样之前滤波器的更新次数
~transform_tolerance	double	0.1s	发布变换的时间，以指示此变换在未来有效
~recovery_alpha_slow	double	0.0	慢速平均权重滤波器的指数衰减率，用于决定何时通过添加随机位姿进行恢复操作，0.0 表示禁用
~recovery_alpha_fast	double	0.0	快速平均权重滤波器的指数衰减率，用于决定何时通过添加随机位姿进行恢复操作，0.0 表示禁用
~initial_pose_x	double	0.0m	初始位姿均值（x），用于初始化高斯分布滤波器

续表

参数名	数据类型	默认值	功能
总体滤波器参数			
~initial_pose_y	double	0.0m	初始位姿均值（y），用于初始化高斯分布滤波器
~initial_pose_a	double	0.0m	初始位姿均值（yaw），用于初始化高斯分布滤波器
~initial_cov_xx	double	0.5m×0.5m	初始位姿协方差（x×x），用于初始化高斯分布滤波器
~initial_cov_yy	double	0.5m×0.5m	初始位姿协方差（y×y），用于初始化高斯分布滤波器
~initial_cov_aa	double	(π/12)rad×(π/12)rad	初始位姿协方差（yaw×yaw），用于初始化高斯分布滤波器
~gui_publish_rate	double	-1.0Hz	当进行可视化时，发布信息的最大速率，-1.0Hz 表示禁用
~save_pose_rate	double	0.5Hz	参数服务器中的存储位姿估计（~initial_pose_）和协方差（~initial_cov_）的最大速率，用于后续初始化滤波器。-1.0Hz 表示禁用
~use_map_topic	bool	false	当设置为 true 时，将订阅 map 话题，而不是通过服务调用接收到的地图
~first_map_only	bool	false	当设置为 true 时，将只使用订阅的第一个地图，而不是每次更新接收到的地图
激光模型参数			
~laser_min_range	double	-1.0	最小扫描范围
~laser_max_range	double	-1.0	最大扫描范围
~laser_max_beams	int	30	更新滤波器时要在每次扫描中使用间隔均匀光束的数目
~laser_z_hit	double	0.95	模型 z_hit 部分的混合参数
~laser_z_short	double	0.1	模型 z_short 部分的混合参数
~laser_z_max	double	0.05	模型 z_max 部分的混合参数
~laser_z_rand	double	0.05	模型 z_rand 部分的混合参数
~laser_sigma_hit	double	0.2m	模型 z_hit 部分中使用的高斯模型的标准偏差
~laser_lambda_short	double	0.1	模型 z_short 部分的指数衰减参数
~laser_likelihood_max_dist	double	2.0m	地图上测量障碍物膨胀的最大距离
~laser_model_type	string	“likelihood_field”	模型选择，beam、likelihood_field 或 likelihood_field_prob
里程计模型参数			
~odom_model_type	string	“diff”	模型选择，diff、omni、diff-corrected 或 omni-corrected
~odom_alpha1	double	0.2	根据智能机器人运动的旋转分量，指定里程计旋转估计中的预期噪声

续表

参数名	数据类型	默认值	功能
里程计模型参数			
~odom_alpha2	double	0.2	根据智能机器人运动的平移分量，指定里程计旋转估计中的预期噪声
~odom_alpha3	double	0.2	根据智能机器人运动的平移分量，指定里程计平移估计中的预期噪声
~odom_alpha4	double	0.2	根据智能机器人运动的旋转分量，指定里程计平移估计中的预期噪声
~odom_alpha5	double	0.2	平移相关的噪声参数(仅在模型 omni 中使用)
~odom_frame_id	string	“odom”	里程计的坐标系
~base_frame_id	string	“base_link”	智能机器人底盘的坐标系
~global_frame_id	string	“map”	定位系统发布的坐标系
~tf_broadcast	bool	true	当设置为 false 时，不会发布 map 坐标系与 odom 坐标系之间的变换

（3）amcl 功能包涉及的 TF 变换。

传感器提供了智能机器人的运动信息，根据这些信息可以获知智能机器人本体的位置，但由于不同传感器的安装位置及智能机器人本体的中心位置存在直接差别，因此需要将这些信息进行 TF 变换。在 amcl 功能包定位过程中，涉及的 TF 变换如图 17-4 所示。

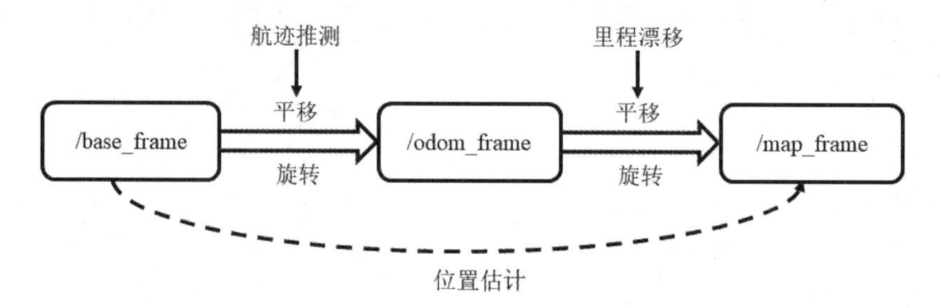

图 17-4　涉及的 TF 变换

在智能机器人导航过程中，amcl 功能包可以实现智能机器人定位；而从理论分析上看，智能机器人根据里程计也可以实现自身的定位，但这两者在 TF 变换上存在明显的区别。

2）move_base 功能包

move_base 功能包是 ROS 系统中完成导航功能的功能包，主要包括全局路径规划器（global_planner）和局部路径规划器（local_planner）。全局路径规划器根据给定的目标位置和全局地图进行全局路径的规划。此外，move_base 功能包将通过局部路径规划器得到局部路径，计算得到智能机器人的实时运动控制数据，即线速度和角速度，通过发布 cmd_vel 话题将计算得到的实时运动控制数据发送到智能机器人的运动控制器中，使智能机器人按照规划得到的路径产生实际的运动。

接下来介绍 move_base 功能包的各种接口。

（1）move_base 功能包中的话题、服务和动作。

move_base 功能包中的话题如表 17-4 所示。

表 17-4　move_base 功能包中的话题

	话题名	msg 类型	功能
话题发布	cmd_vel	geometry_msgs/Twist	输出到智能机器人底盘的速度命令
话题订阅	move_base_simple/goal	geometry_msgs/PoseStamped	为无须追踪目标执行状态的用户，提供一个非动作接口

move_base 功能包中的服务如表 17-5 所示。

表 17-5　move_base 功能包中的服务

	服务名	srv 类型	功能
服务	~make_plan	nav_msgs/GetPlan	允许用户从 move_base 节点获取给定目标的路径规划，但不会执行该路径规划
	~clear_unknown_space	std_srvs/Empty	允许用户直接清除智能机器人周围的未知空间；适合代价地图停止使用很长时间后，在一个全新环境中重新启动时使用
	~clear_costmaps	std_srvs/Empty	允许用户命令 move_base 节点清除代价地图中的障碍物。这可能会导致智能机器人撞上障碍物，请谨慎使用

move_base 功能包中的动作如表 17-6 所示。

表 17-6　move_base 功能包中的动作

	动作名	类型	功能
动作发布	move_base/feedback	move_base_msgs/MoveBaseActionFeedback	反馈信息，含有智能机器人底盘的坐标
	move_base/status	actionlib_msgs/GoalStatusArray	发送到 move_base 节点的目标状态信息
	move_base/result	move_base_msgs/MoveBaseActionResult	此处 move_base 节点操作的结果为空
动作订阅	move_base/goal	move_base_msgs/MoveBaseActionGoal	move_base 节点的运动规划目标
	move_base/cancel	actionlib_msgs/GoalID	取消特定目标的请求

（2）move_base 功能包中的参数。

move_base 功能包中的参数如表 17-7 所示。

表 17-7　move_base 功能包中的参数

参数名	数据类型	默认值	功能
~base_global_planner	string	"navfn/NavfnROS"	设置 move_base 功能包的全局路径规划器的插件名称
~base_local_planner	string	"base_local_planner/TrajectoryPlannerROS"	设置 move_base 功能包的局部路径规划器的插件名称
~recovery_behaviors	list	[{name:conservative_reset, type:clear_costmap_recovery/ClearCostmapRecovery}, {name:rotate_recovery/Rotate-Recovery}, {name:aggressive_reset, type:clear_costmap_recovery/ClearCostmapRecovery}]	设置 move_base 功能包的恢复操作插件列表，当 move_base 功能包不能找到有效的路径规划时，将按照这里指定的顺序执行操作
~controller_frequency	double	20.0Hz	发布控制命令的循环周期，根据该周期向智能机器人底盘发送命令
~planner_patience	double	5.0s	执行空间清理操作前，路径规划器等待有效规划的时间
~controller_patience	double	15.0s	执行空间清理操作前，控制器等待有效控制命令的时间
~conservative_reset_dist	double	3.0m	在代价地图中清理空间时，距智能机器人该范围的障碍物将被从代价地图中清除
~recovery_behavior_enabled	bool	true	是否启用 move_base 功能包恢复机制来清理空间
~clearing_rotation_allowed	bool	true	当清理空间时，智能机器人是否采用原地旋转的运动方式
~shutdown_costmaps	bool	false	当 move_base 节点进入 inactive 状态时，是否停用节点的代价地图
~oscillation_timeout	double	0.0s	执行恢复操作之前允许的振荡时间，0.0s 代表永不超时
~oscillation_distance	double	0.5m	智能机器人需要移动该距离才可当作没有振荡。移动完毕后，重置定时器参数 ~oscillation_timeout
~planner_frequency	double	0.0	全局路径规划器循环速率。如果设置为 0.0，则当收到新目标点或局部路径规划器上报路径不通时，全局路径规划器才会启动
~max_planning_retries	int	-1	恢复操作之前尝试的规划次数，-1 代表无上限地不断尝试

3）代价地图的配置

move_base 功能包使用两种代价地图存储周围环境中的障碍物信息：一种用于全局路径规划（global_costmap），另一种用于局部路径规划和实时避障（local_costmap）。两种代价地图需要使用一些共用的或独立的配置文件：通用配置文件、全局规划配置文件和局部规划配置文件。下面将详细介绍这三种配置文件的具体内容。

（1）通用配置文件。

代价地图用来存储周围环境的障碍物信息，其中需要声明代价地图关注的智能机器人传感器消息，以便于地图信息的更新。针对两种代价地图通用的配置选项，创建名为 costmap_common_params.yaml 的配置文件，具体代码如下。

```
obstacle_range:2.5
raytrace_range:3.0
# footprint:[[0.165,0.165],[0.165,-0.165],[-0.165,-0.165],[-0.165,0.165]]
robot_radius:0.165
inflation_radius:0.1
max_obstacle_height:0.6
min_obstacle_height:0.0
observation_sources:scan
scan:{data_type:LaserScan,topic:/scan,marking:true,clearing:true,expected_up
date_rate:0}
```

下面详细解析以上配置文件的代码。

```
obstacle_range:2.5
raytrace_range:3.0
```

这两个参数用来设置代价地图中障碍物的相关阈值。obstacle_range 参数用来设置智能机器人检测障碍物的最大范围，若设置为 2.5，则表示在 2.5m 范围内检测到的障碍物信息才会在地图中更新。raytrace_range 参数用来设置智能机器人检测自由空间的最大范围，若设置为 3.0，则表示在 3.0m 范围内，智能机器人将根据传感器的消息清除范围内的自由空间。

```
# footprint:[[0.165,0.165],[0.165,-0.165],[-0.165,-0.165],[-0.165,0.165]]
robot_radius:0.165
inflation_radius:0.1
```

footprint 参数用来设置智能机器人在二维地图上的占用面积，该参数以智能机器人的中心为坐标原点。如果智能机器人的外形是圆形，则需要设置智能机器人的外形半径 robot_radius。inflation_radius 参数用来设置障碍物的膨胀参数，也就是智能机器人应该与障碍物保持的最小安全距离，这里设置为 0.1，表示智能机器人规划的路径应该与障碍物保持 0.1m 以上的安全距离。

```
max_obstacle_height:0.6
min_obstacle_height:0.0
```

这两个参数用来描述障碍物的最大高度和最小高度。

```
observation_sources:scan
scan:{data_type:LaserScan,topic:/scan,marking:true,clearing:true,expected_up
date_rate:0}
```

observation_sources 参数列出了代价地图需要关注的所有传感器消息，每条传感器消息都会在后面列出详细内容。以激光雷达为例，data_type 参数表示激光数据或点云数据使用的消息类型，topic 参数表示传感器发布的话题名称，marking 和 clearing 参数用来设置是否需要使用传感器的实时消息来添加或清除代价地图中的障碍物信息。

（2）全局规划配置文件。

全局规划配置文件用来存储全局代价地图的配置参数，命名为 global_costmap_params.yaml，代码如下。

```
global_costmap:
global_frame:/map
robot_base_frame:/base_footprint
update_frequency:1.0
publish_frequency:0
static_map:true
rolling_window:false
resolution:0.01
transform_tolerance:1.0
map_type:costmap
```

global_frame 参数用来设置全局代价地图需要在哪个参考系下运行，这里选择 map 参考系。robot_base_frame 参数用来设置全局代价地图可以参考的智能机器人本体的坐标系。update_frequency 参数用来设置全局代价地图更新的频率，单位是 Hz。static_map 参数用来设置全局代价地图是否需要根据 map_server 提供的地图信息进行初始化，如果不需要使用已有的地图或 map_server，则最好将该参数设置为 false。

（3）局部规划配置文件。

局部规划配置文件用来存储局部代价地图的配置参数，命名为 local_costmap_params.yaml，代码如下。

```
local_costmap:
global_frame:map
robot_base_frame:base_footprint
update_frequency:3.0
publish_frequency:1.0
static_map:true
rolling_window:false
```

```
width:6.0
height:6.0
resolution:0.01
transform_tolerance:1.0
```

global_frame、robot_base_frame、update_frequency 和 static_map 参数的意义与全局规划配置文件中的参数相同。publish_frequency 参数用来设置局部代价地图发布可视化信息的频率，单位是 Hz。rolling_window 参数用来设置在智能机器人运动过程中是否需要滚动窗口，以保证智能机器人处于中心位置。width、height 和 resolution 参数用来设置局部代价地图的长度（m）、高度（m）和分辨率（m/格）。虽然分辨率设置得与静态地图不同，但是一般情况下两者是相同的。transform_tolerance 参数用来设置等待 TF 坐标变换发布信息的超时时间，单位是 s。

4）局部路径规划器的配置

局部路径规划器的主要作用是，根据规划的全局路径计算发布给智能机器人的速度控制命令。该规划器要根据智能机器人的规格配置相关参数，创建名为 base_local_planner_params.yaml 的配置文件，代码如下。

```
controller_frequency:3.0
recovery_behavior_enabled:false
clearing_rotation_allowed:false
TrajectoryPlannerROS:
   max_vel_x:0.3
   min_vel_x:0.05
   max_vel_y:0.0    # 当差速驱动底盘时，此值为 0
   min_vel_y:0.0
   min_in_place_vel_theta:0.5
   escape_vel:-0.1
   acc_lim_x:2.5
   acc_lim_y:0.0    # 当差速驱动底盘时，此值为 0
   acc_lim_theta:3.2

   holonomic_robot:false
   yaw_goal_tolerance:0.1    # 角度目标偏差小于或等于 6°
   xy_goal_tolerance:0.1    # xy 方向目标偏差小于或等于 10cm
   latch_xy_goal_tolerance:false
   pdist_scale:0.9
   gdist_scale:0.6
   meter_scoring:true

   heading_lookahead:0.325
   heading_scoring:false
   heading_scoring_timestep:0.8
   occdist_scale:0.1
   oscillation_reset_dist:0.05
```

```
publish_cost_grid_pc:false
prune_plan:true

sim_time:1.0
sim_granularity:0.025
angular_sim_granularity:0.025
vx_samples:8
vy_samples:0    # 当差速驱动底盘时，此值为 0
vtheta_samples:20
dwa:true
simple_attractor:false
```

上述配置文件声明智能机器人局部路径规划采用 Trajectory Rollout 算法，并且设置了算法中需要用到的智能机器人速度、加速度阈值等参数。

4. ROS 系统的导航功能实现

amcl 功能包和 move_base 功能包是 ROS 系统中实现导航功能的核心功能包，这两个功能包提供实现导航功能必要的计算方法和软件接口。

1）amcl 功能包的调用

在 amcl 功能包中实现定位的节点是 amcl 节点，因此实现 AMCL 定位最核心的就是调用该节点。AMCL 定位的实现除调用 amcl 节点外，还需要对 AMCL 算法中的大量参数进行设置，主要包括最大粒子数目~max_particles、最小粒子数目~min_particles、真实分布与估计分布之间的最大误差~kld_err、执行一次滤波器更新所需的平移距离~update_min_d、执行一次滤波器更新所需的旋转角度~update_min_a 等参数。由于涉及的参数较多，不便逐一进行设置，因此可以采用 launch 文件对节点进行调用和参数设置。

实现 amcl 功能包调用及相关参数设置的 launch 文件可以参见本书附带的文件 amcl.launch。

2）move_base 功能包的调用

在 move_base 功能包中实现导航功能的节点是 move_base 节点，因此实现导航与路径规划最核心的就是调用该节点。在调用 move_base 功能包时，除要像调用 amcl 功能包一样，对相关参数进行设置外，还需要使用参数服务器（Parameter Server），实现参数的全局调用。与 amcl 功能包类似，由于 move_base 功能包涉及的参数较多，不便逐一进行设置，因此可以采用 launch 文件对节点进行调用和参数设置。

实现 move_base 功能包调用及相关参数设置的 launch 文件可以参见本书附带的文件 move_base.launch。

3）ROS 系统的位置标识操作

智能机器人进行自主导航除要进行路径规划和定位外，明确自身的初始位置和目标位置也是必不可少的操作环节。ROS 系统中已经提供了便利的可视化工具，使用 RVIZ 进行智能机器人的初始位置和目标位置标识是目前较为主流的操作方法。

启动 ROS 系统的导航节点后，系统本身会默认智能机器人处于 SLAM 建图时的原点上，这时智能机器人的位置是不准确的，如图 17-5 所示，为了尽快使智能机器人定位，可以手动设定智能机器人的初始位置。

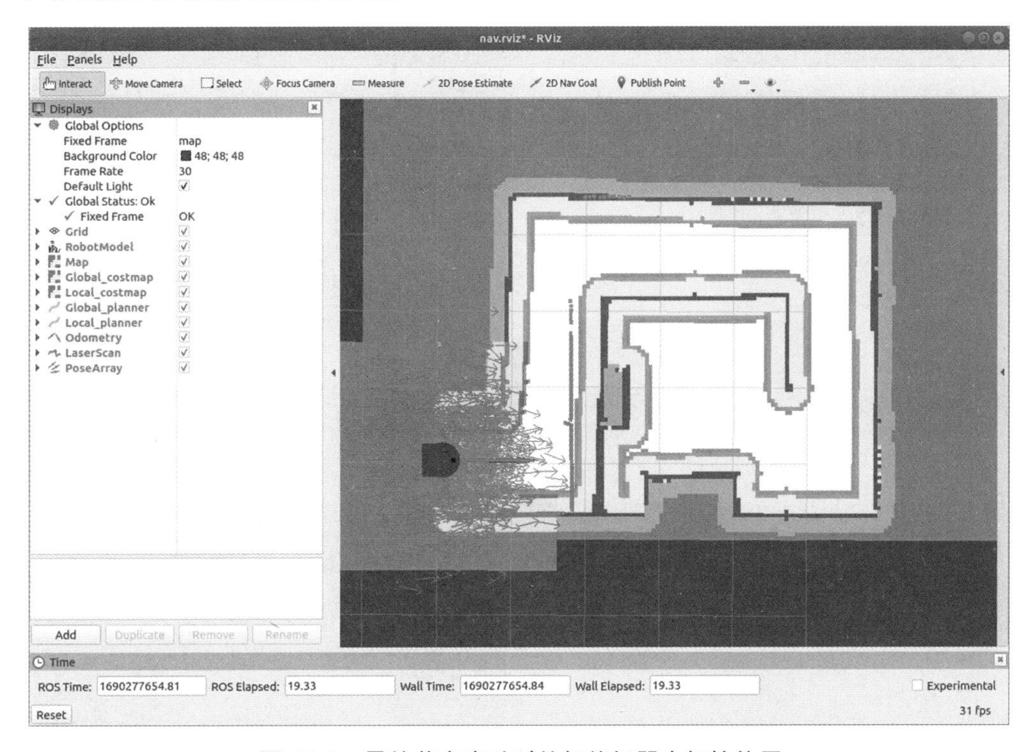

图 17-5　导航节点启动时的智能机器人初始位置

在 RVIZ 软件界面的菜单栏中有一个“2D Pose Estimate”按钮，首先单击该按钮，将光标拖动到给定地图中实际智能机器人所在的位置，并调整智能机器人的正面朝向，然后释放鼠标，这样就完成了一次手动设置智能机器人初始位置的操作。也可以通过智能机器人的键盘控制节点等方式，移动智能机器人的位置和调整其姿态，使智能机器人实时扫描出来的激光雷达数据尽量与地图上的重合。智能机器人完成初始位置调整如图 17-6 所示。

调整好智能机器人的初始位置以后，下一步就可以设定智能机器人的目标位置了（见图 17-7）。同样地，在 RVIZ 软件界面的菜单栏中有一个“2D Nav Goal”按钮，首先单击该按钮，将光标拖动到给定地图中希望智能机器人到达的目标位置，并在按住鼠标左键的同时，将绿色箭头拖动到希望智能机器人正面朝向的方向，然后释放鼠标。此时在地图上会出现指定的智能机器人的目标位姿和导航算法计算出来的智能机器人的运动轨迹。

一般来讲，可以通过编写 launch 文件将智能机器人运动控制、AMCL 定位、move_base 功能包导航、RVIZ 可视化工具启动等功能集成在一起，提高运行效率，同时有利于进行调试。将这些功能集成在一起的 launch 文件代码，可以参见本书附带的文件 transbot_navigation.launch。

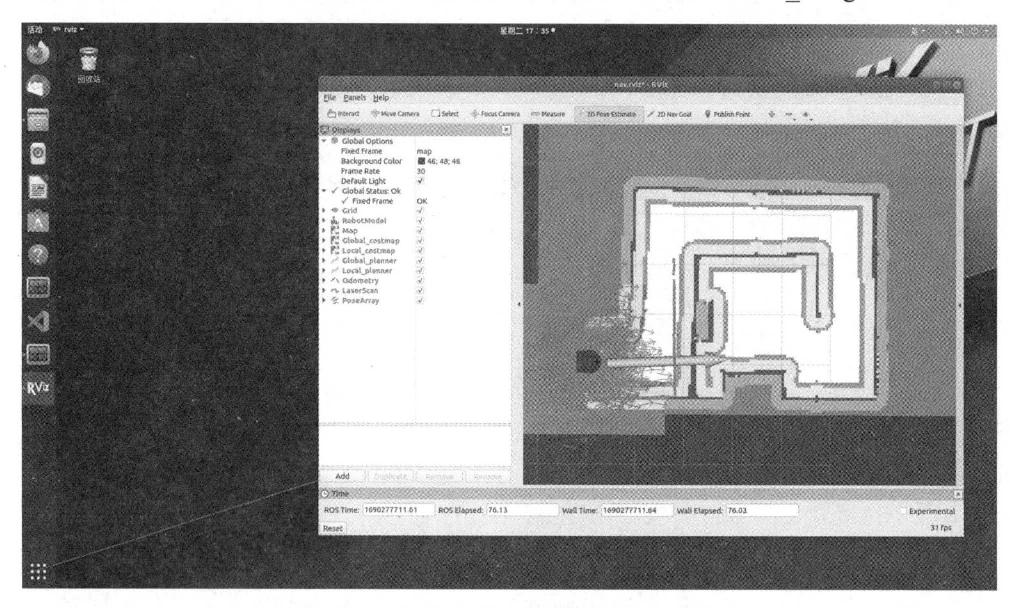

图 17-6　智能机器人完成初始位置调整

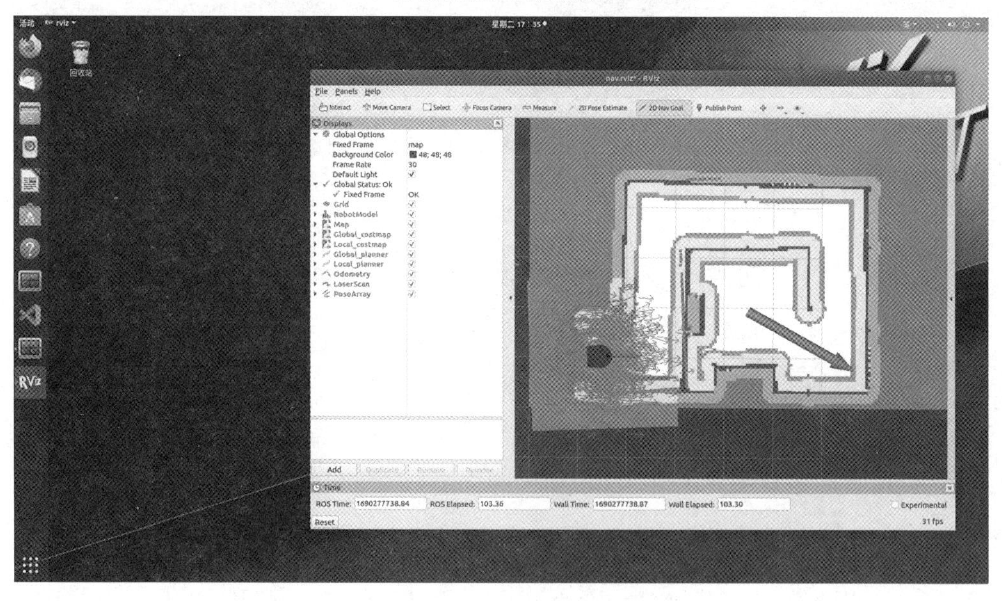

图 17-7　智能机器人目标位置设定

项目设计

要实现智能机器人的自主导航，主要的工作包括两部分，一部分是创建外部环境的地图，另一部分是实时定位与路径规划。在前面的项目中，已经完成外部环境地图的创建，这里将主要完成实时定位与路径规划的内容。

对于智能机器人的实时定位与路径规划，主要的工作内容包括以下部分。

（1）根据事先构建的地图和智能机器人的初始位置及目标位置进行路径规划。

（2）根据规划的路径和代价地图，产生智能机器人的实时运动控制数据，使智能机器人产生实际的运动。

（3）在智能机器人运动过程中进行实时定位。

前两个部分主要由 move_base 功能包实现，而实时定位部分主要由 amcl 功能包实现，代价地图的更新与维护则通过 costmap_2d 功能包实现。

要实现智能机器人的自主导航，建图、定位、路径规划缺一不可，ROS 系统中实现导航功能的框架如图 17-3 所示。

根据以上分析，要实现智能机器人的自主导航，主要操作为：智能机器人运动控制所需的节点启动、AMCL 定位相关节点启动与参数设置、move_base 功能包中相关节点的启动与参数设置。此外，智能机器人一般采用分布式控制系统，因此远程登录操作是必不可少的。

智能机器人自主导航涉及的操作比较多，如果逐一通过命令行输入，则效率非常低，并且不利于调整参数值，因此可以将这些操作整合为 launch 文件，提高操作效率，也便于代码复用。

项目实施

根据工作任务设计的分析结果及要求，实现智能机器人自主导航的操作过程主要包括以下几个步骤。

（1）在远程 PC 端启动 master 节点。

在远程 PC 端输入以下命令，启动 ROS 系统的 master 节点。

```
roscore
```

（2）在远程 PC 端登录到智能机器人主控制器。

通过 SSH 协议远程登录到智能机器人主控制器，这里需要输入主控制器在局域网中的用户名和 IP 地址，用户名默认为 transbot，IP 地址为 192.168.1.101。根据提示输入密码，默认为 vkrobot，当成功登录到主控制器时，命令窗口输入栏的用户名会变为 transbot。

在远程 PC 端输入的命令如下。

```
ssh transbot@192.168.1.101
```

（3）运行智能机器人的启动节点。

在智能机器人端输入的命令如下。

```
roslaunch transbot_bringup transbot_robot.launch
```

（4）运行智能机器人自主导航 launch 文件。

在远程 PC 端输入的命令如下。

```
export TRANSBOT_MODEL=normal
roslaunch transbot_navigation transbot_navigation.launch map_file:=$HOME/map.yaml
```

（5）在远程 PC 端的 RVIZ 中指定智能机器人的初始位置和目标位置。

相关操作过程已在前面的内容进行介绍，这里不再重复。

（6）根据智能机器人的运动过程对相关参数进行优化。

项目评价

填写表 17-8 所示任务过程评价表。

表 17-8 任务过程评价表

任务实施人姓名________________学号__________________ 时间___________

评价项目及标准		分值/分	小组评议	教师评议
技术能力	1．基本概念熟悉程度	10		
	2．amcl 功能包的调用和参数设置	10		
	3．move_base 功能包的调用和参数设置	10		
	4．导航 launch 文件编写	10		
	5．初始位置和目标位置设定操作	10		
	6．导航参数优化操作	10		
执行能力	1．出勤情况	5		
	2．遵守纪律情况	5		
	3．是否主动参与，有无提问记录	5		
	4．有无职业意识	5		
社会能力	1．能否有效沟通	5		
	2．能否使用基本的文明礼貌用语	5		
	3．能否与组员主动交流、积极合作	5		
	4．能否自我学习及自我管理	5		
		100		
评定等级：				
评价意见		学习意见		
评定等级：A 为优，90 分<得分≤100 分；B 为好，80 分<得分≤90 分；C 为一般，60 分<得分≤80 分；D 为有待提高，0 分≤得分≤60 分				

第 4 篇

典型智能机器人案例

项目 18　服务机器人技术案例 1——护理机器人

1．护理机器人的产生

人口老龄化是我国，也是全世界面临的一个共同问题。我国是世界上老年人较多的国家，随着城市化的不断发展，“空巢”现象越来越不可避免，传统的家庭养老方式往往无法面面俱到，无法帮助老年人完成所有的照顾和护理工作。传统的人工护理模式已经暴露出许多问题，随着智能机器人技术的不断发展，护理机器人应运而生。

智能机器人在家庭服务领域的应用已成为全球热点。目前，全球已有几十个国家投入了家庭服务类智能机器人的开发，美国、德国、法国、日本和韩国占据领先地位。

护理机器人是旨在促进或监测人体健康的智能机器人，能协助患者完成因健康问题而难以执行的任务，实时监测患者的生理参数并做出预警，防止其健康状况进一步恶化，履行护理任务，以减轻护理人员的工作负担。护理机器人的出现在一定程度上缓解了护理资源的不足和子女照顾的缺位，将是未来主导护理行业的助老助残产品。护理机器人可以辅助残障人士正常生活，提供专业陪护、看护服务，具备提醒用药、监测血压等功能，从而辅助残障人士实现无障碍出行、无障碍家居。护理机器人不仅适用于养老机构，还适用于子女不在身边的独居老人。

2．护理机器人的分类

欧美国家较早地关注到了老年人健康护理机器人这个领域。1984 年，荷兰的 Exact Dynamics BV 公司研发的轮椅机械手 Manus 可以完成喂饭、翻书等简单的任务，同类型的机器人还有法国的 Master、德国的 Regencies 等，这都是护理机器人的雏形。随着技术的不断进步，特别是人工智能技术和机器人技术的逐步成熟，护理机器人的功能从单一动作的替代向复合型功能的实现发展。

（1）移动护理机器人。护理机器人典型的功能就是物品的传送，这也是目前护理机器人最典型的应用，这一功能的实现经历了从固定位置上的物品传送到室内的物品传送。

德裔美国人恩格尔伯格在 1959 年研制出了世界上第一台工业机器人，被称为“机器人之父”。他在 1958 年创立了全球第一家工业机器人制造公司 Unimation；1983 年创建了 TRC 公司，开始研制护理机器人。HelpMate 机器人是 TRC 公司于 1988 年研制的第一个产品。HelpMate 机器人是一种全自动移动机器人的商业化产品，它主要工作在医院、私人疗养所或其他社会慈善事业单位里，担任送饭、送药，传送病历、化验单等医疗记录和血样、尿样等诊断样品，以及邮件等其他物品的工作。HelpMate 机器人上安装了多种传感器，通过操作面板指定目的地后，它会自动停下来或绕开障碍物。HelpMate 机器人导航系统基于建筑物 AutoCAD 地图模型识别法和测距法相结合的传感器融合系统，与仅由观察天花板的氖灯和智能机器人旁边的墙来定位的系统相比，它具有更高的准确性。HelpMate 机器人能在无线调制解调器的帮助下开门和乘电梯，可实现 24h 不间断运行。

移动护理机器人 RoNA（Robotic Nursing Assistant）采用仿人设计，整个上肢躯干系统共有 20 个关节，包含两个手臂、两只手、一个躯干和一个头部，其外形如图 18-1 所示。机械手采用串联弹性驱动（Series Elastic Actuation，SEA）系统，其中的驱动单元提升了机械手的顺从性、安全性和灵活性，使机械手可提升的患者体重达到了 226kg。RoNA 具有创新的仿人上身、独特的移动平台（具有完整的驱动力，姿态稳定性增强）、有三维传感和感知能力的智能导航控制系统、直观和创新的人机交互控制界面，以及高度集成的医疗系统。RoNA 的胸部还有一个显示屏，具有远程呈现功能，如显示医生的实时视频。

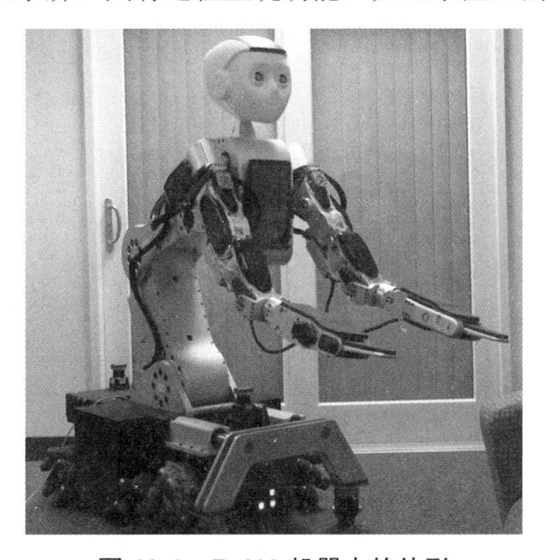

图 18-1　RoNA 机器人的外形

虽然我国对护理机器人的研究起步较晚，但也取得了一些成果。国内部分高校对老年人健康护理机器人进行了许多探索。1995 年，清华大学研制的护理机器人可在老年人和工作站之间移动，替老年人完成取药、送水、翻书等工作。2011 年，上海交通大学自主研发了交龙机器人供老年人使用，如图 18-2 所示，它具备显示屏，可为老年人提供取送物品、提醒服药等服务。

图 18-2　交龙机器人

（2）情感机器人。人的护理需求除包括在生理上必要的协助外，还包括更高层次的在心理上的陪伴。随着护理机器人的不断发展，研发者逐渐意识到这个问题，在护理机器人上逐渐增加了情感陪伴功能，并且衍生出了情感机器人。

日本是最早开展情感机器人研究的国家之一，机器人产业已成为其支柱产业之一。早稻田大学、东京理科大学等很早就开始了情感机器人技术的研究工作，并取得不错的成果，如 Kobian 机器人、Saya 机器人等，而随着日本情感机器人技术的发展，近几年情感机器人市场在日本逐步走向成熟，并涉及家庭服务、医疗护理等多个应用领域。Pepper 作为一款情感机器人已经在日本得到普遍推广，它是由日本软银集团于 2015 年研发的，主要应用于家庭服务方面。Pepper 机器人采用了语音识别技术、呈现优美姿态的关节技术和分析表情、声调的情绪识别技术，可与人类进行交流。索尼公司的 AIBO 机器狗和 QRIO 型、SDR-4X 型情感机器人的市场化已经趋于成熟。这些机器人可以通过与人类交流来“学习”某些动作，表露某种情感，如高兴、生气等。

美国对情感机器人的研究也开展得较早，麻省理工学院媒体实验室于 2000 年研制出美国的第一款情感机器人 Kismet，随后的十多年，又陆续推出了 Leonardo、Huggable、AIbert HUBO、Nexi 和 JIBO 等情感机器人。这些情感机器人都能够进行语音和面部的识别，而且具有简单的面部情感表达和学习功能。

欧洲的情感机器人发展相对于日本和美国而言起步较晚。应用较为广泛的是 2005 年法国 Aldebaran 机器人公司研发的 NAO 机器人。该机器人可以实现语音、面部和动作的识别，而且具有简单的情绪表达和学习能力。随后，西班牙、德国、比利时和意大利等国的高校也逐步开展了情感机器人的研究。目前上市的主要有荷兰飞利浦公司研发的 iCat 情感机器人和 Blue Frog Robotics 公司研发的 Buddy 情感机器人，这两款机器人都能实现语音和面部的识别，具有情感表达能力，主要应用于家庭服务方面。

我国在情感机器人方面的研究起步较晚，随着科技的高速发展，对情感机器人的研究在我国受到了极大关注，并已取得显著成果。在高校研究方面，哈尔滨工业大学于 2004 年首次研制出具有 8 种面部表情的仿人头部机器人“H&F ROBOT-1”，该机器人能够实现对人体头部器官运动的基本面部表情（自然表情、严肃、高兴、微笑、悲伤、吃惊、恐惧和生气）的模仿；随后在 2005 年和 2007 年相继研发出“百智星”机器人和“H&F ROBOT-3”机器人，这两款机器人主要用于人机交互的研究和儿童教育方面。

2013 年以后，我国的情感机器人已经逐步实现商业化，如哈工大机器人集团的“威尔”机器人、康力优蓝机器人公司的“爱乐优”机器人和深圳狗尾草智能科技有限公司的“公子小白”机器人等。这些机器人涉及广泛的应用领域，包括迎宾、儿童教育和社交等。

（3）饮食护理机器人。进食与饮水是人的最基本需求，失能人群通常都存在一定的进食与饮水障碍，这成为护理机器人在研发过程中重点解决的问题之一。20 世纪 80 年代开始，英国、美国等发达国家陆续研发出多种饮食护理机器人。这类护理机器人的出现极大地减轻了护理人员的工作负担，为残疾人和老年人的日常生活带来了许多便利。

1982 年，荷兰开发了一个装在餐桌上，名为 RSI 的服务机械手，它具有喂饭和翻书等功能，开创了助餐机器人研究的先河。1985 年，荷兰和法国进行了关于 Manus 服务机械手的研究，如图 18-3 所示。早期的 Manus 将操纵手臂安装在电动轮椅上，具有 8 个自由度，用来帮助残障人士完成上肢或下肢的日常活动；后期改进简化为 6 个自由度，在操纵手臂末端安装具有控件旋转功能的抓取结构，能够抓取陈列于配套桌面任意位置处的物体。使用者可以通过键盘、高灵敏度摇杆、鼠标或触摸屏来完成对该机器人的控制。

图 18-3　Manus 服务机械手

1987 年，英国 Mike Topping 公司成功研制出一款用于日常生活护理的康复机器人 Handy 1。使用者可用助餐托盘自主进行进食与饮水，该机器人还增加了具有辅助化妆、刷牙、刮胡须及绘画等功能的自我护理托盘。

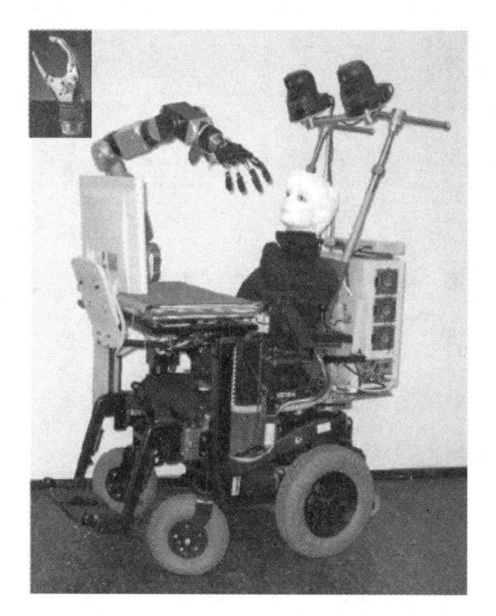

图 18-4　Friend II 机器人

2005 年，德国不来梅大学在 Friend I 机器人的基础上，开发出了功能更全面、智能化水平更高的 Friend II 多功能康复服务机器人，如图 18-4 所示。Friend II 机器人包含一个具有 7 个自由度的仿人机械臂和一个智能托盘。它是一款易于上肢残障人士操作的多功能康复服务机器人，使用者坐在轮椅上即可完成视觉系统引导下的目标识别功能。Friend II 机器人配备的智能托盘分为物体质量实时测量和基于“人造皮肤”测量位置参数两个子系统，可测量托盘上物体的质量，并确定物体相对托盘坐标系的位置。

2009 年美国开发的护理机器人 Meal Buddy 是世界上首个四轴饮食护理机器人，它包括一个具有 3 个自由度的机械臂，以及配套的餐盘和餐桌，如图 18-5 所示。机械臂由 3 个电动机驱动，其餐盘和餐桌设计采用的是磁力吸附性。在餐盘的设计上，充分考虑到喂有汤汁的食物时可能造成的汤汁滴落问题，因此，设计师在碗的上方加了一个横杆，每次装完食物后，就会在横杆上刮一下勺子底部，以避免汤汁的滴落。

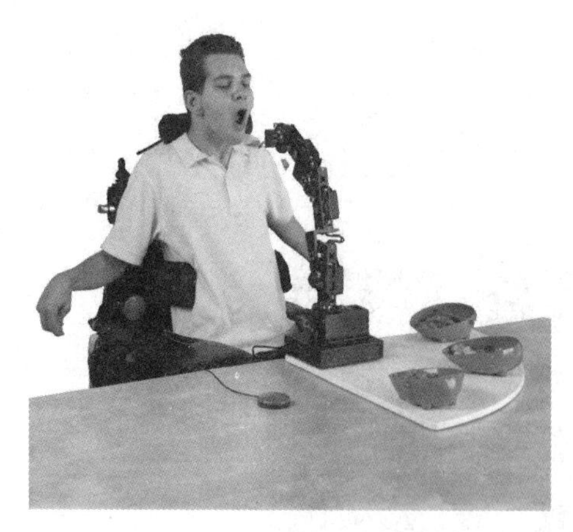

图 18-5　Meal Buddy 护理机器人

2001 年，日本西科姆（SECOM）公司研发出帮助残障人士或失能老年人吃饭的机器人 My Spoon。该机器人通过安装于固定底盘的 6 个自由度的机械臂来帮助使用者进食，餐盘固定在底盘上，被分成 4 个独立的矩形空间。My Spoon 机器人采用的是机械触摸式的人机交互方式，使用者可以用嘴巴、手或脚控制一个操作杆，机器人手臂前端装有叉和勺子，能将食物自动夹起，并送到使用者嘴边，豆腐等软性食物则可以用勺直接舀起。上层的叉子还会感应缩回，不会伤到使用者的嘴巴。利用这款机器人，颈部以下瘫痪的病人、行动不便的老年人也能自主进食。

在我国，饮食护理机器人是目前国内各高校及科研院积极研究的方向。2006 年第二届全国大学生机械创新设计大赛内容为助残机械、康复机械、健身机械、运动训练机械 4 类机械产品的创新设计与制作，期间涌现出了一批饮食护理机器人科技创新作品。

2006 年，中国人民解放军海军工程大学研制出可控式用餐机。它采用一个驱动电动机，利用连杆机构的原理来驱动整个机械臂。机械臂只有 1 个空间平移自由度，无空间旋转自由度，利用餐盘和餐桌的同时旋转来弥补机械臂结构设计的缺陷。勺子在餐盘中的取餐位置固定，通过脚踏按钮来操作。该机器人的缺点是自由度少、智能化程度较低，只能完成特定环境下的简单助餐。

2006 年，哈尔滨工程大学研制出一款新型助餐机器人 My Table。它由单片机控制，用于帮助手部残疾的人进餐。该机器人由一个旋转餐桌、一个具有 2 个自由度的机械臂组成，机械臂可以实现旋转和上升，利用餐桌的旋转来弥补机械臂自由度不足的缺陷。它有 3 种人机交互操作模式，分别为头戴鼠标、脚踏开关和语音识别。当进食时，使用者只需要坐在餐桌前选择一种操控方式，就可以进食了。由于该机器人体积比较大，且不易拆卸，故还需要改进以实现商业化。

3. 护理机器人的关键技术

护理机器人一般由机械结构、感知系统和控制系统组成。机械结构是护理机器人的框架基础，是执行机构，保障整个系统的性能及稳定；感知系统是护理机器人的五官，为护理机器人提供外部环境信息；控制系统则相当于护理机器人的大脑，用来存储数据和发布命令。护理机器人种类繁多，横跨多个学科领域，其应用的关键技术有人体生理参数无感检测、数据采集和分析、语音识别、路径规划等。

1）人体生理参数无感检测

患者的生理参数是反映其身体状况的重要数据，生理参数检测功能通过光电传感器、红外传感器等采集心率、血压和血氧饱和度等生理参数，并将所采集的数据和正常数值进行比对，从而判断患者的身体状况并做出预警。

生理参数检测是一个护理设备的必备功能。目前，大多数机构仍然使用传统的外接设备，直接将电极粘贴在患者皮肤上工作，整个检测过程烦琐，并且在一定程度上限制了患者的活动，长时间使用会对患者心理产生影响。因此，研发无感低负荷的生理参数检测技术，突破线材制约，无中断地监测患者身体状况，对护理工作有很大的帮助。

2）数据采集和分析

数据采集是获取数据的方式之一，是指通过传感器等设备对外部资源进行接收和处理；而数据分析是运用统计学方法，通过计算机工具，从数据中获取有用信息的过程。数据采集和分析通过软硬件结合，能高效、准确地处理大量数据。数据种类不同，所用到的采集和分析技术也有差异，如何从中提取如生理状态、病理发展趋势等有用信息，并应用到护理设备上，是该技术所要解决的问题，也是目前医疗大数据领域研究的热点之一。

3）语音识别

目前，机器人设备都倡导人机交互，人与机器人进行交流的主流手段就是语音识别技术。机器人通过采集、获取人的语音输入，先经过数字化处理对其进行特征提取，再与预先训练好的声学模型库进行比对配准，匹配识别后得出结果并输出。

从最开始只能识别孤立词，到识别多个词、连续语音，语音识别技术得到了长足的发展，已经达到了相当高的准确率。但考虑到区域化的语言差异，尤其是国内各个地域语言差异显著、方言现象严重，护理对象又多是老年人，因此在语音信号的采集上，对声学模型库模型的训练还需要多做研究。

4）路径规划

路径规划技术在护理机器人的自主移动、自主导航和检测避障等方面都有重要应用。任意两点之间有多条路径，对于护理机器人来说，如何选择最优的路径以达到最高效率，这就需要应用路径规划技术。路径规划技术有局部路径规划技术和全局路径规划技术之分，广泛应用于移动护理机器人。路径规划技术能极大地提高机器人的移动效率，尤其是在医院、养老院等大型护理场所，要求机器人具有快速处理突发障碍物的能力。在多机器人场景中，如何处理路径冲突问题、合理分配路径资源，以保证路径安全，需要路径规划策略和优化算法等共同发挥作用。

4．护理机器人的应用

目前，护理机器人的应用逐渐增多，主要包括物品传送、患者转运、康复护理、饮食护理及老年人照护等方面。

1）人形护理机器人 P-Care

中瑞福宁控股集团始建于 2013 年，围绕医学机器人、养老助残机器人等进行研发、生产和销售，是制定机器人行业标准的成员单位。中瑞福宁控股集团自主研发的 PinTrace 骨科机器人、Ophthorobotics 眼科机器人、CAS-One IR 肿瘤消融手术机器人和 P-Care 综合服务机器人等“智慧家族”产品已走向世界舞台。

P-Care 机器人如图 18-6 所示，是中瑞福宁控股集团结合欧洲先进的机器人研发技术与我国优良的生产能力，自主研发的一款综合服务机器人。P-Care 机器人综合运用了 SLAM、图像处理、深度学习、人脸识别、物体识别、环境感知、语义识别、心智学习和语音识别等技术，可在非接触状态下定时采集传感器信息，诊断人体状况，也可与人进行语义交互。

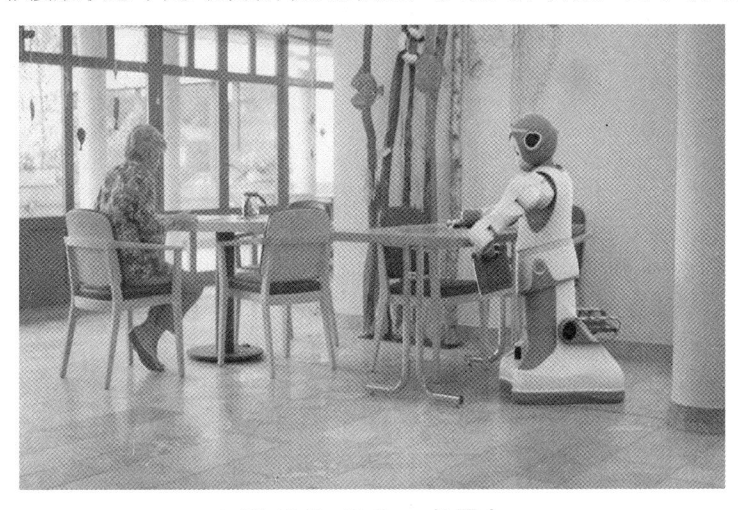

图 18-6　P-Care 机器人

这款主要应用于养老服务的智能产品具有以下特点。

（1）可根据任务智能更换手爪。P-Care 机器人拥有多种不同类型的可自主更换的手爪，可对碟、碗、托盘、刀叉勺筷、杯及手机等日常生活用品进行抓取和握持。

（2）具有仿人形双臂，可高自由度运动。P-Care 机器人的双臂设计以人类手臂为范本，具有高负载、高柔性、12 个自由度的仿人形双臂，可进行安全协作；每个手臂可负载 2.5kg，达到目前世界范围内的较高水平，能够高度自由地完成多种抓取动作。

（3）采用可扩展操作系统。P-Care 机器人采用具有自主知识产权的可扩展操作系统，确保了机器人的易用性和稳定性，整机平均无故障时间可达 2000h；搭载人工智能（AI）模块，可通过深度学习和决策系统来实现更多复杂的智能操作，更加真人化。

（4）集成多种高新技术。P-Care 机器人通过采用语音识别、人脸识别、图像处理、产品应用、环境探测、无线通信和远程定位等多种高新技术，提供了更好的人机交互体验和环境感知能力。

2）移动护理机器人 Giraff

Giraff 机器人如图 18-7 所示，它相当于一个移动通信工具，使老年人可以与外界通信。Giraff 机器人由轮子、摄像头和显示器等组成，可以通过遥控器来控制，它还拥有双向视频

通话功能。该机器人在使用者和陪护中心之间建立了沟通的桥梁，其顶部装有一个 LED 显示屏，内置扬声器，使用内置的传感器来收集和检测使用者的各项生理信号，如血压、体温等，发现信号不正常的时候就会自动连接陪护中心进行呼救。

图 18-7 Giraff 机器人

3）宠物型护理机器人 PARO

日本产业技术综合研究所研发的海豹型机器人 PARO 可用于治疗痴呆症患者，如图 18-8 所示。

图 18-8 PARO 机器人

PARO 机器人身长为 55cm，体重为 2.5kg，其配备的 5 种传感器（光传感器、触觉传感器、听觉传感器、温度传感器和姿态传感器）用于感知人及自身周边环境。PARO 机器人利用光传感器可以识别明和暗；利用触觉传感器可以感受被抚摸；利用听觉传感器可以识别声音来源、语音，如姓名、问候、表扬；利用温度传感器可以识别温度；利用姿态传感器可以感受被拥抱。通过不断学习，PARO 机器人可以对外界的刺激做出反应。通过与患者的肢体接触，PARO 机器人可以唤起痴呆症患者昔日养育儿女、养殖宠物的记忆，进而减轻患者的焦虑行为。

4）情感机器人 LOVOT

2018 年 12 月，日本机器人公司 Groove X 推出了家庭陪伴机器人 LOVOT，如图 18-9 所示。

图 18-9　LOVOT 机器人

LOVOT 机器人是一款适合家庭使用，具有情感疗愈功能的机器人。Groove X 公司旨在通过伴侣型机器人建立人类与机器人之间的情感纽带，为人类提供情感更丰沛、牢固的生活，激发人类爱的潜力，而非强调科技用于人类制造生产的实用性。

“LOVOT”一词由爱（Love）和机器人（Robot）两个单词组成，表示 LOVOT 机器人具有爱人的能力。LOVOT 机器人的爱主要表现在它的外形设计与互动机制上。“毛茸茸的身体、浑圆的脑袋、闪烁的大眼睛”是它令人惊喜的外形特征。LOVOT 机器人的设计元素带有婴儿般的天然“萌”感。该机器人重 4.2kg，包含 10 余个 CPU 内核、20 余个 MCU、超过 50 个传感器，其行为和人类的行为非常相似。LOVOT 机器人能够精确地扫描整间房间，找到它的主人。它的眼睛和声音具有生物特征，眼睛内置六层光源，创造自然的眼部效果；眼睛的运动、眨眼的速度和瞳孔的宽度都经过精密计算。LOVOT 机器人的声音模拟口腔内的回声，可以产生一种有生命和活力的感觉。LOVOT 机器人全身都有触觉传感器，以识别哪里被抚摸。LOVOT 机器人高性能的移动使它能够在房间内自动加速，当障碍物传感器检测到路径中的物体时，距离传感器将测量其到物体的距离。LOVOT 机器人使用深度相机捕捉高度差异，并选择最佳动作，如旋转、后退或在曲线上移动，从而可以继续平稳移动。LOVOT 机器人的轮子是可伸缩的，在主人抱起 LOVOT 机器人时就可以收回，从而防止弄脏主人的衣服。

LOVOT 机器人的行为不是被预先编程的，其大脑可以实时对环境做出反应。通过深度学习和其他机器学习技术，对超过 50 个传感器检测到的数据进行处理，LOVOT 机器人能够实时采取行动。LOVOT 机器人的实时反应没有太大的时延，其性格可以随着主人的参与而改变。

5）外骨骼机器人 HAL

混合辅助假肢（Hybrid Assistive Limb，HAL）是世界上首个可以改善、辅助和扩展身体功能的穿戴式医疗设备，其外形如图 18-10 所示。

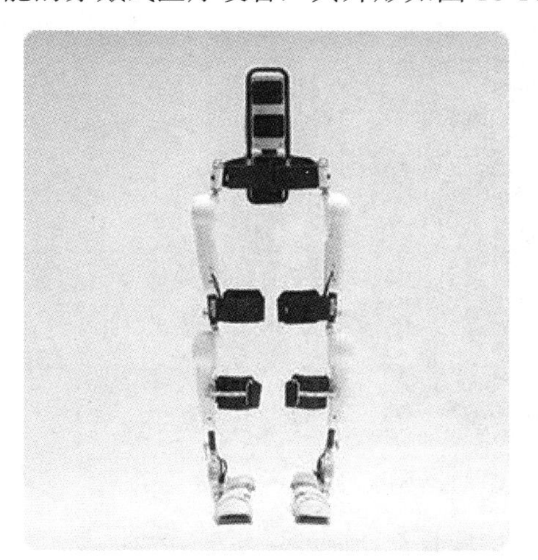
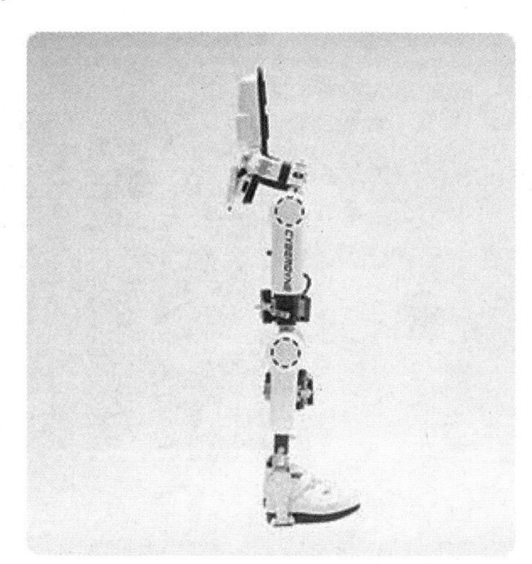

图 18-10　HAL 外形

HAL 旨在辅助体弱或运动不便的人进行正常运动，并能增强劳动者体力，提高劳动者的工作效率。HAL 可以使“人”“设备”“信息”相互融合，不仅可以获得极大的助力，为残障人士提供支撑，甚至可以刺激大脑，以激发神经来重新学习和养成运动感觉。

HAL 重 23kg，由充电电池驱动，续航时间接近 2 小时 40 分钟。HAL 可以通过运动神经元获取大脑的神经信号，最神奇之处在于可探测到皮肤表面非常微弱的信号，之后通过动力装置控制肌肉和骨骼的运动。在 HAL 的帮助下，患者不仅可以进行正常的日常活动，还可以完成攀爬和举重物等高难度动作。

HAL 的运行原理是，人在运动时，先由大脑发出命令，再通过神经系统向产生动作的肌肉群发出运动信号。HAL 通过自主研发的贴附于皮肤的传感器拾取此信号，并通过处理器进行分析判断，以感知患者希望做出的动作行为，分析确认后，通过动力装置带动设备，帮助患者完成动作。通过使用 HAL，将“行走”这一动作的反射感觉持续不断地反馈回大脑，逐步重建大脑关于行走所需要下发的命令及相关肌肉运动关联，从而使行动不便的患者通过 HAL 恢复自力行走。

普通康复机器人都是非智能型的，以所设定的同频率运动，患者被固定在机器上做被动式运动，这对训练和抑制患者下肢肌肉萎缩有很大作用，但作用只在表面，对神经系统的刺激作用则很有限。而 HAL 采用的是主动式训练，患者步行虽然仍然靠机器的助力，但进行控制的不是机器本身，而是患者大脑发出的信号，通过对神经系统的刺激，逐步重建大脑与肌肉运动的关联，实现自力行走。

6）用餐辅助机器人 Bestic

Bestic 机器人是由瑞典的高科技创新公司 Camanio Care 开发的用餐辅助机器人，如图 18-11 所示。

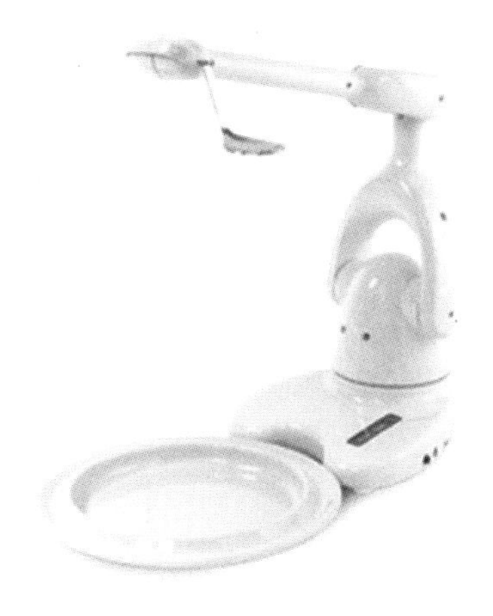

图 18-11　Bestic 机器人

该款机器人由机器人本体和外部遥控器组合而成，重 2kg，整机运行时间约为 5h，可以根据使用者需要设置勺子的高度和深度。当有饮食障碍的人难以进食时，可以使用它按照自己的意愿吃饭。此过程只需要简单地用遥控器控制，对于老年人或残障人士来说都将改善其进食情况。

7）培护宁智能护理机

在我国，家属或护工对于老年人排泄，大多采用传统护理方式，即为老年人换上尿不湿（或尿裤），由于老年人夜间排泄次数不定，传统护理方式需要耗费护理人员大量的时间和精力，而且护理人员需要及时为老年人进行清洗，以避免可能出现的感染问题。从经济层面考虑，每个老年人每天至少需要使用 4 片尿不湿，单单每月使用尿不湿的费用就是一笔不小的开支。对于行动方便但夜尿频繁的老年人，则面临着容易摔倒的风险。

培护宁系列产品涵盖解决各类排泄问题的多类别产品，可全方位、多层次地满足老年人群体、卧床人士和残障人士等的不同使用需求。培护宁智能护理机如图 18-12 所示。

图 18-12　培护宁智能护理机

培护宁智能护理机是集水、电、气、信号探测和控制为一体的全自动智能护理设备，其核心采用微电子控制技术和涡旋水流清洁系统，智能检测患者的排泄情况，自动或手动实现排泄物抽吸清理、温水臀部冲洗、暖风烘干及过滤除臭等功能，最终对排泄物进行集中处理，整个过程安全、清洁、舒适、无异味、低噪声，可帮助卧床患者轻松解决排泄护理难题。该护理机轻巧便捷，可推移到各病房使用，超薄集便器适用于各种床垫，减轻了护理人员的劳动强度，改善了患者的生活环境品质。

8）糖尿病管理机器人

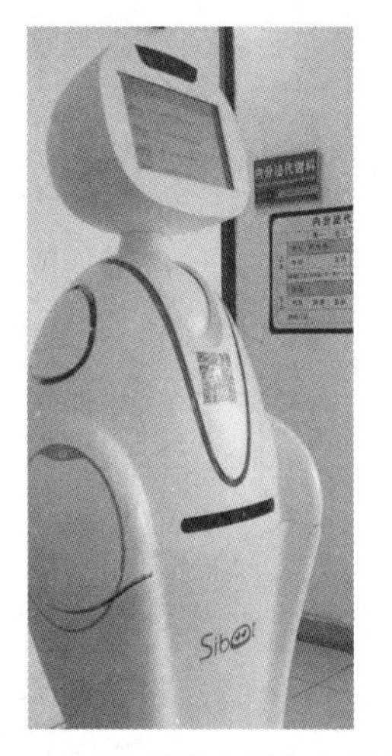

图 18-13 “糖小护”机器人

2018 年，国内首款糖尿病医疗服务机器人“糖小护”在南方医科大学珠江医院内分泌代谢科正式“上岗”，首批 6 台已投入使用。“糖小护”机器人的研发是由中国工程院院士、南方医科大学临床解剖学专家钟世镇领衔，珠江医院内分泌代谢科负责的2018年广州市重大协同医宁项目。“糖小护”机器人主要面向医院及患者家庭使用，是国内第一款糖尿病管理机器人，如图 18-13 所示。

“糖小护”机器人能实时采集患者的血糖、血压及体脂等数据，进行糖尿病风险评估。“糖小护”机器人的体内存储有 2 万多条糖尿病知识，可以通过人机互动回答患者的相关问题；它还可以进行糖尿病多维健康教育，在用药、膳食等方面为患者提供科学指导。

9）高血压管理机器人

济南众阳软件企业利用大数据技术，与清华大学、北京大学和山东第一医科大学第一附属医院等联合研制了高血压管理机器人、糖尿病管理机器人体系，该体系已经在平阴地区得到了成熟应用。

高血压管理机器人一年能管理 2.2 万名高血压患者，为患者监控检查数据、对症开方。高血压管理机器人除系统地整合了《中国高血压防治指南》外，还整合了全国 400 多家医院的 3000 多万名患者的临床数据及临床专家的行医经验，可提供诊疗依据。除此以外，高血压管理机器人在处理数据的同时，在不断深入医疗大数据的挖掘与学习。高血压管理机器人系统软件配合可穿戴智能设备推广，一方面，提升了基层医疗设施水平；另一方面，数据可自动上传系统，避免了误差，数据更加精确，而这些数据将会进一步提升高血压管理机器人的诊断水平。

项目 19　服务机器人技术案例 2——扫地机器人

1. 扫地机器人的基本概念

扫地机器人（Robotic Vacuum Cleaner）是智能机器人在家庭场景中的一个典型应用。因其能够依据房型、家具摆放和地面情况进行检测判断，规划合理的清洁路线，进而完成房间的清洁工作，所以被人们称为扫地机器人。扫地机器人又称自动打扫机、智能吸尘器、机器人吸尘器等。一般来说，将完成清扫、吸尘和擦地工作的机器人统一归为扫地机器人。

扫地机器人由微计算机控制，可实现自动导航，利用吸尘器对地面进行清扫和吸尘，通过传感器实现对前方障碍物的躲避，可以使所到角落得到清洁。其底部前面有一个万向轮，左右各有一个独立驱动的行走轮，还有风机。扫地机器人由可充电电池供电，由直流电动机驱动。

随着智能化程度的提升和算法领域的拓展，高效清洁系统与路径规划能力多位一体的功能设计成为目前扫地机器人的特色。同时，经过不断的优化升级和革新，扫地机器人在体型、外观、功能、组成和性能上均发生了巨大变化，三角形、D 字形等变形扫地机器人不断涌现，清扫覆盖率高达 99.1%；在规划清扫、自动回充、障碍脱困和 App 远程操作方面的研发也已相对成熟。除清扫系统外，扫地机器人还配有水箱、抹布等装置，可同时实现吸尘和擦地。其中，微控水箱可精准控制出水速度及水量，实现即拖即干。另外，通过在集尘盒中安装高效微尘滤网，解决了扫地机器人吸入的空气再排出会造成二次污染的问题，可阻隔 99%的直径小至 10μm 的微尘、螨虫、过敏原和污垢，避免造成二次污染，呵护用户的呼吸健康。

扫地机器人在人工智能方面取得了长足进步，不仅可以提供智慧清洁服务，还可以扩展提供其他管家式家居服务。例如，通过蓝牙扬声器和摄像头可以实现语音播放、亲情通话、远程视频看护等视听陪伴功能；利用扫地机器人所带的摄像头实现实时移动安防、远程遥控全屋巡逻等功能。

2. 扫地机器人的常用外形

扫地机器人目前采用的外形不尽相同，不同的外形在清扫路线方式的选取、边刷的布置方式、适用的清扫场合等方面都有所不同。目前，扫地机器人常见的外形有圆形、D 字形、勒洛三角形和方形等，如图 19-1 所示。

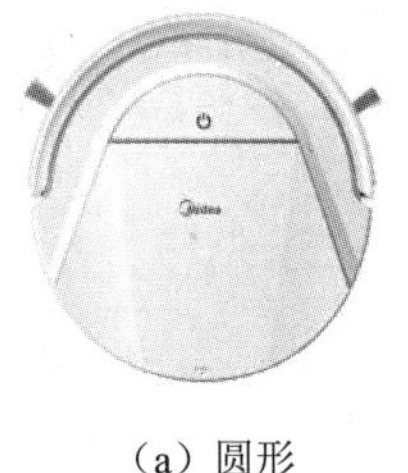

（a）圆形

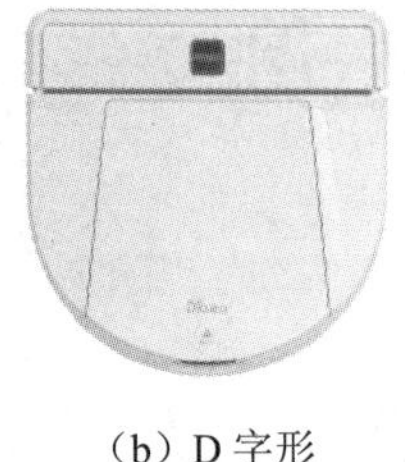

（b）D 字形

（c）勒洛三角形

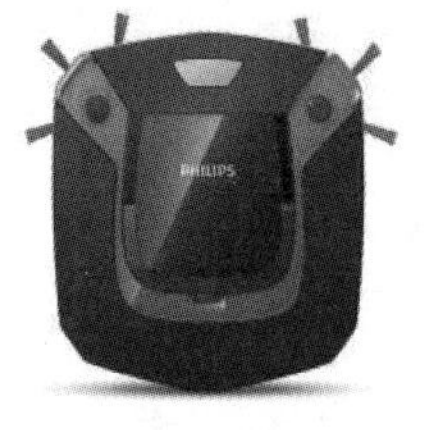

（d）方形

图 19-1　扫地机器人常见外形

世界上第一台扫地机器人的形状是圆形，之后一段时间的扫地机器人延续了这种圆形的风格。因为原始的扫地机器人是没有传感器的，只能依靠碰到障碍物再转向进行清洁，而圆形的外观在扫地机器人旋转时降低了尾部刮碰到障碍物的概率，可以有效地避免扫地机器人本身和家中的家具受到损坏。但是，在一般居家环境中，墙边和角落是容易藏污纳垢的，而理论上圆形的扫地机器人无法有效清洁上述两种区域。因此，后期出现了 D 字形、方形、勒洛三角形等针对角落清理的外形。但是，这些外形的扫地机器人在旋转过程中很容易磕碰到家具，而且在沙发附近等狭窄的区域里很容易被卡住。

随着技术的发展，现在扫地机器人的传感系统都得到了改善，在实际使用过程中很少会磕碰到家具，可以通过多次旋转、多次变换运行角度从死角里走出来，只是需要一定的时间。

3. 扫地机器人的关键技术

扫地机器人的工作原理可以简单概括为：可移动的机身利用真空吸入方式，使用边刷、中央主刷和抹布等，按照算法控制实现沿边清扫、重点清扫、随机清扫、直线清扫及弓形清扫等路径清扫，将地面杂物吸入机器自带的集尘盒中，从而完成拟人化地面清洁的功能。

1）扫地机器人的系统组成

扫地机器人采用无线机身，使用可充电电池供电，操作方式有遥控器、机身面板和手机 App。下面以科沃斯 DN33 扫地机器人为例，如图 19-2 所示，介绍扫地机器人的典型结构组成。扫地机器人系统可以分为主系统和辅助系统，主系统主要由移动系统、控制系统、传感系统、清扫系统组成，辅助系统主要包括电源系统和远程操控系统。

（1）移动系统是扫地机器人的主体，一般采用轮式结构，两个轮子为行走轮，一个轮子为万向轮。万向轮用于实现扫地机器人的转弯动作。行走轮可调节高低，以越过地板上高度约为 2cm 的压边条、门槛、地毯及推拉门槽等低矮障碍物，实现室内“穿梭无阻”。

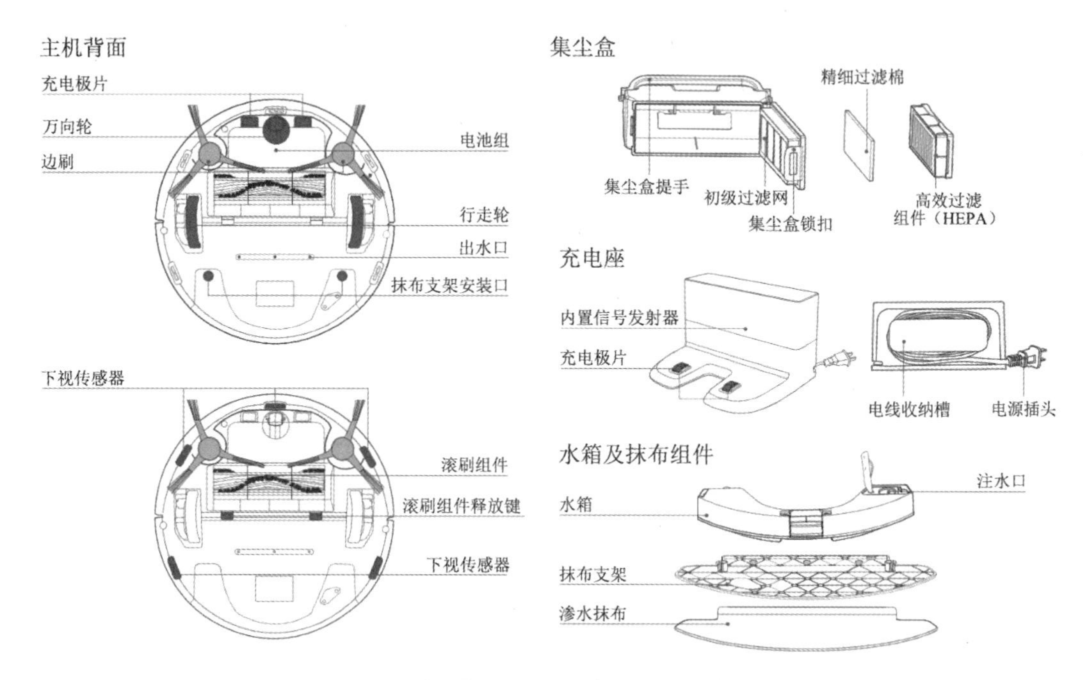

图 19-2　科沃斯 DN33 扫地机器人结构组成图

（2）控制系统是扫地机器人的核心，主要用于控制芯片根据算法控制扫地机器人完成清扫工作。科沃斯 DN33 扫地机器人采用 A7 芯片，主频为 1.0GHz。

（3）传感系统是扫地机器人的重要组成部分。科沃斯 DN33 扫地机器人基于 A7 处理器和高精度 LDS 2.0 系统，以及科沃斯新一代 Smart Navi 2.0 电子地图导航，可全程定位，实时更新主机位置，判断哪里扫过哪里没扫，覆盖全、重复少，清扫更高效。

（4）清扫系统一般包括清扫及吸尘系统，用电动机驱动单个或多个清扫刷，其主要作用是完成地面的清扫；边刷的主要作用是清理墙角和障碍物根部的垃圾。清扫时将灰尘集中于吸风口处，吸尘系统通过强大的吸力将灰尘吸入集尘盒中。

科沃斯 DN33 扫地机器人背面采用双边刷设计，滚刷位于中间靠上的位置；中间部分就是行走轮部分，可以上下按压，用来越过门槛等障碍物；配备无刷电动机，用户可以根据环境需求，自行调节清洁模式，其中真空度为 600Pa 的标准模式用于日常除尘，真空度为 1000Pa 的加强模式用于深层清洁；配备蓝鲸 2.0 清洁系统，集扫拖功能于一体，蓝鲸 2.0 微控水箱可以精准控制水速、水量，实现即拖即干；恒压浮动抹布紧贴地面，持续深层清洁不虚拖；采用 240mL 大容量水箱，可一次湿拖全屋；智能湿拖，App 水量调节，可根据用户习惯调节出水量；自主智能控水，不装抹布支架或充电/暂停时不渗水，无须担心浸湿地板。

（5）电源系统是扫地机器人的动力系统，可由镍氢电池、锂电池等供电。扫地机器人自带的可充电电池容量有限，不一定能保证完成清洁工作，这就需要扫地机器人能自动寻找充电座充电，因此自动充电功能对扫地机器人来说是十分重要的。当电压检测芯片检测到电源电压低于一定值时，扫地机器人将自动寻找充电座进行充电。

（6）远程操控系统完成扫地机器人的远程操控功能。科沃斯 DN33 扫地机器人采用 Ecovacs Home 远程操控 App，通过可视化地图逼真还原清洁效果。用户可随时随地一键启动智能清洁，通过手机即可查看清洁时间、清洁面积等，清洁效果可视可见，并且 Ecovacs Home 具备时间预约、耗材用尽提醒和报警等多种功能。

2）扫地机器人传感器技术

扫地机器人通过传感器获取外界信息。随着扫地机器人的功能越来越多、智能化水平越来越高，其配置的传感器种类和数量逐渐增多。目前，扫地机器人常用的传感器如下。

（1）超声波传感器：在扫地机器人中，可利用超声波测距原理实现避障。超声波信号遇到障碍物时会产生反射波，当反射波被接收器接收后，根据超声波测距原理，可以精确地判断障碍物的远近；同时，可根据信号幅值的大小初步确定障碍物的大小。

（2）红外测距传感器：红外测距传感器利用红外信号与障碍物间的距离不同，反射强度不同的原理，进行障碍物远近的检测。红外测距传感器具有一对红外信号发射与接收二极管，发射二极管发射特定频率的红外信号，接收二极管接收这种频率的红外信号，当红外检测方向遇到障碍物时，红外信号将被反射回来并被接收二极管接收，经过处理后，即可用来识别周围环境的变化。

（3）接触式传感器：接触式传感器通常采用电感式位移传感器、电容式位移传感器、电位器式位移传感器、霍尔式位移传感器等对空间大小及桌椅等物体的高度进行测量，以防止扫地机器人能够“钻入”但不能“钻出”的情况发生。

（4）红外光电传感器：红外光电传感器采用一定波长的红外发光二极管作为检测光源，穿透被测溶液，通过检测其透射光强来检测溶液浑浊度。

（5）防碰撞传感器：在扫地机器人的前端设计了约 180° 的碰撞板，在碰撞板左右两侧各装有一个光电开关。扫地机器人在任何方向上发生碰撞，都会引起左右光电开关的响应，从而根据碰撞方向做出相应反应。

（6）防跌落传感器：防跌落传感器一般位于扫地机器人下方，大多利用超声波进行测距。当扫地机器人行进至台阶边缘时，防跌落传感器利用超声波测得扫地机器人与地面之间的距离，当超过限定值时，向控制器发送信号，控制器控制扫地机器人进行转向，改变扫地机器人的前进方向，从而达到防跌落的目的。

（7）温度传感器：在扫地机器人电路板上安装了温度传感器，当扫地机器人工作一段时间，电动机温度达到一定限度后，温度传感器发送信号给控制器，控制器控制扫地机器人停止工作，并运行散热风扇进行散热。

（8）光敏传感器：针对需要重点清扫的床下、沙发下、柜子下等位置，在扫地机器人正面安装了光敏传感器。光敏传感器可感受光的强弱，并向控制器发送信号。

（9）集尘盒防满传感器：在集尘盒两侧安装了集尘盒防满传感器。当集尘盒中的灰尘高度达到集尘盒防满传感器感应高度时，集尘盒防满传感器中的介质发生改变，灰尘的介电常数与空气的介电常数不同，从而引起集尘盒防满传感器电容的变化，集尘盒防满传感器将信号传给控制器，控制器控制扫地机器人发出报警信号，提醒用户清理集尘盒。

（10）边缘检测传感器：边缘检测传感器用于保证扫地机器人始终贴着墙的边缘走，在扫地机器人的两侧各安装一个机械开关，机械开关的触发端设计成一个滑轮结构。

（11）光电编码器：光电编码器通过减速器与行走轮的驱动电动机同轴相连，并以增量式编码的方式记录驱动电动机旋转角度对应的脉冲。将检测到的脉冲数转换成行走轮旋转的角度，即扫地机器人相对于某一参考点的瞬时位置，这就是所谓的里程计。

（12）陀螺仪：陀螺仪是用来测量运动物体的角度、角速度和角加速度的传感器。扫地机器人通过安装高精度陀螺仪来保证在运行时不偏离轨道；同时，可不依赖灯光，即使在夜晚也能清扫如常。

3）室内定位技术

定位导航系统是扫地机器人能够实现自动化、智能化的关键。利用定位导航系统（SLAM），扫地机器人可在未知环境中从陌生的坐标点出发，在移动过程中不断根据位置估计和传感器数据进行实时自我定位，并绘制出增量式地图。

目前，SLAM 主要应用于机器人、无人机、无人驾驶、AR 和 VR 等领域。根据使用的传感器不同，SLAM 主要分为激光 SLAM 和视觉 SLAM。

（1）激光 SLAM 又分为二维和三维两种类型，二维激光 SLAM 一般用于室内机器人（如扫地机器人），而三维激光 SLAM 一般用于无人驾驶领域。激光雷达采集到的物体信息呈现出一系列分散的、具有准确角度和距离信息的点，称为点云。通常，激光 SLAM 通过对不同时刻两片点云的匹配与比对，来计算激光雷达相对运动的距离和姿态的改变，也就完成了对机器人自身的定位。借助激光 SLAM 及内置计算芯片，扫地机器人能够绘制精确的空间内部图景，从而应对家庭中的各种地形环境。

激光 SLAM 的优点是定位坐标精度高，缺点是无法探测到落地窗、落地镜和花瓶等高反射率物体，因为激光接触到这类物体后无法接收散射光；另外，激光探头价格昂贵，但为了保证获得全新数据，激光探头必须不停地旋转，因此产品寿命有限。

（2）视觉 SLAM 主要通过摄像头采集的数据进行同步定位与地图构建。视觉传感器采集的图像信息比激光雷达得到的信息丰富，因此更加利于后期的处理。扫地机器人顶部配备高清摄像头，先通过复杂的算法使扫地机器人根据两帧或多帧图像来估计自身的位姿变化，再通过累积位姿变化计算当前位置。

4）路径规划技术

扫地机器人的路径规划原理是：根据感知到的环境信息，按照某种优化指标，规划一条从起始点到目标点、与环境中的障碍物无碰撞的路径，并实现对工作区域的最大覆盖率和最小重复率。

以 IPNAS 四段式智能清扫系统为例，其工作过程包括定位→构图→规划→清扫 4 个步骤。首先，通过侦测获取扫地机器人的位置信息和清扫环境的构图信息；然后，综合分析、处理这些信息，并由芯片分析规划出清扫路径；最后，扫地机器人收到清扫路径后，在高精度陀螺仪的帮助下实现规划清扫。

5）吸尘技术

常用的吸尘方式是真空吸尘，即高速旋转的扇叶在扫地机器人内部形成真空而产生强大的气流，通过细小网口的过滤网将杂物和灰尘挡在集尘盒内，把过滤后的空气排出。这种吸尘方式结构简单、价格便宜，但有一个严重缺陷，即当杂物和灰尘较多时会挡住过滤网网口，如果没有及时清理，就会造成吸力下降而影响清洁效果。为了保障持续拥有强劲的吸力，需要频繁清理集尘盒和过滤网。

戴森公司开发出多圆锥气旋技术，采用龙卷风的原理将杂物和灰尘吸入，利用离心力将质量大的杂物甩出并掉进集尘盒内，小的灰尘在制造的漩涡内被升起，进入更小的气旋内，经过层层过滤，最终排出扫地机器人，在不影响清洁效果的前提下，很好地解决了频繁清理集尘盒和过滤网的问题。

4. 扫地机器人的典型产品

回顾扫地机器人的发展历程，从一开始被消费者诟病“伪智能”“清洁能力差”“价格虚高”，到如今的“智能规划”“智能连接”，其技术正逐步成熟，产品越来越受消费者的青睐。扫地机器人在国内起步虽晚，发展速度却很惊人。在消费升级化、产品智能化的双重浪潮下，消费者对用扫地机器人完成家务的刚性需求越发显著。

目前，市场上扫地机器人的厂商及品牌众多，根据价格、清洁能力、导航技术和噪声等维度的不同，可以分为多个档次。从国内市场占有率来看，科沃斯、iRobot、小米及其生态链企业——石头科技生产的扫地机器人深受消费者青睐。

1）iRobot 公司的 Roomba 扫地机器人

Roomba 扫地机器人包括 i 系列、900 系列、e 系列、800 系列、600 系列和 500 系列等。Roomba i7+是 iRobot 公司于 2019 年 2 月推出的一款扫地机器人，如图 19-3 所示。

图 19-3　Roomba i7+ 扫地机器人

Roomba i7+ 扫地机器人具有智能学习、自我调整及全屋自由规划等功能，可实现定时定区清扫。无论身在何处，用户都可以通过 iRobot HOME 应用程序控制扫地机器人的清洁时间、清洁区域和清洁方式，真正实现了自定义清洁。Roomba i7+ 扫地机器人特别之处是：配有 Clean Base 自动集尘充电座，是一款可自动将污垢吸入密封袋内的扫地机器人。Clean Base 自动集尘充电座可容纳 30 个集尘盒的污垢。

凭借突破性的 Imprint 技术，Roomba 扫地机器人能够相互连接，并与其他互联家居产品连接。使用禁区设置功能创建虚拟边界，可使 Roomba 扫地机器人仅在用户希望清洁的区域工作。例如，可引导扫地机器人避开宠物餐具和物品等。禁区一经设置，就会应用到以后所有清洁工作中。

Roomba 扫地机器人采用双效组合胶刷，经过独特设计的橡胶胎面适用于各种地面，小至灰尘，大至碎屑，可以全部一扫而光。

Roomba 扫地机器人的视觉 SLAM 使用光学传感器，每秒可捕获超过 230400 个数据点，这使扫地机器人能够准确地绘制全屋地图，从而了解自身所在位置、已扫区域和需要清洁的区域。

2）石头科技公司的扫地机器人

石头科技公司成立于 2014 年 7 月，是一家专注于家用智能清洁机器人及其他智能电器研发和生产的公司。公司旗下产品有石头扫地机器人、米家扫地机器人、米家手持吸尘器和小瓦扫地机器人等。在全球激光导航类扫地机器人领域，石头科技公司出品的产品占据了大部分市场份额。

2016 年 9 月，石头科技公司推出其第一款产品——米家扫地机器人，该机器人采用激光导航技术，在算法上采用全局规划方式。2020 年 3 月，石头扫地机器人 T7 上市，全新升级激光导航算法，可迅速创建并记忆家居地图，并以房间为单位进行智能分区，通过全新的智能动态路径规划，合理制定清扫路径，支持选区清扫、划区清扫、软件虚拟墙和设置禁区等功能。石头扫地机器人 T7 如图 19-4 所示。

图 19-4　石头扫地机器人 T7

3）科沃斯公司的扫地机器人

我国的科沃斯公司作为全球最早的服务机器人研发与生产商之一，专注于机器人的独立研发、设计、制造和销售领域。

2001 年，科沃斯公司研制出第一台自动行走吸尘机器人，它是扫地机器人地宝的前身。2008 年 10 月，地宝 7 系研发成功；2009 年，科沃斯公司发布全球第一台会说话、会跳舞的机器人地宝 730，以及全球第一台空气净化机器人沁宝 A330：2013 年，发布全球首款具有全局规划、远程操控等功能的地宝 9 系，正式宣告地面清洁 4.0 时代的到来；2015 年，发布地宝 DR95，搭载最新研发的 Smart Navi 技术，引领“先建图、后清扫”的全局规划新风潮；2018 年，推出年度高端扫地机器人产品 DN55，搭载新一代全局规划系统 Smart Navi 2.0，LDS 激光雷达测距传感器配合 SLAM 算法，同年视觉导航扫地机器人 DJ35 耀目上市：2019 年，推出搭载 AIVI 视觉识别技术的 DG70 扫地机器人，DEEBOT TS 系列上市，6 月推出为母婴人群定制的扫地机器人 DEEBOT N5 系列，8 月新一代超薄扫地机器人 DEEBOT U3 系列上市。

其中，DG70 扫地机器人采用 AIVI 视觉识别结合 LDS 激光导航技术，可以通过人工智能算法躲避障碍物，是业界首款搭载此功能的扫地机器人。得益于 AIVI 视觉识别技术，DG70 扫地机器人工作时能给出最优的导航路径，在面对不同的家庭环境时，能识别并避开经常阻碍其工作的电线、拖鞋、袜子和充电座等物体。

DG70 扫地机器人可智能识别地毯，在实际测试中，DG70 扫地机器人在遇到地毯时会自动增加风压，将地毯中的顽固污垢一并吸入。安装抹布支架后，DG70 扫地机器人将通过语音提示用户目前已经进入“拖地”模式，工作时它将绕开地毯，避免将地毯打湿。

与此同时，DG70 扫地机器人搭载了科沃斯独有的 Smart Navi 2.0 全局规划系统和蓝鲸清洁系统 2.0，从而可以更有逻辑、更智能地配合用户的需求去工作，且实现扫拖二合一，让清洁更深层；搭载了 Wi-Fi 模块，用户可通过 Android 和 iOS 智能终端对主机进行控制，下载 ECOVACS HOME 应用程序后，用户不仅可以预约、启动、暂停或取消清洁任务，还可以按照自身的需求定制扫地机器人的清洁方式（自动、沿边、定点），实现定时随心扫拖、自动返回充电等功能。另外，DG70 扫地机器人除具有扫拖功能外，还具有安防功能，借助于摄像头，DG70 扫地机器人可以实时视频，当其工作时，用户可以借助手机应用看到家中的情况。

项目 20　特种机器人技术案例——巡检机器人

1．巡检机器人的概念

巡检机器人是以移动机器人为载体，以可见光摄像机、红外热成像仪和其他检测仪为载荷系统，以机器视觉-电磁场-GPS-GIS 的多场信息融合系统为机器人自主移动与自主巡检的导航系统，以嵌入式计算机为控制系统的软硬件开发平台。

巡检机器人能代替或协助人类进行巡检、巡逻等工作，能够按路径规划和作业要求精确地执行动作并停靠到指定地点，对巡检设备进行红外测温、仪表读数记录及异常状态报告等，并可实现巡检数据的实时上传、信息显示和报表生成等后台功能，具有巡检效率高、稳定可靠性强等特点，如图 20-1 所示。

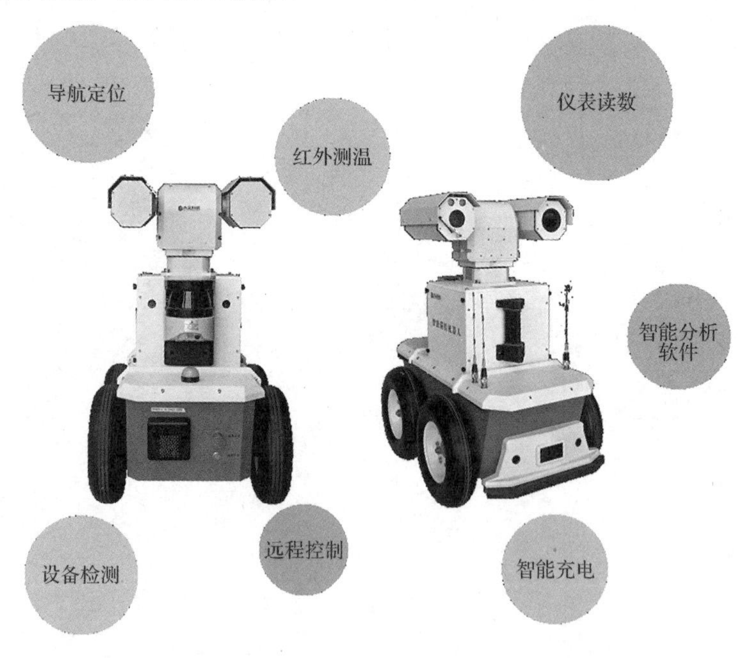

图 20-1　巡检机器人

2．巡检机器人的应用领域

巡检机器人可以满足大面积区域的动态视频获取、非正常事件的信息获取或处置等需求，特别是在一些危险程度高、个性化要求的应用场景具有很好的应用效果，目前主要的应用领域包括电力、石化、矿产、机房和轨道交通等领域。

1）巡检机器人在电力领域的应用

（1）室外电力巡检机器人。

巡检机器人有许多类型，其中一种就是室外电力巡检机器人。这种机器人具有障碍物检测识别与定位、自主作业规划、自主越障、对输电电路及其电路走廊自主巡检、巡检图像和数据自动存储与远程无线传输、地面远程无线监控与遥控、电能在线实时补给、后台巡检作业管理与分析诊断等功能。室外电力巡检机器人如图 20-2 所示。

图 20-2　室外电力巡检机器人

1988 年，日本东京电力公司开发出具有初步自主越障功能的室外电力巡检机器人，具有沿光纤架空地线行走巡检、跨越障碍物等功能，主要用于光纤架空地线外包钢线和内部光纤铝膜的检测。该机器人控制系统采用了基于离线编程的运动控制方式和基于传感器反馈的精确定位控制方式。

1989 年，美国 TRC 公司研发了一台悬臂自治室外电力巡检机器人。该机器人能沿架空导线爬行，执行绝缘子、压接头、结合点和电晕损耗等视觉检查任务，并把检测数据发回地面基站人员。当该机器人遇到杆塔时，采用仿人攀援的方法使机械臂从侧面越过障碍物。

1990 年，日本法政大学 Hideo Nakamura 等人研发出电气列车馈电电缆巡检机器人。该机器人采用了多关节结构和“头部决策、尾部跟随”的仿生控制体系，能以 10cm/s 的速度沿电缆线平稳爬行，并能跨越分支线、绝缘子等障碍物。

2000年，加拿大魁北克水电研究院的Serge Montambault等人开始了HQ Line Rover遥控小车的研制工作，该机器人已在工作环境为800A和315kV的电力线路上进行了多次现场测试，该机器人没有越障能力，只能在两线塔间的输电线上工作。但其结构紧凑、质量小、驱动力大、抗干扰能力强。小车采用模块化结构，安装不同的工作头即可完成架空线视觉和红外检查、导线和地线更换、压接头状态评估、导线清污和除冰等带电作业。

2001年，泰国研制的室外电力巡检机器人采用电流互感器从电力线路上获取感应电流作为机器人的工作电流，从而解决了机器人长时间驱动的电源问题。

2008年，HiBot公司和日本东京工业大学等联合开发了一种在具有双线结构的500kV及以上输电导线上巡检并跨越障碍物的遥控操作机器人Expliner。该机器人由两个行走驱动单元、两个垂直回转关节、一个具有2个自由度的操作臂和电气箱等组成。Expliner机器人能够直接压过间隔棒，并能够跨越至有转角的线路上，但不能跨越引流线。

2008年，美国电力研究院（EPRI）开始设计一种室外电力巡检机器人TI，它从设计之初就面向实际应用。Tl采用了轮臂复合式机构，两臂前后对称布置，主要的创新点在于轮爪机构设计，采用自适应机构，这使机器人能够快速通过多种障碍物。此外，该机器人还搭载了可见光摄像头和红外成像仪进行故障检测。

室外电力巡检机器人Sky Sweeper是由在美国加州大学圣地亚哥分校机械与航天工程系Tom Bewley教授的机器人实验室工作的Morozovsky打造的。Sky Sweeper采用了V形设计，扶手中间有一个驱动电动机，夹在两端的电动机可以沿着电缆交替地抓紧或松开。

国内的电力巡检机器人起步较早，行业集中度较高。2005年，国内第一台电力巡检机器人投入使用，此后，电力巡检机器人陆续在市场中出现。国内处于电力巡检机器人行业前沿的企业有浙江国自机器人技术有限公司、山东鲁能智能技术有限公司、深圳朗驰欣创科技有限公司、亿嘉和科技股份有限公司和沈阳新松机器人自动化股份有限公司。

电力巡检机器人市场空间广阔，传统的电力运维及管理模式已不能适应智能电网快速发展的需求，通过智能机器人对输电线路、变电站/换流站、配电站（所）及电缆通道实现全面的无人化运维检测已经成为我国智能电网的发展趋势。

（2）室内导轨型电力巡检机器人。

室内导轨型电力巡检机器人可实现开关柜红外测温、局部放电检测、柜面及保护装置信号状态指示等的全自动识别读数，继电保护室保护屏柜压板状态、断路器位置、电流端子状态、装置信号灯指示和数显仪表的全自动识别读数等功能。系统采用导轨滑触式供电方式，实现了24h不间断巡检，也可自定义周期和设备进行特殊巡检。室内导轨型电力巡检机器人如图20-3所示。

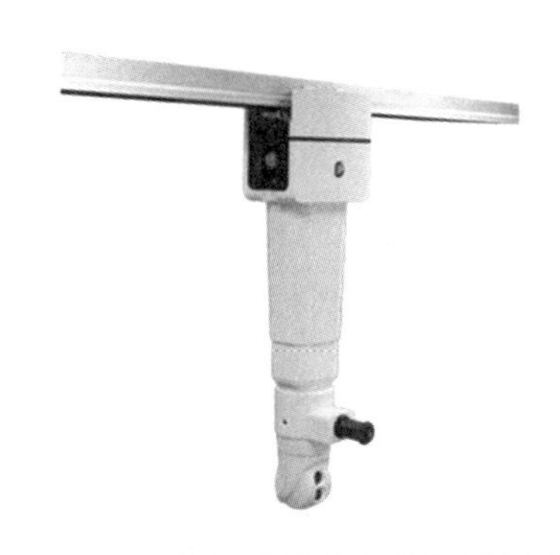

图 20-3　室内导轨型电力巡检机器人

这种机器人的操作更加容易，运维人员不仅可以利用 AR 实景监测技术，还可以利用智能巡检技术进行系统设定，规律性地多次执行任务。

2）巡检机器人在石化领域的应用

为加强高危场所的巡检工作，一般都专门设置巡检人员，定时对设备、高危场所进行巡检。例如，输油场站作为石化企业中一个必不可少的重要环节，承载着成品油的运输及终端销售供给的作用。为确保成品油的运输安全，每天都需要安排大量的专业人员对输油场站内的管路及设备进行定时巡检。但是，受巡检人员个人工作能力的限制，巡检质量参差不齐，同时石化企业本身属于高危行业，巡检人员随时可能遇到危险。

石化巡检机器人搭载一系列传感器，可代替巡检人员进入易燃易爆、有毒、缺氧和浓烟等现场进行巡检、探测工作，可有效解决巡检人员在上述场所中面临的人身安危、现场数据信息采集不足等问题。机器人巡检既具有人工巡检的灵活性、智能性，又克服和弥补了人工巡检存在的一些缺陷和不足，更适应智能场站和无人值守场站发展的实际需要，是智能场站和无人值守场站巡检技术的发展方向。石化巡检机器人如图 20-4 所示。

图 20-4　石化巡检机器人

中信重工开诚智能装备有限公司于 2017 年在国内首次研制成功一款用于石化企业等易燃易爆高危环境下的防爆轮式巡检机器人，如图 20-5 所示。这款防爆轮式巡检机器人对降低人工巡检的安全风险，提升高危企业的安全管理水平，具有十分重要的意义。

图 20-5　防爆轮式巡检机器人

这款防爆轮式巡检机器人采用计算机、无线通信、多传感器融合、防爆设计、自动充电、自主导航和智能识别等关键技术，已应用于输油场站等高危环境下设备的巡检与监控，实现了场站的无人值守，达到了减员增效、安全生产的目的。

防爆轮式巡检机器人系统由防爆轮式巡检机器人本体、自动充电装置、无线基站和上位机远程控制站（服务器）等部分组成。其中，防爆轮式巡检机器人本体、无线基站和上位机远程控制站通过无线方式进行通信。

防爆轮式巡检机器人本体为数据采集端，通过现场确定巡检设备并规划最优路径，机器人能够按照巡检要求进行巡检作业。机器人本体上携带自动旋转云台，用于采集巡检设备和环境图像信息，并采用智能双视云台，其上搭载高清摄像机与红外热成像仪，可对到场设备进行高效巡检，镜头上装有刮水器，能够清理镜头保护玻璃上的水渍和浮土等，使监控画面维持在较清晰的状态。在无线基站之间通过光纤进行连接，可实现高速数据传输。

防爆轮式巡检机器人的工作区域被无线网站覆盖，达成与上位机远程控制站的连接通信。上位机远程控制站通过访问机器人本体采集的信息，可进行分析处理，如有异常将自动报警；同时，通过网站转接发送短信给用户及上传给上级部门，供教授团队决策。客户端可以对防爆轮式巡检机器人进行远程操控，如关键点复查等操作。另外，防爆轮式巡检机器人还可以进行自身状态识别，具有自诊断功能，如检测到电量低后自动返回充电。

该防爆轮式巡检机器人研制成功后，已在中国石化华南分公司斗门站得到应用。斗门站是珠江三角洲成品管道南沙-中山-斗门段的一个末站，设有泄压罐、污油罐、密度计、过滤器、减压阀和质量流量计等输油设备，原来采用数据采集与监视控制（SCADA）系统进行控制。改用防爆轮式巡检机器人进行巡检后，其安全性、实用性和可靠性等都有极大提升，带来了显著的经济效益。防爆轮式巡检机器人能够 24h 不间断运行，根据现场巡检工艺流程，进行巡检作业。

3）巡检机器人在矿产领域的应用

2015 年年底，中信重工开诚智能装备有限公司的矿用巡检机器人率先在国内大型煤矿神华集团郭家湾矿成功投入使用。矿用巡检机器人凭借其工作可靠、性能稳定的特点，有效解决了对带式输送机等设备的巡检监控问题，并且具有移动图像采集、现场声音采集、烟雾监测、温度探测及双向语音对讲等功能，提高了生产效率，减轻了巡检人员的劳动强度，确保了安全生产。矿用巡检机器人如图 20-6 所示。

图 20-6　矿用巡检机器人

4）巡检机器人在机房领域的应用

在大数据和云计算技术高速发展的今天，虽然很多工作可以借助各类管理运维工具来完成，但底层的物力资源运维工作仍难以做到完全自动化，运维人员需要进行实地线下巡检，并通过各种表格记录巡检结果。而且对于建立较早的数据中心，其设备已进入老化期，故障频发，巡检密度高，一般每个机房一天要巡检 4～8 次。即便这样，巡检数据的及时性和准确性依旧不能得到保证。

另外，数据中心数量的持续增长、机房规模的不断扩大对机房运维工作提出了严峻的挑战，同时加剧了机房运维人员的工作量和工作难度。数据中心最怕的就是宕机，据相关数据统计，70%左右的机房宕机事故是由人为失误造成的，某些大型机房系统崩溃、机房着火和停电等事故的发生历历在目，巨大损失的背后是运维人员 7×24h 的实时看守。此外，运维人员还要承担方方面面的压力。可见，人工运维的方式已逐渐无法适应当前数据中心的发展趋势。

为解决人工运维存在的各种问题，2018 年，京东金融发布了京东智能巡检机器人，如图 20-7 所示，该机器人配有自由升降机械臂、视觉检测相机、深度摄像头、红外热成像仪、激光雷达和超声波传感器等先进设备。京东智能巡检机器人可以代替人工做很多事情，包括实时监测机房环境状态、设备运行状态和设备温度信息等。机房运维人员只需要辅助它生成巡检地图，它就可以执行自定义的巡检任务，按照设定的巡检时间、巡检路径进行巡检。

图 20-7 京东智能巡检机器人

利用机械臂升降系统，京东智能巡检机器人能对 220cm 高度范围内的设备进行逐一扫描和检测，依靠 RGB 相机、深度相机和红外相机等依次扫描设备，“读懂”设备编号、指示灯及故障码等状态信息，并进行实时记录。当设备发生异常时，该机器人会迅速做出反应，发出声光报警，引起值班人员的注意。对于重大故障问题和已设置紧急报警的巡检点，该机器人会暂停巡检，立刻返回充电桩，按设定的通知方式发送报警信息给指定工作人员。

京东智能巡检机器人以 0.3～0.8m/s 的速度行进，在具有 180 个机柜的机房，一次巡检任务只需要 90min 就可以完成。它可以连续工作 6h 以上，当电量过低需要充电时，会自行回桩充电。

京东智能巡检机器人除代替人工常规巡检机房外，在资产管理、人员安防、故障跟踪等方面，也实现了自动化、智能化的管理。它可以利用生物识别技术，对机房进出进行全周期严密管控；通过超宽带（UWB）定位/视觉跟随，对访客进行实时监控和全程记录。它还可以监测设备数量与位置，动态识别机房设备变更情况，生成资产变更报告；也可以对故障状态进行追踪，及时变更故障报警的处理结果。

目前，京东智能巡检机器人主要用于数据机房巡检，完美地代替了人工巡检。机房运维人员只需要进行一次操作，该机器人就能自动生成巡检地图和任务。也就是说，机房不再需要人工 24h 轮岗守卫，更不需要烦琐的表格记录。机房运维人员只需要坐在计算机前面，就能掌握机房的实时状况。

5）智能机器人在轨道交通领域的应用

成都轨道交通产业技术研究院与成都精工华耀科技有限公司联合研发的全球首款城市轨道智能巡检机器人，如图 20-8 所示，这是行业内首款应用于轨道线路巡检的机器人。

图 20-8　城市轨道智能巡检机器人

如果地铁线路使用人工巡检的方式，则每条线路需要 10～20 名轨道巡检工于每天凌晨进入隧道步行巡检，每小时只能巡检 5km 轨道线路，存在作业效率低、具有人身安全隐患、无客观标准、原始数据无详细记录、人工成本不断增加、夜间作业难免漏检等弊端。而综合巡检车存在成本高昂且作业方式受限等问题，二者都难以适应城市轨道交通快速发展的需求。如果用城市轨道智能巡检机器人替代人工巡检，则巡检效率能够提升 6 倍左右。

城市轨道智能巡检机器人采用高速模块化设计，由控制系统、采集系统和检测系统组成，三大系统均可拆分，其中采集系统采用了全球领先技术，拍摄速度达到了每秒 3 万张照片，横向分辨率超过 2000 像素，巡检精度为微米级，可实现重大缺陷的实时传输。

采集信息之后，系统会自动识别出重大缺陷，通过 4G 实时传输回后台终端，达到“边检边报”的实时处理水准；而常规缺陷会存储在系统中，巡检完毕由系统后台自行计算处理，对整个轨道状态进行判断和量化分析，为运维人员提供数据参考。

城市轨道智能巡检机器人能以最高 30km/h 的速度运行，充电一次可运行 50km，基本能确保完成一条完整地铁线路的巡检。对轨道线路扣件、钢轨和道床这三大系统的 30 余项可视化缺陷都能进行精准巡检，无论是扣件缺失、断裂、浮起，钢轨出现裂缝，还是道床出现积水、异物等，都能及时发现并报送。

目前测试的准确率已经达到 95%，其中重大缺陷发现率达到 100%，实现了轨道巡检过程中的安全、高效、精准。

此外，研发专家还将人工智能技术应用到系统当中，赋予轨道交通智能巡检机器人强大的学习能力。随着采集数据不断增加、巡检案例不断丰富，巡检准确率将会越来越高。轨道交通智能巡检机器人上线运行后，将大大提高城市轨道的巡检效率和质量，节约人工巡检成本，开启轨道交通智能巡检新时代。

3．巡检机器人的关键技术

基于巡检机器人独立运行，由多台巡检机器人可构成巡检机器人平台。将巡检机器人接入综合自动化系统和生产管理系统，可实现巡检机器人业务逻辑与日常生产、调度业务逻辑在数据系统上的接轨，并实现巡检机器人的集中控制、优化统一调度，从而实现集群化应用。

当巡检机器人应用在室外巡检中时，无轨化的导航定位装置使得机器人可以清楚地进行路径规划并自由行动在道路上，配合红外测温、智能读表及图像识别等技术轻松地对设备进行常规检测，并将采集到的图像、视频信息和温度、湿度、气压等数据实时传输到远端平台，实现实时的远端监控。

巡检机器人涉及的关键技术包括移动机构、导航技术和图像识别技术等。

1）移动机构

巡检机器人的移动机构主要可以分为 3 类：轮式移动机构、履带式移动机构和固定轨道式移动机构，其中轮式移动机构在巡检机器人上使用最为广泛。

轮式移动机构的移动性、灵活性较强，具有在狭小空间范围内移动、转向的能力，其移动依赖于相对平坦的路面，对颠簸不平整的石子路面的适应性差，巡检效率会受到一定程度的影响。

履带式移动机构对复杂路况的适应性强，具有一定的越障、爬坡能力。但其机械结构复杂、体积较大、灵活性低，不适用于在狭窄路面通行。

采用固定轨道式移动机构的巡检机器人通过固定轨道的方式进行移动，可以在预先设定的巡检路径上通行，并且移动精度较高、易于控制。但是，单一的轨道路径限制了机器人巡检的灵活性，目前主要应用于室内设备的巡检。

2）导航技术

常用的导航技术主要有磁轨导航、SLAM 导航两种。磁轨导航系统具有良好的稳定性，很少会受到外界环境因素的影响。磁轨导航系统按照预设的运行轨迹将磁性材料预埋在地下，巡检机器人通过传感器探测磁力块信息，不断监测行进过程中偏移的位置。行进间通过射频识别装置（Radio Frequency Identification Devices，RFID）监测预埋的标签，在相应位置执行不同的操作，如停车、转向等。磁轨导航方式需要对轨道进行定期维护，在一定程度上限制了巡检机器人的活动范围，而且巡检机器人不能自主地躲避障碍物。SLAM 导航方式可同时进行定位与地图构建，是目前巡检机器人中较为流行的导航技术。巡检机器人通过传感器采集到的信息，在不断计算自身位置的同时构建周边环境地图。

3）图像识别技术

图像识别技术作为巡检机器人采用的重要技术之一，决定了监测设备的准确性，其实现方法是巡检机器人设计环节需要重点考虑的因素之一。基于巡检机器人的双目云台视觉系统，利用红外热成像仪和可见光摄像机拍摄采集红外图像，采集仪表指针数据和断路器开关位置等信息，对采集到的信息进行处理，与前一次的采集信息进行匹配对比，对设备是否出现异常做出判断。可利用尺度不变特征变换、霍夫变换等算法实现开关位置识别等功能；利用基于深度学习的图像识别算法实现图像分类、图像分割和物体检测等功能。算法的优化是图像识别的核心问题。

下面以深圳市优必选科技股份有限公司的优必选电力巡检机器人 EMBOT 为例进行分析，其组成如图 20-9 所示。

（a）EMBOT 机器人视图 1

图 20-9　EMBOT 机器人的组成

（b）EMBOT 机器人视图 2

图 20-9　EMBOT 机器人的组成（续）

EMBOT 机器人主要由主激光雷达、副激光雷达、行走轮、万向轮、双目云台、拾音器、可见光摄像机、红外热成像仪、补光灯、超声波传感器、Wi-Fi 信号天线、系统开关、电池开关、急停按钮和前后防撞胶条等组成。

EMBOT 机器人具有自主导航定位、数据统计与分析、图像智能识别、智能预警、自动回充、多机集控、可见光与红外实时视频监控、巡检方式多样化等多种核心功能和特点。

（1）自主导航定位。基于系统的自主导航算法，以激光雷达为主，系统采用增量更新地图和模块化存储技术，可快速完成陌生环境的高精度地图构建和最优路径自主规划，能够在全天候条件下，通过精确的自主导航和设备定位，以全自主或遥控方式完成预先设定的任务，对变电站进行全方位巡检。

（2）数据统计与分析。依据巡检时间、巡检区域、巡检项目和巡检设备等不同检索条件查询巡检记录，并以图线等形式展示统计数据。通过机器学习算法对数据进行分类、回归和预测，对温度、图像、声音及遥控遥信数据进行定制化分析，自动生成巡检报告，并支持调阅、打印等功能。

（3）图像智能识别。基于可见光摄像机对巡检位置进行准确对焦，通过多种形式（摄像、照相、定时摄像与定时照相）进行图像采集。采用行业领先的机器视觉识别算法，对已采集的图像素材进行图像分割、图像特征提取和图像识别，进而获取准确的仪表读数信息，在环境比较稳定的情况下，读数准确率高达 95%。

（4）智能预警。系统具有设备巡检数据的分析预警功能，当后台系统监控到表计读数超出预设范围、设备局部发热或出现其他功能缺陷时，系统立即发出预警信息并自动生成故障日志。

（5）自动回充。当处于低电量状态时，巡检机器人可自动行驶到充电桩处进行充电，实现自动充电，无须人工干预；具有较长的续航时间，充电 7.5h，续航 10h。

（6）多机集控。系统支持集控模式，可通过后台集控中心对多个变电站的智能机器人巡检系统实现远程监控。

（7）可见光与红外实时视频监控。利用红外热成像仪和可见光摄像机检测装置，通过导航和设备定位，沿着预先规划的路径，在指定位置对预测点设备进行红外测温和仪表数据采集。

（8）巡检方式多样化。巡检机器人可采用例行巡检、遥控巡检和定点特巡等方式工作。例行巡检是指巡检机器人沿预设路径进行自动巡检，完成定时、定点的全自主巡检，在所有任务完成后自动返回充电桩处充电，无须人工干预。遥控巡检是指用户在监控后台获得巡检机器人控制权，通过鼠标、键盘或手柄，手动遥控巡检机器人行驶到指定位置，并控制巡检机器人对待检设备进行检测。定点特巡是指用户临时指定一些巡检点，组成一项特巡任务，对特定设备进行特殊巡检。定点特巡功能可与智能联动功能配合使用。

智能巡检运维综合解决方案如图 20-10 所示。

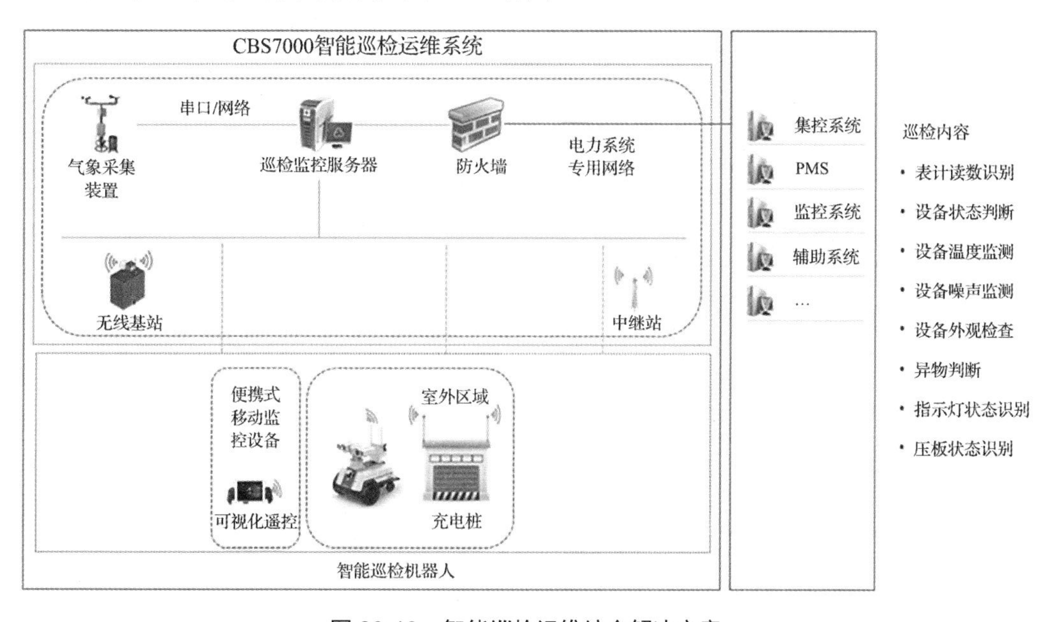

图 20-10　智能巡检运维综合解决方案

参考文献

[1] 蔡自兴，谢斌. 机器人学（第 3 版）[M]. 北京：清华大学出版社，2015.

[2] 张春芝，石志国. 智能机器人技术基础[M]. 北京：机械工业出版社，2020.

[3] 中国电子学会. 中国机器人产业发展报告（2019 年）[R]. 北京：中国电子学会，2019.

[4] 中国电子学会. 机器人简史（第 2 版）[M]. 北京：电子工业出版社，2017.

[5] 熊蓉，王越，张宇，等. 自主移动机器人[M]. 北京：机械工业出版社，2021.

[6] 春旭. ROS 机器人开发实践[M]. 北京：机械工业出版社，2018.

[7] 杰夫·奇科拉尼（Jeff Cicolani）. 智能机器人开发入门指南[M]. 北京：机械工业出版社，2021.

[8] 陆建峰，王琼，张志安，等. 人工智能（智能机器人）[M]. 北京：电子工业出版社，2020.

[9] 怀亚特·纽曼（Wyatt Newman）. ROS 机器人编程：原理与应用[M]. 北京：机械工业出版社，2019.

[10] 库马尔·比平（Kumar Bipin）. ROS 机器人编程实战[M]. 北京：人民邮电出版社，2020.

[11] 朗坦·约瑟夫（Lentin Joseph）. ROS 机器人项目开发 11 例（第 2 版）[M]. 北京：机械工业出版社，2018.

[12] 陶满礼. ROS 机器人编程与 SLAM 算法解析指南 [M]. 北京：人民邮电出版社，2020.

[13] 陶永，王田苗，刘辉，等. 智能机器人研究现状及发展趋势的思考与建议[J]. 高技术通讯，2019（29）：149-163.

[14] 施春迅，丁皓，刘浩宇，等. 护理机器人技术的研究和发展[J]. 生物医学工程学进展，2019（40）：26-29.

[15] 张晶晶，陈西广，高佼，等. 智能服务机器人发展综述[J]. 人工智能，2018（3）：83-96.

[16] 邓刘刘，邓勇，张磊. 智能机器人用触觉传感器应用现状[J]. 现代制造工程，2018，449（02）：24-29.

[17] 邓志东. 智能机器人发展简史[J]. 人工智能，2018，4（03）：7-12.

[18] 任梦轩. 八足仿蟹机器人全方位步态生成与仿真[D]. 哈尔滨：哈尔滨工程大学，2014.

[19] 贾云辉. 基于 ROS 系统的移动机器人室内定位方法研究[D]. 天津：天津理工大学，2019.

[20] 陈旭展. 基于机器学习的智能机器人环境视觉感知方法研究[D]. 武汉：华中科技大学，2019.